高职高专规划教材

矿山爆破

主　编　张敢生　戚文革
副主编　韩延清　何晓光

北京
冶金工业出版社
2013

内容提要

本书系统地介绍了工程爆破的基本知识、基本理论和基本技能，并以金属矿山为重点，介绍了近年来爆破工程中出现的新工艺、新技术及其在矿山爆破中的应用。主要内容包括岩石性质及其分级、钻孔机具与使用、炸药与爆破作用的基本知识与原理、常用爆破器材、常用起爆方法、岩石爆破基本原理、露天矿台阶爆破、地下矿爆破，硐室爆破、爆破危害控制与安全。

本书是高职高专金属矿开采技术专业的学生专用教材，也可作为矿山工程和工程爆破技术人员、管理人员的培训教材和应用参考书。

图书在版编目(CIP)数据

矿山爆破/张敢生，戚文革主编．—北京：冶金工业出版社，2009.6（2013.8 重印）

高职高专规划教材

ISBN 978-7-5024-4945-2

Ⅰ．矿…　Ⅱ．①张…　②戚…　Ⅲ．矿山开采—爆破技术—高等学校：技术学校—教材　Ⅳ．TD235.4

中国版本图书馆 CIP 数据核字(2009)第 094168 号

出版人　谭学余
地　址　北京北河沿大街嵩祝院北巷 39 号，邮编 100009
电　话　(010)64027926　电子信箱　yjcbs@cnmip.com.cn
责任编辑　马文欢　美术编辑　李　新　版式设计　张　青
责任校对　卿文春　责任印制　李玉山
ISBN 978-7-5024-4945-2
冶金工业出版社出版发行；各地新华书店经销；三河市双峰印刷装订有限公司印刷
2009 年 6 月第 1 版，2013 年 8 月第 3 次印刷
787mm×1092mm　1/16；13.5 印张；360 千字；205 页
29.00 元

冶金工业出版社投稿电话：(010)64027932　投稿信箱：tougao@cnmip.com.cn
冶金工业出版社发行部　电话：(010)64044283　传真：(010)64027893
冶金书店　地址：北京东四西大街 46 号(100010)　电话：(010)65289081(兼传真)
（本书如有印装质量问题，本社发行部负责退换）

前　言

随着采矿业的迅速发展，矿山爆破工艺和技术水平等都有很大的提高，为了适应这种发展趋势，根据冶金行业“十一五”教材建设规划，编写了本教材。

本教材以满足金属矿开采技术专业高职教学的需要为出发点，系统地介绍了工程爆破的基本知识、基本理论和基本技能；以金属矿山为重点，侧重于工程实践知识和技术，力求理论联系实际，介绍了近年来爆破工程中出现的新工艺、新技术，特别是这些新工艺、新技术在矿山爆破中的应用。

参加本教材编写工作的有辽宁科技学院张敢生、韩延清、何晓光、孔祥雷，吉林电子信息职业技术学院戚文革，本钢南芬露天铁矿高毓山。其中，绪论、第1章由韩延清编写，第2章由孔祥雷编写，第3章由张敢生、韩延清编写，第4章、第5章由张敢生、高毓山编写，第6章～第8章由张敢生编写，第9章由戚文革编写，第10章由何晓光编写。全书由张敢生、戚文革担任主编，韩延清、何晓光担任副主编。

编者在编写本教材时参阅了大量的图书专著、教材和学术期刊文章，并且得到了许多同行、矿山工程技术人员的支持和帮助，在此向文献作者及同行表示诚挚的谢意！

受编者水平所限，教材中难免有疏漏之处，恳请读者批评指正。

编　者

2009年2月

目　录

绪　论

采矿业是现代工业的基础产业，它为现代工业生产提供原材料，在国民经济发展中占有极其重要的地位。目前我国有铁矿山1830余处，有色金属矿山3350余处，合计全国共有金属矿山约5180处。近几十年来，我国在矿业方面获得了前所未有的大发展，已经成为矿产资源开发利用体系完整的世界矿业大国。

矿山开采的主要技术手段是穿孔爆破工作，工程爆破在矿山生产中起着关键的作用。

作为工程爆破能源的炸药，其前身是黑火药。远在公元前220年，我国劳动人民就初具黑火药的知识，到9世纪的唐代，则有了完整的黑火药的配方，它是我国对人类文明做出贡献的四大发明之一。16世纪俄国人使用黑火药开辟聂曼河航路，17世纪黑火药开始用于矿山爆破，这是工程爆破最早的记载。直至19世纪初叶，由于化学工业的发展，雷酸汞、硝化甘油、硝化棉、梯恩梯（TNT）、达纳迈特（Dynamite）相继被发明和付诸实际应用，特别是成本低廉、生产与使用安全的硝酸铵类炸药以及工业雷管、各种索状起爆材料与起爆器具的相继问世，有力地推动了爆破技术在矿山、筑路、水利工程中的应用，并在生产实践中形成了工程爆破的设计与施工理论。

近50年来，随着铵油炸药、浆状炸药、水胶炸药和乳化炸药的研制成功，形成了性能和安全性更适合工程爆破要求的多品种、多系列的工业炸药；非电导爆管及毫秒微差起爆技术的诞生以及钻孔与施工机械、机具的发展，使工程爆破技术不断地扩大应用范围，深入到工程应用的各个方面，成为工程领域不可缺少的一种施工方法，与此同时，理论研究的不断深入，推动了爆破技术的迅速提高。

据统计，我国“九五”计划期间每年耗用工业炸药120万t左右，工业雷管21亿发。平均年采煤约13亿t，其中除少量使用水力或机械开采外，绝大部分都是用爆破方法开采的；冶金矿山按年产钢1亿t，10种有色金属近700万t计算，合计消耗矿石量约9亿t；非金属矿山按年产水泥5亿t计算，消耗石灰石在6亿t以上；铁道交通部门每年修建新线铁路约1000km，公路逾10万km，新建隧洞约200km，以及港口、机场、水利电力、农林建设工程等，都要采用爆破方法作为施工手段。除此以外，在市政建设和厂矿技术改造中，有大量的废弃建（构）筑物采用爆破拆除。由此可见，工程爆破在我国国民经济建设中的重要地位和作用。

特别是近10年来，我国的工程爆破技术取得了令人瞩目的进步和发展成就，如硐室爆破、中深孔爆破、地下采掘爆破、建（构）筑物拆除爆破、水下工程爆破、特种爆破等，不仅完成了一批重大爆破工程项目，而且通过长期的实践和应用，积累了丰富的经验。

20世纪50~70年代，在铁道新线建设中推广应用了硐室爆破方法，在宝成、鹰厦、成昆等20余条新线中进行了1000余处硐室爆破，大大提高了石方路堑的开挖工效；水利水电及冶金矿山部门，采用定向爆破技术堆筑了40多座水库用挡水堆石坝、泥石流防护坝及尾矿坝。广东南水水利枢纽工程的挡水坝由一次定向爆破筑成，坝高后经加高达81m，至今它仍是采用定向爆破法筑成大坝工程中规模较大、效益较好的工程。在广泛采用硐室大爆破的过程中，我国老一代爆破工程技术人员总结工程实践经验，发展了大爆破设计理论，完善了爆破设计计算参数，提出了一套完整的定向爆破设计计算经验公式。在对条形药包的爆破漏斗特性、爆破设计计算方法进行系统研究后，在铁路路堑爆破施工中首先采用了条形药包硐室爆破技术，近10多年来，其应用领域和规模逐渐扩大，在矿山、水电、公路、建材等部门先后成功进行了数十次大型条形药包硐室爆破工程，规模最大的一次是1992年底在广东珠海炮台山实施的1.2万t炸药的移山填海大爆破工程，一次爆破总石方量达1085万m^3，抛掷率达51.8%。近年来，在一些采用硐室爆破开挖的石方路堑高边坡中，成功地实现了预裂、光面爆破，半孔率达95%以上，做到了边面稳定、规整、美观。

深孔爆破是冶金矿山生产的基本手段，铁路、公路路堑，大型水利枢纽工程及基础开挖工程一般也都采用深孔爆破。我国一些大型冶金矿山已采用大孔径钻机，实现了大区多排微差深孔爆破，预装药量300t，爆破矿岩方量超过80万t，爆破技术的改进大大提高了矿山生产的综合生产效率。1994年12月，在环胶州湾高速公路路堑开挖工程中，采用导爆管毫秒延时爆破，一次起爆雷管1.34万发，共分594段，在复杂的环境中，实现深孔爆破一次开挖成形长470m的全路堑，爆破总石方量11.5万m^3。在三峡工程中，采用直立边坡成形、闸槽底部保护层开挖、合理施工管理的综合爆破技术，安全、高质量地完成永久船闸闸室爆破，开挖石方1000万m^3，百米高的边坡稳定，效果良好。

据不完全统计，目前我国大陆铁路隧道总数达5300余座，总长度逾3000km，其中5km以上隧道就有28座。钻爆法是隧道开挖工程的基本施工方法。西康铁路秦岭Ⅱ线隧道，长18.5km，对硬岩全断面进行深孔爆破，创下了月进尺最高达456m、平均为264m的纪录，创造了在特硬岩、特长隧道爆破掘进的快速施工技术。在矿山井巷、输水隧道、地下工程及城市地铁施工中，爆破技术也得到了广泛的应用。

建（构）筑物拆除爆破技术自20世纪70年代以来得到了迅速的发展，基于不同建（构）筑物在爆破作用下构件破碎过程和失稳、解体、倒塌机理的研究，提出了在不同环境条件下对不同结构采用原地倒塌、定向倾倒、折叠倒塌爆破拆除方案，或是采用水压爆破拆除方案。近20多年来，国内许多城市都有一批建筑物是采用爆破技术进行拆除的，其中包括北京、上海、武汉、深圳、福州等城市二十几座十几层高的高层建筑、十几座高百米以上的钢筋混凝土烟囱及许多一次拆除总面积数万m^2以上的单体和群体建（构）筑物。由于有能力采取控制有害效应的措施，爆破施工方法即使在复杂环境中也得到了越来越广泛的应用，例如在衡（阳）广（州）复线、宝（鸡）成（都）电气化铁路增建第二线，株（洲）六（盘水）电气化铁路既有线扩堑工程中，距运营铁路线50m以内计500余处、近600万m^3的集中石方地段，均采用控制爆破方法，在不间断铁路正常运营的前提下安全迅速地破碎清除。

水下工程爆破技术主要应用于加深、整治航道港口、挡水围堰或岩坎拆除爆破、水库水下岩塞爆破、破冰爆破和冰下炸礁、海上救助和沉船处理爆破以及淤泥和饱和砂土地基的爆炸加固处理等。近30年来，由于采用先进的爆破技术，保证了一些国家重点工程项目的顺利完成。应当特别的是提到中国科学院力学研究所与连云港及交通部有关单位提出的淤泥软基爆炸处理新技术，10年来应用该技术已完成筑堤总长超过50km，为沿海港口及其他工程建设做出了贡献。

在机电工程中，爆炸加工技术发展迅速，例如爆炸成形和爆炸复合、爆炸硬化和爆炸压实、爆炸压接和爆炸焊接等；利用爆炸能，可以人工合成金刚石。在石油地质部门，爆破用于坑探、掘进、地震勘探、油井和气井爆破等。采用爆破方法破碎金属、金属结构及高温热凝结构具有快速、安全的优点。除此以外，国内外工程爆破史上还有不少特殊爆破的记载和资料，如森林灭火、油井灭火，疏通被冰凌或木材填塞的河道等。总之，随着现代爆破技术的发展，完全有可能利用炸药的爆炸能量，去完成一些工程项目，包括一些人力或机械难以完成的工作。

面向21世纪，爆破技术的应用将在推动人类文明进步、促进社会经济发展等方面继续发挥更大的作用。中国工程爆破协会在关于工程爆破技术创新的发展战略中明确提出：研究炸药能量转化过程的精密控制技术，提高炸药能量利用率，降低爆破有害效应是工程爆破新世纪的发展战略；要加强爆破理论和模拟技术的研究，用以指导爆破工程实践；要进一步发展工程爆破施工装备技术，提高爆破施工机械化和自动化水平；爆破器材要向高质量、多品种、低成本和安全生产工艺连续化发展；爆破安全技术要进一步创新和发展。在“全面建设小康社会，开创中国特色社会主义事业新局面”的宏伟目标指引下，我国在矿业、铁路、交通、水利、电力、建材、市政工程等建设领域都要大发展，特别是实施西部大开发的发展战略，加速中西部地区的建设，将有更多的爆破工程任务和新的爆破工程领域，期待我们去开拓，去完成。创新是工程爆破技术发展的不竭动力。20世纪后期，在世界范围内掀起的科技进步大潮，带动了爆破器材及爆破理论的飞速进步。21世纪科学技术的新发展，将推动新的工业技术革命，工程爆破技术也必将随之产生新的飞跃。

1 岩石性质及其分级

爆破工程的主要对象是岩石,因此只有在充分了解岩石类别、熟悉岩石的主要物理力学性质及其动力学特性的基础上,才能取得良好的爆破效果。为切实掌握岩石钻孔、爆破的难易程度,在大量生产实践和试验研究的资料积累中,也可用一定的指标把岩石划分成若干等级,作为工程投标、承包单价、选择施工方法及确定钻孔爆破器材消耗和劳动生产定额的依据,指导爆破设计与施工。

1.1 岩石基本性质

1.1.1 岩石的主要物理性质

1.1.1.1 密度

密度 ρ_s 为岩土的颗粒质量与所占体积之比。一般常见岩石的密度为 1400 ~3000kg/m^3。

1.1.1.2 容重

容重 γ 为包括孔隙和水分在内的岩土总质量与总体积之比,也即单位体积岩石质量。密度与容重相关,密度大的岩石其容重也大。随着容重的增加,岩石的强度和抵抗爆破作用的能力也增强,破碎岩石和移动岩石所耗费的能量也增加。所以,在工程实践中常用公式 $K_b=0.4+(\gamma/2450)^2$(kg/m^3)来估算标准抛掷爆破的单位用药量值。

1.1.1.3 孔隙率

孔隙率为岩土中孔隙体积(气相、液相所占体积)与岩土的总体积之比,也称孔隙度。常见岩石的孔隙率一般为 0.1% ~30%。随着孔隙率的增加,岩石中冲击波和应力波的传播速度降低。

1.1.1.4 岩石波阻抗

岩石波阻抗为岩石中纵波波速(C)与岩石密度(ρ_s)的乘积。岩石的这一性质与炸药爆炸后传给岩石的总能量及这一能量传递给岩石的效率有直接关系。通常认为选用的炸药波阻抗若与岩石波阻抗相匹配(接近一致),则能取得较好的爆破效果。铁路系统在新建西安—安康线上的秦岭隧道时,遇到深埋地下强度超过 250MPa 的特硬岩,其波阻抗达 15×10^6kg/(m^2·s),为此委托山西兴安化工厂研制生产爆速达 4500m/s 以上、装药密度为 1260kg/m^3 的专用水胶炸药,替代原先采用的乳化炸药,才获得良好的爆破掘进效果。甚至也有的研究认为,岩体的爆破鼓包运动速度和形态、抛掷堆积效果也取决于炸药性质与岩石特征之间的匹配关系。表 1-1 中列出部分岩石的密度、容重、孔隙率、纵波速度和波阻抗。

表 1-1 常见岩石的物理性质

岩石名称	密度/g·cm^{-3}	容重/t·m^{-3}	孔隙率/%	纵波速度/m·s^{-1}	波阻抗 /kg·(m^2·s)$^{-1}$
花岗岩	2.6~2.7	2.56~2.67	0.5~1.5	4000~6800	800~1900
玄武岩	2.8~3.0	2.75~2.9	0.1~0.2	4500~7000	1400~2000
辉绿岩	2.85~3.0	2.80~2.9	0.6~1.2	4700~7500	1800~2300

续表 1-1

岩石名称	密度/$g \cdot cm^{-3}$	容重/$t \cdot m^{-3}$	孔隙率/%	纵波速度/$m \cdot s^{-1}$	波阻抗/$kg \cdot (m^2 \cdot s)^{-1}$
石灰岩	2.71~2.85	2.46~2.65	5.0~20	3200~5500	700~1900
白云岩	2.5~2.6	2.3~2.4	1.0~5.0	5200~6700	1200~1900
砂　岩	2.58~2.69	2.47~2.56	5.0~25	3000~4600	600~1300
页　岩	2.2~2.4	2.0~2.3	10~30	1830~3970	430~930
板　岩	2.3~2.7	2.1~2.57	0.1~0.5	2500~6000	575~1620
片麻岩	2.9~3.0	2.65~2.85	0.5~1.5	5500~6000	1400~1700
大理岩	2.6~2.7	2.45~2.55	0.5~2.0	4400~5900	1200~1700
石英岩	2.65~2.9	2.54~2.85	0.1~0.8	5000~6500	1100~1900

1.1.1.5　*岩石的风化程度*

岩石的风化程度是指岩石在地质内力和外力的作用下发生破坏疏松的程度。一般来说，随着风化程度的增大，岩石的孔隙率和变形性增大，其强度和弹性性能降低。所以，同一种岩石常常由于风化程度的不同，其物理力学性质差异很大。岩石的风化程度根据《工程岩体分级标准》(GB50218—1994)分为未风化、微风化、弱风化、强风化和全风化，见表1-2。

表1-2　岩石风化程度的划分

名　称	风　化　特　征
未风化	结构构造未变，岩质新鲜
微风化	结构构造、矿物色泽基本未变，部分裂隙面有铁锰质渲染
弱风化	结构构造部分破坏，矿物色泽较明显变化，裂隙面出现风化矿物或存在风化夹层
强风化	结构构造大部分破坏，矿物色泽明显变化，长石、云母等多风化成次生矿物
全风化	结构构造全部破坏，矿物成分除石英外，大部分风化成土状

1.1.2　岩石的主要力学性质

岩石的力学性质可视为其在一定力场作用下性态的反映。岩石在外力作用下将发生变形，这种变形因外力的大小、岩石物理力学性质的不同会呈现弹性、塑性、脆性性质。当外力继续增大至某一值时，岩石便开始破坏。当外力继续增大至某一值岩石开始破坏时的强度称为岩石的极限强度。因受力方式的不同而有抗拉、抗剪、抗压等强度极限。岩石与爆破有关的主要力学性质如下所述。

1.1.2.1　*岩石变形特性*

(1)弹性：岩石受力后发生变形，当外力解除后恢复原状的性能。

(2)塑性：当岩石所受外力解除后，岩石没能恢复原状而留有一定残余变形的性能。

(3)脆性：岩石在外力作用下，不经显著的残余变形就发生破坏的性能。

岩石因其成分、结晶、结构等的特殊性，不像一般固体材料那样有明显的屈服点，脆性是坚硬岩石的固有特性。

1.1.2.2　*岩石强度特性*

岩石强度是指岩石在受外力作用发生破坏前所能承受的最大应力，是衡量岩石力学性质的主要指标。

(1)单轴抗压强度:岩石试件在单轴压力下发生破坏时的极限强度。

(2)单轴抗拉强度:岩石试件在单轴拉力下发生破坏时的极限强度。

(3)抗剪强度:岩石抵抗剪切破坏的最大能力。抗剪强度 τ 用发生剪断时剪切面上的极限应力表示,它与对试件施加的压应力 σ、岩石的内聚力 c 和内摩擦角 ϕ 有关,即:

$$\tau = \sigma\tan\phi + c \tag{1-1}$$

矿物的组成、颗粒间连接力、密度以及孔隙率是决定岩石强度的内在因素。试验表明,岩石具有较高的抗压强度、较小的抗拉和抗剪强度,一般抗拉强度比抗压强度小 90% ~98%,抗剪强度比抗压强度小 87% ~92%。

1.2 岩石分级

理想的岩石分级方法是制定不同的生产定额,选用合适的设备和器材,选择正确的凿岩参数和工艺方法等的重要依据。

岩石的分级,通常是根据凿岩爆破工程的实际应用需要来进行的。半个多世纪以来,世界各国的爆破工作者就岩石的科学分级进行了大量的实验和研究工作。我国自建国初期引入前苏联的岩石分级方法以来,各工业部门也曾制定有自己特色的岩石分级法。但至今还没有一个能为世界各国公认的普遍都适用的岩石分级法。

合理、简便、明了的具有实用价值的岩石分级法,应当根据具体的工程目的,采用一个或几个指标或判据来划分。

1.2.1 岩石坚固性分级(普氏分级)

1926 年苏联学者普洛托吉亚柯诺夫提出按岩石坚固性来分级的方法。岩石的坚固性是指岩石在各种外力的作用下,其抵抗破碎的难易程度趋于一致的性质。

岩石的坚固性系数(普氏系数)f 可用式(1-2)计算:

$$f = R/10 \tag{1-2}$$

式中 R——岩石单轴抗压强度,MPa。

根据 f 的大小,将岩石分级,f=0.5 ~25(见表 1-3)。

对普氏分级的评价为:

(1)优点:方法简单易行,用途广泛。

(2)缺点:不够完善,有一定片面性。

表 1-3 土壤及岩石(普氏)分类表

定额分类	普氏分类	土壤及岩石名称	天然湿度下平均容重/kg·m^{-3}	极限压碎强度/MPa	用轻型钻孔机钻进1m耗时/min	开挖方法及工具	坚固性系数 f
一、二类土壤	Ⅰ	砂 砂壤土 腐殖土 泥炭	1500 1600 1200 600			用尖锹开挖	0.5~0.6
	Ⅱ	轻壤土和黄土类土 潮湿而松散的黄土,软的盐渍土和碱土 平均粒径 15mm 以内的松散而软的砾石	1600 1600 1700			用锹开挖并少数用镐开挖	0.6~0.8

续表 1-3

定额分类	普氏分类	土壤及岩石名称	天然湿度下平均容重/kg·m^{-3}	极限压碎强度/MPa	用轻型钻孔机钻进1m耗时/min	开挖方法及工具	坚固性系数 f
一、二类土壤	Ⅱ	含有草根的密实腐殖土	1400			用锹开挖并少数用镐开挖	0.6～0.8
		含有直径在30mm以内根类的泥炭和腐殖土	1100				
		掺有卵石、碎石和石屑的砂和腐殖土	1650				
		含有卵石或碎石杂质的胶结成块的填土	1750				
		含有卵石、碎石和建筑碎料杂质的砂壤土	1900				
三类土壤	Ⅲ	肥黏土，其中包括石炭纪、侏罗纪的黏土和冰黏土	1800			用尖锹并同时用镐开挖（30%）	0.8～1.0
		重壤土、粗砾石，粒径为15～40mm的碎石和卵石	1750				
		干黄土和掺有碎石或卵石的自然含水量黄土	1790				
		含有直径大于30mm根类的腐殖土或泥炭	1400				
		掺有碎石或卵石和建筑碎料的土壤	1900				
四类土壤	Ⅳ	含碎石重黏土，其中包括侏罗纪和石炭纪的硬黏土	1950			用尖锹并同时用镐和撬棍开挖（30%）	1.0～1.5
		含有碎石、卵石、建筑碎料和重达25kg以内的顽石（总体积10%以内）等杂质的硬黏土和重壤土	1950				
		冰碛黏土，含有质量在50kg以内的巨砾，其含量为总体积10%以内	2000				
		泥板岩	2000				
		不含或含有重达10kg的顽石	1950				
松石	Ⅴ	含有质量在50kg以内的巨砾（占体积10%以上）的冰碛石	2100	<20	<3.5	部分用手凿工具，部分用爆破方法开挖	1.5～2.0
		硅藻岩和软白垩岩	1800				
		胶结力弱的砾岩	1900				
		各种不坚实的片岩	2600				
		石膏	2200				
次坚石	Ⅵ	凝灰岩和浮石	1100	20～40	3.5	用风镐和爆破方法开挖	2～4
		松软多孔和裂隙严重的石灰岩和泥质石灰岩	1200				
		中等硬度的片岩	2700				
		中等硬度的泥灰岩	2300				
	Ⅶ	石灰质胶结的带有卵石和沉积岩的砾石	2200	40～60	6.0	用爆破方法开挖	4～6
		风化的和有裂缝的黏土质砂岩	2000				
		坚实的泥板岩	2800				
		坚实的泥灰岩	2500				

续表 1-3

定额分类	普氏分类	土壤及岩石名称	天然湿度下平均容重/kg·m⁻³	极限压碎强度/MPa	用轻型钻孔机钻进1m耗时/min	开挖方法及工具	坚固性系数f
次坚石	Ⅷ	花岗质砾岩 泥灰质石灰岩 黏土质砂岩 砂质云母片岩 硬石膏	2300 2300 2200 2300 2900	60～80	8.5	用爆破方法开挖	6～8
普坚石	Ⅸ	强风化的软弱的花岗岩、片麻岩和正长岩 滑石化的蛇纹岩 致密的石灰岩 含有卵石、沉积岩的硅质胶结的砾岩 砂岩 砂质石灰质片岩 菱镁矿	2500 2400 2500 2500 2500 2500 3000	80～100	11.5	用爆破方法开挖	8～10
普坚石	Ⅹ	白云石 坚固的石灰岩 大理岩 石灰质胶结的致密砾石 坚固砂质片岩	2700 2700 2700 2600 2600	100～120	15.0	用爆破方法开挖	10～12
特坚石	Ⅺ	粗粒花岗岩 非常坚硬的白云岩 蛇纹岩 石灰质胶结的含有岩浆质卵石的砾石 石英胶结的坚固砂岩 粗粒正长岩	2800 2900 2600 2800 2700 2700	120～140	18.5	用爆破方法开挖	12～14
特坚石	Ⅻ	具有风化痕迹的安山岩和玄武岩 片麻岩 非常坚固的石灰岩 硅质胶结的含有岩浆质卵石的砾岩 粗面岩	2700 2600 2900 2900 2600	140～160	22.0	用爆破方法开挖	14～16
特坚石	ⅩⅢ	中粒花岗岩 坚固的片麻岩 辉绿岩 玢岩 坚固的粗面岩 中粒正长岩	3100 2800 2700 2500 2800 2800	160～180	27.5	用爆破方法开挖	16～18
特坚石	ⅩⅣ	非常坚固的细粒花岗岩 花岗片麻岩 闪长岩 高硬度的石灰岩 坚固的玢岩	3300 2900 2900 3100 2700	180～200	32.5	用爆破方法开挖	18～20

续表 1-3

定额分类	普氏分类	土壤及岩石名称	天然湿度下平均容重/kg·m^{-3}	极限压碎强度/MPa	用轻型钻孔机钻进1m耗时/min	开挖方法及工具	坚固性系数 f
特坚石	XV	安山岩、玄武岩、坚固的角页岩 高硬度的辉绿岩和闪长岩 坚固的辉长岩和石英岩	3100 2900 2800	200～250	46.0	用爆破方法开挖	20～25
	XVI	拉长玄武岩和橄榄玄武岩 特别坚固的辉长辉绿岩、石英岩和玢岩	3300 3000	>250	>60	用爆破方法开挖	>25

1.2.2 爆破工程预算定额的岩石分类

2008 年我国颁布实施的 GYD—102—2008《爆破工程消耗量定额》中,将岩石分为松石、次坚石、普坚石、特坚石,见表 1-3。其可作为土石方爆破的分类依据,计算爆破器材消耗、劳动生产定额的依据,也可以作为计算承包单价、编制投标书的依据。

1.2.3 岩石可钻性分级

岩石可钻性是表示钻凿炮孔难易程度的一种岩石坚固性指标。国外有用岩石抗压强度、普氏坚固性系数、点荷载强度、岩石的侵入硬度等作为可钻性指标的。国内东北工学院(现东北大学,下同)根据多年的研究,于 1980 年提出以凿碎比能(冲击凿碎单位体积岩石所耗能量)作为判据来表示岩石的可钻性。这种可钻性分级方法简单实用,便于掌握,现场、实验室均可测定。

1.2.4 岩石可爆性分级

东北大学于 1984 年(当时称为东北工学院)提出了岩石可爆性分级法,以爆破漏斗试验的体积及其实测的爆破块度分布率作为主要判据,并根据大量统计数据进行分析,建立一个爆破性指数 N 值,见式(1-3),按 N 值的级差将岩石的可爆性分成 5 级 10 等。

$$N=\ln\left[\frac{e^{67.22}\times K_D^{7.42}(\rho_s c_p)^{2.03}}{e^{38.44V}K_x^{4.75}\overline{K}^{1.89}}\right] \tag{1-3}$$

式中 N——岩石爆破性指数;

V——爆破漏斗体积,m^3;

K_D——大块率(>30cm),%;

K_x——小块率(<5cm),%;

$\overline{K}$——平均合格率,%;

ρ_s——岩石密度,kg/m^3;

e——自然对数的底;

c_p——岩石纵波声速,m/s。

东北大学提出的分级法称为“岩石爆破指数分级法”(见表 1-4),此法已被国内部分矿山采用。

表 1-4　东北大学提出的岩石爆破指数分级表

爆破等级		爆破性指数 N	爆破性程度	代表性岩石
Ⅰ	I_1	<29	极易爆	千枚岩、破碎性砂岩、泥质板岩、破碎性白云岩
	I_2	29～38		
Ⅱ	II_1	38～46	易爆	角砾岩、绿泥岩、米黄色白云岩
	II_2	46～53		
Ⅲ	III_1	53～60	中等	石英岩、煌斑岩、大理岩、灰白色白云岩
	III_2	60～68		
Ⅳ	IV_1	68～74	难爆	磁铁石英岩、角闪岩、斜长片麻岩
	IV_2	74～81		
Ⅴ	V_1	81～86	极难爆	硅卡岩、花岗岩、矿体浅色砂岩
	V_2	>86		

本章小结

岩石是爆破工程的主要对象，只有在充分了解岩石类别、熟悉岩石的主要物理力学性质及其动力学特性的基础上，才能取得良好的爆破效果。本章需要了解的是岩石可钻性分级、可爆性分级依据和方法；重点掌握岩石的主要物理性质和力学性质的基本概念及特性，以及岩石的普氏分级和爆破工程预算定额的岩石分类的方法。

复习思考题

1-1　岩石的主要物理性质有哪些？

1-2　什么叫岩石波阻抗，它对爆破有何意义？

1-3　何为岩石的强度，岩石的强度有何特征？

1-4　岩石分级的意义是什么？

1-5　说明普氏分级的含义，其主要特点是什么？

1-6　爆破工程预算定额将岩石分为哪几类，其主要依据是什么？

2 钻孔机具与使用

凿岩工程是采掘爆破作业中最基本的一个工序，其目的是凿成填置炸药的炮孔。所使用的凿岩工具由手工作业向机械操作演化进程中，大抵经历百余年的变迁。1813 年首先出现了以蒸汽为动力的凿岩机，在长期实践中不但其结构有了突破性的变革，而且在动力系统上实现了三步大的飞跃，即由蒸汽、压气到液力驱动。其间虽然也出现过其他动力驱动的凿岩机，如内燃凿岩机和电动凿岩机，但使用范围有限。时至今日，大型岩土工程全部实现了机械化凿岩，以风动和液压为驱动力的凿岩机，其性能、使用条件和应用范围，均有各自的优越性，在不同的施工场地各领风骚。

2.1 凿岩机

凿岩机是以冲击方式破碎岩石钻凿炮孔的小型钻孔机械。其钻孔直径一般在 40mm 左右，钻孔深度一般不超过 5m，被广泛应用于浅孔爆破、二次破碎、井巷掘进、城镇浅孔爆破等。

冲击式凿岩机主要有冲击、转钎、排粉、操纵、润滑等机构。如图 2-1 所示，其凿岩钻孔的原理是依靠凿岩机内的冲击机构使活塞往复运动冲击钎杆的钎尾，通过钎杆将冲击能量传递给钎头，于是钎头在炮孔底部的岩石面上形成一条凿沟 AA'。随后，在回转机构扭矩的作用下转一定角度 α，再次冲击形成下一条凿沟 BB'。如果钎头的冲击力足够大，两条凿沟之间的扇形岩石就被破碎，破碎的岩屑、岩粉被压缩空气或水从孔底排至孔外。这样冲击、转动、排粉过程不断循环下去，孔底岩石一层一层被不断破碎、排出，从而形成一定深度的炮孔。冲击式凿岩机凿岩的特点是：冲击时钎杆不回转，当活塞返回时通过螺旋棒使钎杆回转一个角度，冲击动作和回转动作交替进行，所以岩石的破碎过程是不连续的。这种凿岩方法的磨损和所需的轴向推力较小，因此，冲击式凿岩法主要应用于坚硬脆性和磨蚀性高的岩石。

冲击式凿岩机种类繁多，按其使用的动力来源可分为风动凿岩机、液压凿岩机、内燃凿岩机等等。它们所使用的钻具均为钎杆和钻头，统称为钎子。

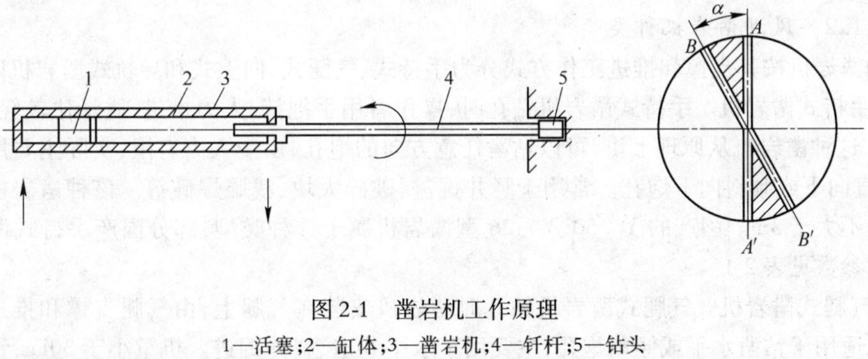

图 2-1 凿岩机工作原理

1—活塞；2—缸体；3—凿岩机；4—钎杆；5—钻头

2.1.1 风动凿岩机

风动凿岩机在爆破工程中应用最为广泛。其优点是性能稳定，结构简单，安全可靠，坚固耐用，适应性强，价格低廉，操作和维修技术要求不高；其缺点是能量利用率低，凿岩速度低，噪声达 110～130dB。

2.1.1.1　风动凿岩机的主要技术参数

风动凿岩机的主要技术参数包括压缩空气的工作压力、活塞冲击能、活塞冲击频率与钎具转速、扭矩、耗气量和质量。

(1)压缩空气的工作压力。风动凿岩机以压缩空气为动力,只有在额定压力范围内的压缩空气驱动下,风动凿岩机才能发挥其应有的效率。它的一些技术参数(如冲击能、扭矩、冲击频率等)由于压缩空气的工作压力的不同而不同。国产风动凿岩机使用的压缩空气的工作压力为 0.4～0.6MPa,过去标定凿岩机的技术参数以 0.5MPa 为标准工作压力,现在逐渐采用国际通用标准 0.63MPa。

(2)活塞冲击能。活塞的冲击能越高,越容易破碎岩石,但是限于机械和钎具的承受能力,冲击能也不能无限高。冲击破碎岩石研究表明,冲击能超过某一阈值时,就能有效地破碎岩石。目前,气腿式凿岩机的冲击能为 60～80J,导轨式凿岩机为 80～250J。

(3)活塞冲击频率与钎具转速。冲击频率越高,活塞冲击钎尾的次数就越多,破碎岩石的速度也就越快。当冲击能一定时,冲击频率与凿岩机的输出功率成正比,但是由于受设备结构、材质、加工技术等因素的限制,一般为 26～58Hz。钎具转速与活塞冲击频率也是正比例关系。活塞每冲击一次,钎具就转动一定的角度,此角度随岩石的性质和钎头的结构不同而异,一般在 16°～38°范围。

(4)扭矩。凿岩机的扭矩就是转动钎杆的扭矩,它要克服由轴向推力作用于炮孔底部产生的旋转阻力和孔壁对钎具的摩擦阻力。对于直接由人工操作的手持式和气腿式凿岩机而言,扭矩不宜过大,否则钻机振动加剧,操作者难以操作。目前,气腿式凿岩机的扭矩一般为 11～18N·m,导轨式凿岩机扭矩为 40～350N·m。

(5)耗气量。耗气量是指凿岩机工作时单位时间消耗的压缩空气折算成常压空气的体积,单位为 L/s。耗气量是风动凿岩机的一个重要的技术经济指标。凿岩速度相同的凿岩机,耗气量小的,风动力费用低,经济性能好,同时它也是选择匹配空气压缩机的一个重要指标。当工作气压为 0.63MPa 时,手持式和气腿式凿岩机的耗气量为 52～85L/s,向上式为 94～115L/s,导轨式为 94～315L/s。

(6)质量。风动凿岩机的质量直接关系到它的用途。手持式和气腿式凿岩机靠人力操纵和搬移,要求质量较轻,一般为 22～30kg,导轨式凿岩机的质量无严格限制,轻型的一般为 30～40kg,重型的可达 180kg。

2.1.1.2　风动凿岩机种类

风动凿岩机按其支撑和推进工作方式分为手持式、气腿式、向上式和导轨式凿岩机四种。

(1)手持式凿岩机。手持式凿岩机钻孔时,操作者用手把持,人力推进,质量比较轻,一般小于 30kg。这种凿岩机从原理上讲,可以钻凿任意方向的炮孔,由于人力有限,实际主要用于钻凿水平、垂直向下或倾斜向下炮孔。常用于竖井掘进、破碎大块、浅眼爆破等。该种凿岩机的钻孔深度一般不大于 3m。国产的 Y－30、Y－26 型凿岩机属于这种类型,部分国产手持式凿岩机的主要技术参数见表 2-1。

(2)气腿式凿岩机。气腿式凿岩机钻孔时凿岩机安装在气腿上,由气腿支撑和推进。气腿式凿岩机适用于钻凿水平或倾斜炮孔,主要用于水平巷道、斜井掘进。机重小于 30kg,钻孔直径一般为 34～42mm,钻孔深度 2～5m。国产的 7655、YT－23、YT－26 型凿岩机属于这种类型,其中部分气腿式凿岩机不安装气腿,关闭相应风路可用作手持式。部分国产气腿式凿岩机的主要技术参数见表 2-2。

(3)向上式凿岩机。向上式凿岩机也是用气腿支撑和推进,与气腿式凿岩机不同之处在于它的气腿与主机在同一纵向轴线上，并固结为一体，轴向伸缩。向上式凿岩机专用于钻凿向上方向 60°~90°的炮孔，常用于采矿工程中天井掘进、竖井向上贯通等。主要型号有 YSP44、YSP45、YS35，其主要技术参数见表 2-3。

表 2-1 部分国产手持式凿岩机主要技术参数

技术参数 \ 型号	Y19A	Y26	Y27	Y20	Y24	YH24	YO18①	Y18
缸径/mm	56	65		60	70	70	58	58
活塞行程/mm	55	70		50	70	70	45	45
冲击能/J	40	30	49.5	25	58.8	58.8	25	17
冲击频率/Hz	35	23	34	35	27	28		30
耗气量/$m^3 \cdot min^{-1}$	2.6	2.8	2.9	1.5	3.3	3.3	1.4	1.5
气管内径/mm	19	19	25	19	19	19	19	19
水管内径/mm	13	13	13	8	13	13	8	8
凿孔内径/mm	34~40	34~42	34~45	34~40	34~42	34~42	34~42	36~42
钻孔深度/m	5	5	5	3	5	5	2	2
钎尾尺寸/mm×mm	22×108	22×108	22×108	22×108	22×108	22×108	22×108	22×108
质量/kg	19	26	26	18	24	24	18	18

①配上 FT100 气腿可作为气腿式凿岩机用。

表 2-2 部分国产气腿式凿岩机主要技术参数

技术参数 \ 型号	7655	YT27	YT24	YT28	YTP26	YT23	ZY24
缸径/mm	76	80	70	80	95	76	95
活塞行程/mm	60	60	70	60	50	60	50
冲击能/J	66.7	70	66.7	75.5	70	65	59
冲击频率/Hz	36.7	36.7	31	37	45	36	43
耗气量/$m^3 \cdot min^{-1}$	3.6	3.3	2.8	3.3	3	2.8	2.6
气管内径/mm	25	25	19	25	25	25	25
水管内径/mm	13	13	13	13	13	13	13
凿孔内径/mm	34~42	34~42	34~42	34~42	34~46	34~42	34~46
钻孔深度/m	5	5	5	5	5	5	5
钎尾尺寸/mm×mm	22×108	22×108	22×108	22×108	22×108 25×108	22×108	22×108 25×108
配套气腿	FT160A/B	FT160A/B	FT140B/BD	FT160BC/B	FT170	FT160A	
气腿推力/N	1570	1570			1670		1670
质量/kg	24	26	24	26	26.5	24	26.5

（4）导轨式凿岩机。导轨式凿岩机是大功率凿岩机，质量较大，一般质量在 50~100kg 范围，配备有导轨架和自动推进装置，推进速度、推力可任意调节。这类凿岩机可以钻凿水平、向上倾斜、向下倾斜的炮孔，钻孔深度一般为 5~10m，最深可达 40m。主要用于平巷掘进、地下采场钻

孔作业。主要机型有 YGP35、YG80、YGZ90 等，国产导轨式风动凿岩机的主要技术参数列于表 2-4。

表 2-3　部分国产向上式凿岩机的主要技术参数

技术参数＼型号	YSP44	YSP45	YS35
外形尺寸/mm×mm×mm	1489×354×180	1420×390×160	长 1500
缸径/mm	95	95	90
活塞行程/mm	50	47	73
冲击能/J	88	68	73
扭矩/N·m	30	18	
冲击频率/Hz	43	45	37
耗气量/$m^3 \cdot min^{-1}$	4.5	5.0	4.5
气管内径/mm	25	25	25
水管内径/mm	13	13	13
凿孔直径/mm	34～46	34～46	46
最大钻孔深度/m	5	4	6
钎尾尺寸/mm×mm	22×108	22×108	（22 或 25）×108
换钎长度/mm	750	750	750
质量/kg	44	45	35

表 2-4　部分国产导轨式风动凿岩机的主要技术参数

技术参数＼型号	YGP35	YGP28	YG80	YGZ50	YGZ90	YGZ100	YGZ170
质量/kg	38	31	69	50	95	100	170
机长/mm	665	630	900	635	876	890	890
缸径/mm	100	95	120	100	125	125	125
活塞行程/mm	48	50	70	50	62	102	102
冲击能/J	98	89		103	196		
扭矩/N·m	49	29		88	118	264	343
冲击频率/Hz	36.7	36.7	37	45			43
转钎速度/$r \cdot min^{-1}$				0～300	0～250	0～300	0～300
耗气量/$m^3 \cdot min^{-1}$	6.5	4.5	8.5	8.5	11.0	11.5	11.5
气管内径/mm	25	25	38	32	38	38	38
水管内径/mm	13	13	19	13	19	19	19
凿孔内径/mm	38～52	38～48	50～75	38～55	50～80	50～80	65～100
钻孔深度/m	6	6	20	8	30	25	25
钎尾尺寸/mm×mm	25×110	22×108	32×97	25×108	38×97	38×97	38×162

2.1.2 液压凿岩机

20世纪60年代中期国外开始研究液压凿岩机，到1970年法国首次研制出第一批液压凿岩机，随后世界各国先后研制开发生产了各种不同性能和型号的液压凿岩机。液压凿岩机是一种高效率的凿岩设备，它以循环的高压油为动力，驱动凿岩机的冲击机构和旋转机构，排粉常用压力水、压气或气水混合方式进行。由于它以高压油为动力，所以其效率、能量利用率、钻孔速度都很高，是凿岩机发展的方向，随着科学技术的进步，将极有可能逐步取代风动凿岩机。与风动凿岩机相比，液压凿岩机的特点是：

(1)动力消耗低，能量利用率高。由于采用高压油为动力，其能量利用率达到30%～40%，而风动凿岩机仅为10%左右，不需要压气设备和风管。

(2)机械性能好，钻孔速度高。冲击油压一般比风压高几十倍，所以冲击功高，钻孔速度可以提高一倍以上。

(3)参数可以调节，能够实现程序控制和自动控制。

(4)钻孔时可以根据被钻介质的性质，调节冲击功、冲击频率、扭矩、转速、推力等参数，使机器在最佳状态下工作。

(5)零部件寿命长，事故少。

(6)振动和噪声低，不产生油雾。

液压凿岩机的型号也很多，同时新的机型不断出现，总的目标是使结构进一步简化，性能进一步提高。部分液压凿岩机的主要技术参数列于表2-5。

表2-5 液压凿岩机的主要技术参数

型号	冲击			回转		工作油压/MPa	输出功率/kW	钻孔直径/mm	质量/kg
	冲击能量/J	频率/Hz	流量/L·min^{-1}	转速/r·min^{-1}	转矩/N·m				
YYT30	83	44	50～55		40	13～14		36～50	28
YYG30	90	50	65～70		80	13～14		38～50	30
YYG60A	110～150	47～60	80	0～300	98	12～15		40～50	60
YYG110HD		40～53		0～300	200	15～24	7.5	35～64	96
YYG120	120～150	36～55	90	0～300	300	15	7.2～8.5	35～64	130
YYG130	300	34～50	60～70	0～300	300	16～19	10～15	38～102	135
YYG150ME		40～60		0～300	500～1000	25	15	38～115	153
YYG150LE		40～60		0～300	500～700	21.5～25	10～15	48～115	150
COP1238	140	100	75～96	0～460	430	15～24	14		160

2.1.3 内燃凿岩机

内燃凿岩机是以汽油为燃料的手持冲击式凿岩机。它由小型汽油发动机、压气机、凿岩机三位一体组合而成。这类凿岩机具有携带方便的特点，特别适用于作业地点分散、无电源或压气设备的小规模浅孔爆破施工。主要用于钻凿向下、水平、向上倾斜的炮孔。更换部分零件可改为破碎机或夯实机，用于进行各种铲凿、破碎、挖掘、劈裂和夯实等工作。由于受汽油发动机工作发热的限制,不宜长时间工作。部分国产内燃凿岩机的主要技术参数见表2-6。

表2-6　部分国产内燃凿岩机的主要技术参数

技术参数 \ 型号	YN25	YN30A	YN30D	YN27A	YN27
钻孔直径/mm	38～42	38～42	34	34	34
钻孔深度/m	6	6	6	6	6
钻孔速度/mm·min^{-1}	250～300	≥200	250	250	250
活塞行程/mm	65	70	70	70	70
冲击频率/Hz	43～48	45～50			
冲击能/J	40	27			27
扭矩/N·m	18	18			
钎杆转速/r·min^{-1}	≥180	≥150	180	250	250
耗油量/L·min^{-1}	≤0.12	≤0.14	0.12	0.12	0.12
钎尾尺寸/mm×mm	22×108	22×108	22×108	22×108	22×108
质量/kg	26	28	28	27	27

2.1.4　凿岩钎具

冲击式凿岩机的钻具称为钎子。凿岩钻孔时,凿岩机的活塞冲击钎尾,冲击能以应力波的形式通过钎杆到达钎头,由钎头破碎岩石。钎尾、钎杆和钎头三者整合在一起的称为整体钎子;钎头和钎杆是独立可拆卸的称为分体钎子;钎子可以有几根连接起来的称为接杆钎子。整体钎子和分体钎子如图2-2所示。

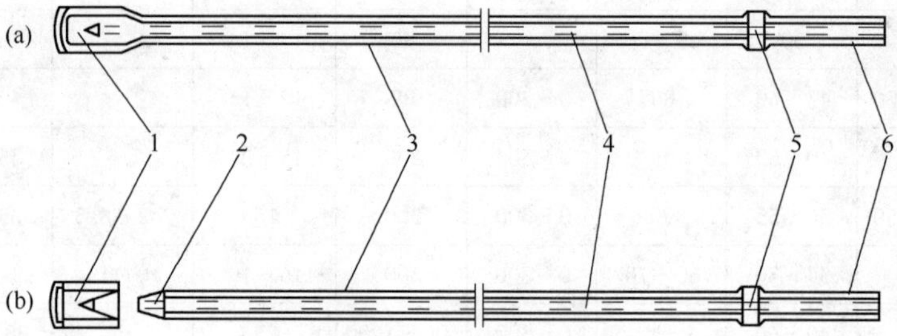

图2-2　钎子

(a)整体钎子;(b)分体钎子

1—钎头;2—钎梢;3—钎身;4—中孔;5—钎肩;6—钎尾

整体钎子常用直径为19mm、22mm和25mm的六角中空钢制造,一端锻出钎尾,另一端锻出钎头,钎头顶部镶有硬质合金片(柱)。整体钎子的特点是传递冲击能量损失小,凿岩速度稍高,拔钎阻力较小,适用于钻凿36～38mm的小直径炮孔。其缺点是搬运修磨工作量大、需要钎杆寿命和钎头寿命相匹配,否则,某一部分损坏造成整体报废。

分体钎子由钎头和钎杆两部分组成。钎头和钎杆的连接方式为锥体连接或螺纹连接。锥体连接适用于轻型凿岩机、中型凿岩机，钻凿浅孔，钎头直径小于51mm，钎杆连接端锥体的锥角一般为7°，国外也有11°或12°；螺纹连接适用于重型凿岩机，钻凿中深孔钎头直径大于51mm；分体钎子的特点是钎头和钎杆可以拆开，便于更换钎头，提高了钎杆的利用率，同时也利于对钎头的专门研究，以适应不同性质的岩石和凿岩机对钎头的需要。

2.1.4.1 钎头

钎头是直接钻凿破碎岩石的部分，其形状、材质、加工工艺等是否合理，直接影响凿岩的效率和本身的磨损。凿岩工作对钎头的要求是：形状、结构合理，凿岩速度高，耐磨性强，有足够的机械强度，使用寿命长，排粉性好，制造和维修方便，成本低。

钎头形状依其镶嵌的硬质合金可分为片状和柱齿状两种。钎头上硬质合金的布置形式有一字形、十字形、X形和柱齿形等，如图2-3所示。

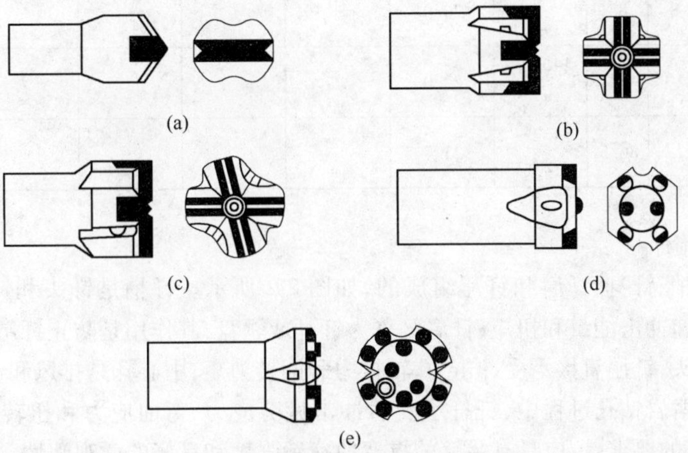

图2-3 钎 头

(a)一字形钎头；(b)十字形钎头；(c)X形钎头；(d)柱齿形钎头；(e)柱齿大直径

用于小直径浅孔的钎头直径为32mm、35mm、38mm和41mm，配合直径为22mm、25mm的六方钎杆。柱齿钎头直径一般为45mm和48mm，配合直径为32mm的波纹接杆。

钎刃材质的选择主要考虑材质的韧性和硬度，以提高其抗疲劳破坏的性能。目前我国生产的硬质合金的牌号有YG、YJ两种系列，其性能和使用范围列于表2-7。

表2-7 凿岩硬质合金的性能和使用范围

硬质合金牌号	成分/%		性 能							使用范围
	碳化钨(WC)	钴(Co)	硬度HRA(≥)	密度/g·cm^{-3}	抗弯强度(≥)/MPa	抗压强度/MPa	20℃时的冲击韧性/J·cm^{-2}	热导率/J·(cm·s·℃)$^{-1}$	线胀系数/℃$^{-1}$	
YG8	92	8	89	14.5～14.9	16.0	54.0	2.45	0.76	4.5×10^{-6}	$f\leq8$ 多裂隙、磨蚀性岩层
YG8C	92	8	88	14.5～14.9	17.5		2.94	0.76	4.8×10^{-6}	中硬、磨蚀性强的岩层
YG105	90	10	87.5	>14.4	22.0		5.90			坚硬、极坚硬岩层
YG11	89	11	87	14.0～14.4	19.0	48.0	3.73	0.67		中硬岩层

续表 2-7

硬质合金牌号	成分/%		性能							使用范围
	碳化钨（WC）	钴（Co）	硬度 HRA（≥）	密度 /g·cm^{-3}	抗弯强度（≥）/MPa	抗压强度 /MPa	20℃时的冲击韧性 /J·cm^{-2}	热导率 /J·(cm·s·℃)$^{-1}$	线胀系数 /℃$^{-1}$	
YG11C	89	11	86.5	14.0～14.4	20.0		3.73	0.67		硬和坚硬岩层
YG15	85	15	87	13.9～14.2	20.0	42.0	3.92	0.56	5.3×10^{-6}	坚硬、极坚硬岩层
高速工具钢			61～65	7.8	32.5～35.0	35.0～50.0	7.8～11.8	0.46	10.4×10^{-6} 12.6×10^{-6}	f≤6
YJ2	92	8	88	14.6～14.9	20.0					中硬、极坚硬、高磨蚀性强的岩层
YJ1	90	10	87	14.4～14.7	22.0					f=10～16的坚硬矿岩
YJ0	88	12	86.5	14.2～14.5	23.5					坚硬、极坚硬岩层

2.1.4.2　钎杆

钎杆是由钎梢、钎身、钎肩和钎尾组成的，如图 2-2 所示。钎梢是钎头和钎杆的连接部分。钎身的作用是传递冲击能量和扭矩；钎肩又称为钎耳或领盘，其作用是防止钎尾插入凿岩机气缸和脱离凿岩机机头；钎尾直接承受冲击力、轴推力和回转力矩；中心孔是排风和冲洗水的通道，用于排除岩粉。在凿岩钻孔过程中，钎杆承受着冲击疲劳应力、弯曲应力和扭转应力以及水的侵蚀。所以，对钎杆的要求是：应具有足够的抗弯曲疲劳强度和良好的微观塑性、循环韧性，良好的防锈能力，以及加工工艺简单和成本低等特点。

钎杆断面形状通常为直径 22mm、25mm 的中空六角形和 32mm、38mm 的中空圆形，中心孔直径为 5～7mm。

2.2　潜孔钻机

凿岩机钻孔随着孔深的增加，能量在钎杆、接头（中深孔钻孔）等处的损失也在增加，钻孔速度明显下降，使其成本增加。为减少能量的损失，提高钻孔效率，设计出了潜孔钻机。潜孔钻机也是以压缩空气为动力，回转冲击破碎岩石。所不同的是，潜孔钻机把风动冲击器连同钻头一起装在钎杆的前端，钻孔时，推进机构使钻具连续推进并将一定的轴向压力施于孔底，使钻头与孔底岩石相接触；回转机构使钻具连续回转；安装在钻杆前端的冲击器，在压气的作用下，使活塞往返冲击钻头，完成对岩石的冲击动作；压气从回转供风机构进入，经中空钻杆直达孔底，把破碎的岩粉从钻杆与孔壁之间的环形空间排至孔外。由此可见，潜孔式凿岩原理的实质，就是在轴向压力的作用下，冲击和回转两种破碎岩石方法的结合，其中冲击是间断的，回转是连续的，所以，岩石是在冲击力和剪切力作用下不断地被压碎和剪碎。实际上，对中硬以上岩石轴压力无法使钎刃压入岩石起到切削作用，只起到了防止钻具跳动的作用。因此，在潜孔凿岩中，起主导作用的是冲击做功。其主要结构和工作原理如图 2-4 所示。

潜孔钻机主要是在中硬以上岩石钻凿直径为 80～250mm 的炮孔。露天采矿爆破工程中多用于钻凿直径为 80～200mm、深度小于 30m 的垂直向下或倾斜向下的炮孔。井下爆破工程中常用直径为80mm、100mm和165mm的浅孔钻机，钻凿任意方向的炮孔，深度可达60m。

潜孔钻机主要由钻具及接卸钻杆机构、钻架起落机构、回转供风机构、提升推进机构、行走机构、动力及操作系统、除尘系统等部分组成，如图2-5所示。潜孔钻机有如下特点：

(1)冲击力直接作用于钎头上，能量传递效率高，钻孔速度受深度的影响小；

(2)以高压气体或含水的高压气体排粉，使钻孔岩渣能及时排净；

(3)可以根据岩石性质，调整钻孔轴压和转速；

(4)钻孔速度高；

(5)噪声低，粉尘少。

潜孔钻机按其应用场所分为露天潜孔钻机和地下潜孔钻机两类。

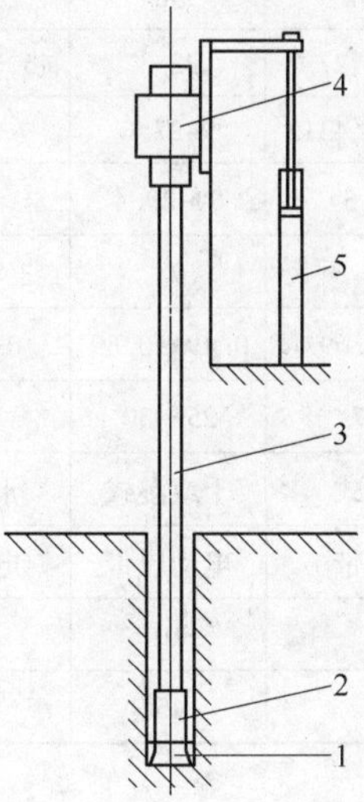

图2-4 潜孔钻机主要结构和工作原理示意图

1—钻头；2—冲击器；3—钻杆；4—回转供风机构；5—推进机构

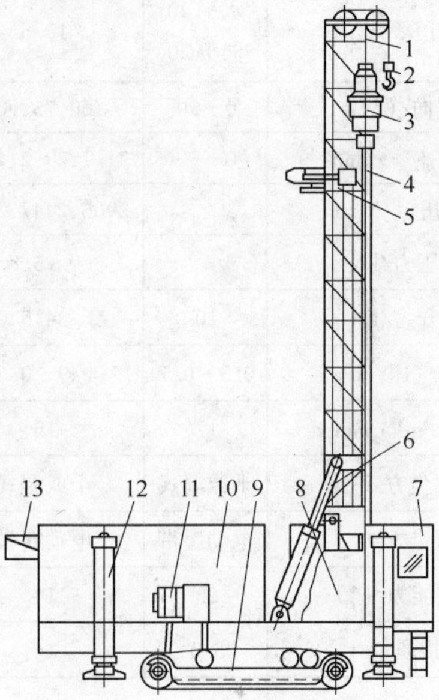

图2-5 KQ250型潜孔钻机

1—辅助卷扬钢绳；2—起重吊钩；3—回转装置；4—钻杆；5—送杆器；6—起落钻架油缸；7—司机室；8—除尘系统；9—履带行走装置；10—机棚；11—空压机；12—稳车千斤顶；13—通风机

2.2.1 露天潜孔钻机

露天潜孔钻机按其质量和钻孔直径分为三种类型：轻型潜孔钻机、中型潜孔钻机、重型潜孔钻机。

(1)轻型潜孔钻机。轻型潜孔钻机质量较轻，钻孔直径一般在100mm左右，钻机质量为1～5t，不带空压机，由管路集中供给压气，主要应用在中小型矿山、采石场，如CLQ-80A型潜孔钻机。

(2)中型潜孔钻机。中型潜孔钻机质量约为10～20t，不带空压机，由管路集中供给压气，钻孔直径为150mm左右，适用于中小型矿山，如KQ-150型潜孔钻机。

(3)重型潜孔钻机。重型潜孔钻机质量在30t以上，自带空气压缩机，钻孔直径一般大于200mm，适用于中型以上矿山，如KQ-200、KQ-250型潜孔钻机。

此外，按其钻具使用的空气压力又可分为普通型潜孔钻机（空气压力一般小于0.7MPa）和高压型潜孔钻机(空气压力一般大于1.0MPa)。

露天潜孔钻机的回转、冲击机构都是独立的。回转机构安装在钻架上,能沿钻架上下滑动,回转机构带动钻杆、冲击器和钻头旋转,钻孔时钻杆由钻架内的推进减压机构实现推进,还可以根据孔深、岩石情况实现减压推进。钻孔的角度,可由钻架起落机构调整。

潜孔钻机是中小型露天矿山的主要钻孔设备,几种露天潜孔钻机主要技术参数列于表2-8。

表2-8　国内露天潜孔钻机主要技术参数

技术参数 \ 型号	CLQ-80A	KQ-150	KQ-170	KQ-200	KQ-250	KQD-80
钻孔直径/mm	80~120	150,170	170	200,210,220	230,250	80~120
孔深/m	水平30 向下20	17.5	18	19	16	向上30 向下20
孔向/(°)	0~90	60,75,90	45,60,75,90	60~90	90	多方位
钻具转速/$r\cdot min^{-1}$	0~50	21.7,29.2,42.9	60	13.5,17.9,27.2	22.3	45,67,77,115
钻具扭矩/N·m		2906,2447,2141	1107	5802,4812,4312	9427.6	
轴压力/kN		0~5.8	0~11.7	0~14.5	0~29.4	
提升力/kN	10	24.5	14.7	34.3	98	
工作气压/MPa	0.5~0.7	0.49~0.69	0.59~0.74	0.49~0.69	0.49~0.69	0.5~0.7
耗气量/$m^3\cdot min^{-1}$	17	15	15~18	22~27	25~30	9
除尘方式	干或湿式	干或湿式	湿式	干或湿式	干或湿式	干或湿式
行走方式	电动履带	电动履带	电动履带	电动履带	电动履带	电动履带
爬坡能力/(°)	25	14	14	14	10	20
钻机质量/t	5.3	14	22	35	45	8

2.2.2　地下潜孔钻机

地下爆破工程所用的潜孔钻机,因受作业空间及井下运输条件的限制,必须结构紧凑、尺寸窄小、拆装方便、工作可靠,因此一般没有司机室和装卸钻杆的机械手,目前仍以潜孔凿岩钻架应用最广。潜孔钻架及钻机型号规格列于表2-9。

表2-9　地下潜孔钻机主要技术参数

型　号	外形尺寸(长×宽×高)/mm×mm×mm	钻机质量/t	适用巷道(宽×高)/m×m	钻孔方向	回转马达功率/kW	回转速度/$r\cdot min^{-1}$	推进行程/m	推力/kN	总耗气量/$m^3\cdot min^{-1}$
QZJ-100A YQ-100A	850×550×330	0.6	2.5×3	水平 和向下	电机 3	89	1.1	6	6
QZJ-100B YQ-100B	2380×400×470	0.55	2.5×3	任意方向	风动马达 3.4	90	1.1	6	12
CTCQ500	3970×181×2180	2.63	2.8×3	向上扇形 或平行	风动马达 3.4	90	1.1	6	14

2.2.3 潜孔凿岩钻具

潜孔钻机的钻具包括冲击器、钻头和钻杆。由连接螺纹将钻头和冲击器、冲击器和钻杆、钻杆与回转供风机构连接在一起。其中,冲击器是冲击破碎岩石的主要工具,它以压气为动力,产生的冲击功直接作用在钻头上破碎岩石形成炮孔。冲击器的优劣,在很大程度上决定了潜孔钻机的钻孔效率和钻孔成本。

2.2.3.1 冲击器

冲击器按配气方式和结构特点分为有阀式和无阀式两种。有阀冲击器推动活塞上下运动的压气是由配气机构控制的,按排气方式又可以分为中心排气和旁侧排气两种,前者气缸内气体由钻头中心孔排出,后者是由钻头两侧排出。中心排气是在旁侧排气的基础上发展起来的,其排粉效果好,对钻头冷却效果好,提高了钻头的使用寿命,因此应用普遍。无阀冲击器中没有阀片,控制活塞往复运动的配气系统布置在活塞或气缸壁上,活塞运动时自动配气,按配气方式它也可以分为中心排气和旁侧排气两种。

无阀冲击器利用压气的膨胀功推动活塞往复运动,动力消耗少,同有阀冲击器比,消耗压气量可以节省30%左右。此外,无阀冲击器零件少,结构简单,加工制造方便,所以,现在使用的冲击器大多是中心排气的无阀冲击器。

2.2.3.2 潜孔钻头

潜孔钻头的形状和构造基本与浅孔钎头和接杆钎头相似,有刃片型钻头、柱齿型钻头和混合型钻头。通常,超前刃结构的刃片钻头又分为一字形、Y字形和十字形。刃片型钻头的特点是成本低,加工制造和维修比较容易,适用于钻凿中小孔径的炮孔;柱齿型钻头钻进速度较快,不易卡钻,适用于钻凿深孔;混合型钻头的结构特点是钻头的周边镶焊硬质合金片,在中心部分凹陷处钻进速度较高,镶嵌硬质合金柱齿,它兼有上述两种钻头的特点,适合于大直径钻头,主要缺点是制造工艺复杂、成本高。

2.2.3.3 钻杆

潜孔钻机的钻杆一般采用薄壁钢管或中空厚壁无缝钢管制成。地下潜孔钻机的钻杆长度等于推进机构的一次推进行程,一般为800~1300mm,数量根据钻孔深度而定;露天潜孔钻机的钻杆一般有两根,即结构尺寸完全一样的主钻杆和副钻杆,也有只有一根长钻杆的。

潜孔钻机的主要工作参数为轴向压力、钻具转速、钻具扭矩等。合理选择潜孔凿岩的工作参数,不仅可以提高钻机的钻孔效率,还能延长钻具的寿命。

根据冲击回转破碎岩石原理,在提高冲击能量传递效率和钻头寿命的前提下,合理的轴向压力应为:

$$p = K_p f D \tag{2-1}$$

式中 p——合理轴向压力,N;

K_p——调节系数,一般为2.5~3.0;

f——岩石普氏坚固系数;

D——钻孔直径,mm。

钻具转速为:

$$n = (6500/D)^{0.95} \tag{2-2}$$

式中 n——钻具转速,r/min;

D——钻孔直径,mm。

钻具的合理扭矩为:

$$M = K_{m}D^{2}/8.5 \tag{2-3}$$

式中　M——钻具回转扭矩，N·m；

K_{m}——系数，取平均扭矩时 $K_{m}=1$；

D——钻孔直径，mm。

2.3　牙轮钻机

牙轮钻机具有穿孔效率高、作业成本低、机械化和自动化程度高、适应各种硬度的岩石钻孔作业等优点，已成为当今世界上露天矿最先进的钻孔设备，在大型土石方爆破工程上也有使用。但是一次性投资高，影响了它的广泛使用。部分牙轮钻机主要技术参数见表2-10。

表2-10　国内牙轮钻机主要技术参数

型　号	KY-120	KY-150	KY-200	KY-250	KY-310	YZ-12	YZ-35	YZ-55
加压方式	油缸加压	滑差电机—封闭链—齿条式				液压马达—封闭链—齿条式		
适应岩性	f=8～12	f=8～12	f<16	f=6～20	f=6～20	f=4～14	f=6～20	f=6～20
钻孔直径/mm	118(扩300)	120～150	150～200	220～250	250～310	95～171	170～270	250～380
钻孔深度/m	50	18～20	15,21	17	17.5	15,22.5	17.5	16.5
钻孔方向/(°)	60～90	70～90	70～90	70～90	90	90	90	90
轴压力/kN	90	127.4	156.8	411.6	490	117.6	343	539
钻具提升力/kN	(扩)180	125	66.1	421.4	500	142.1	230	400
钻具推进速度/m·min^{-1}	0.1～0.3	0～3.4	0～3, 0～10	0～1.17, 0～2.34	0.1～1, 0.1～3	0～1.8	0～1.2	0～1.2
钻具转速/r·min^{-1}	0～100	45,60,90	0～120	0～115	0～100	0～140	0～90	0～120
回转扭矩/kN·m	3310	4770,4060, 3020	3870	6546	7840	4410	6500	8500
回转功率/kW		28	30	50	54	20	50	95
回转动力	液压马达	交流电机	直流电机	直流电机	直流电机	直流电机	直流电机	直流电机
钻杆直径/mm	91	104,114, 168	114,140, 159	194,219	219,273	70,113	140～219	219,273, 325
钻杆长度/m	1.07	9.5	7.55	9.2	9	7.5	17.5	16.5
钻杆数/根		2	2	2	2	2	2	2
主空压机/m^{3}·min^{-1}		25	18	30	40	18	28	37,56
工作气压/MPa		0.4～0.7	0.4	0.35	0.35	0.28	0.28	0.28
行走方式	轨轮	履带	履带	履带	履带	履带	履带	履带
总安装功率/kW	35.5	304.1	227.4	385	416		335	399.5
动力类型	电驱动	电驱动	电驱动	电驱动	电驱动	电驱动	电驱动	电驱动
钻机质量/t	6.24	40	39	85,90	114,120	30	85	140
适应场地	地下矿	露天	露天	露天	露天	露天	露天	露天

牙轮钻机的钻孔直径一般在250~455mm范围内,常用的孔径为250~380mm。图2-6所示为牙轮钻机工作原理示意图。

牙轮钻机的工作原理是:牙轮钻机钻孔时,由回转机构带动钻具回转,由加压机构向孔底施加轴压力,由回转供风机构将压气引入中空钻杆,然后由钻头的喷嘴喷向孔底,将牙轮钻头破碎下来的岩渣沿钻杆和孔壁间隙吹至孔外。当钻完炮孔后,开动行走机构移到下一个孔位。依据牙轮钻机的工作原理,其组成主要有回转、加压及提升机构,其次为行走机构、供风、除尘、液压、钻架等部分。行走、回转、加压、提升机构等用电力驱动,辅助机构一般用液压控制,如钻架的起落、稳车千斤顶等。牙轮钻机根据回转和加压方式的不同分为三种类型:

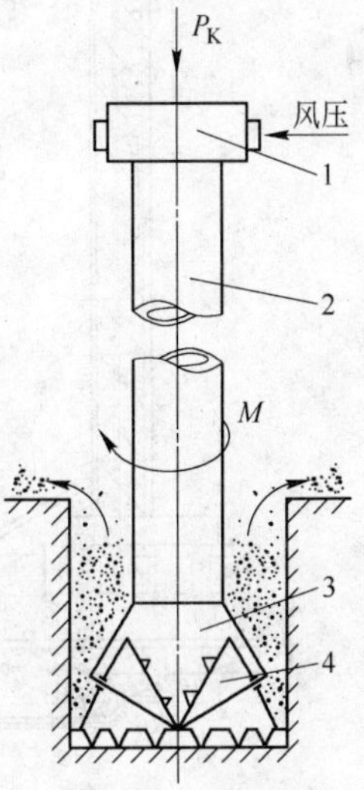

图2-6 牙轮钻机工作原理示意图

1—回转供风机构;2—钻杆;3—钻头;4—牙轮

(1)底部回转间断加压。底部回转间断加压式牙轮钻机是由石油、勘探用钻机移植到矿山的。这种钻机有一个液压卡盘通过油压将钻杆卡住,二者一起回转并向下运动,实现钻进动作。由于回转机构放在钻架底部,加压是间断的,故而得名,美国的60-BH型属于此类。该类型钻机主要缺点是间断加压和轴压的提高受到卡盘与钻杆之间的摩擦力的限制。

(2)底部回转连续加压。钻机的回转和加压机构设在钻架的底部,并由链条传动装置或钢绳液压系统实现连续加压。该类钻机的特点是钻架不受扭矩的作用,但钻杆必须加工成六角形或花键齿形,因此工艺难度较大。

(3)顶部回转连续加压。顶部回转连续加压的钻机,主要特点是在钻杆的上部安装一个能沿钻架上下滑动的回转加压小车,以实现钻具的回转和连续加压,所以此类钻机又称为滑架式牙轮钻机。目前国内外的牙轮钻机大多数是这种类型。图2-7是国产钻凿大直径炮孔的KY-310型牙轮钻机,其性能相当于美国的60-R型牙轮钻机。

牙轮钻机因其钻头由三个锥形牙轮组成而得名,如图2-8所示。牙轮钻头由三个牙爪、三个牙轮和滚柱及滚珠轴承组成。轴承组除了保证牙轮在轴颈上灵活转动外,还将钻机施加于钻头上的轴压和扭矩传递给牙轮。因此,牙轮的凿岩原理是牙轮钻机工作时,加压机构通过钻杆给牙轮钻头施以很高的轴向压力,牙轮被压在孔底岩石上,当回转供风机构使钻具以一定转速回转时,钻头上的三个牙轮既绕钻头的轴线"公转",又绕本身轴线"自转"。所以,三个牙轮在孔底岩石上进行滚动或滚动和滑动,其牙齿交替地由一个齿接触岩石变为两个齿接触岩石,这样牙轮中心随之上下振动,使牙齿对孔底岩石产生冲击、碾压、切削的复合作用。牙轮滚动不断改变其作用位置,牙齿压入岩石一定深度后,对周围岩石产生挤压作用,岩石受剪压作用而破坏,使钻孔不断加深。

本章小结

凿岩工程是采掘爆破作业中的最基本的一个工序,其目的是凿成填置炸药的炮孔。本章介绍了钻孔机具的种类、特点、工作原理、主要技术参数和适用条件。通过学习了解各类钻孔机具性能、工作原理和主要技术参数;重点掌握钻孔机具的类型和适用条件。

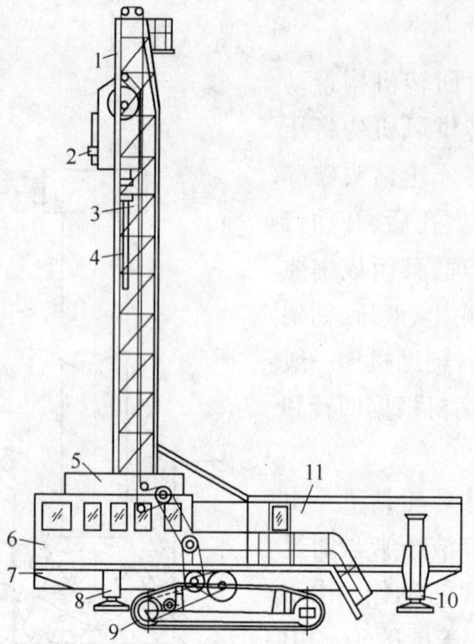

图 2-7　KY－310 型牙轮钻机

1—钻架装置;2—回转机构;3—加压提升系统;
4—钻具;5—空气增压净化装置;6—司机室;7—平台;
8、10—千斤顶;9—履带行走机构;11—机械室

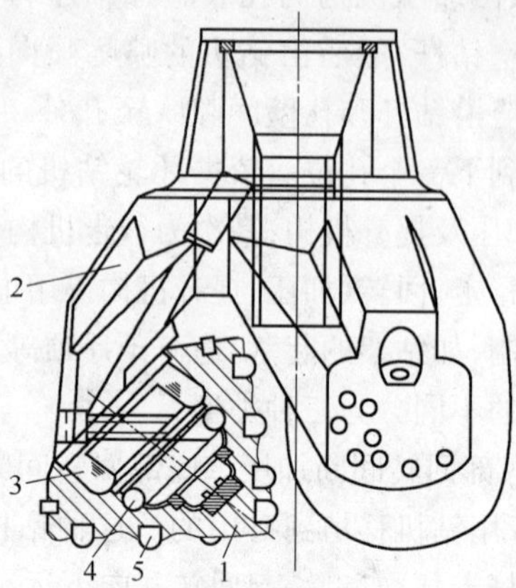

图 2-8　牙轮钻头

1—牙轮;2—牙爪;3—滚柱轴承;
4—滚珠轴承;5—硬质合金柱

复习思考题

2-1　矿山爆破钻孔机械主要有哪几种,其适用条件是什么?

2-2　凿岩机、潜孔钻机和牙轮钻机的工作原理是什么,有什么特点?

3 炸药与爆破作用的基本知识

3.1 基本概念

3.1.1 爆炸及其分类

自然界有各种各样的爆炸现象，如自行车爆胎、鞭炮燃放、锅炉爆炸、原子弹爆炸等。爆炸时，往往伴有强烈的发光、声响和破坏效应。从广义的角度来看，爆炸是指物质的物理形态或化学性质发生急剧变化，在变化过程中伴随有能量的快速转化，内能转化为机械压缩能，且使原来的物质或其变化产物及周围介质产生运动，进而产生的机械破坏效应。

按引起爆炸的原因不同，可将爆炸区分为物理爆炸、核爆炸和化学爆炸三类。

(1)物理爆炸。这是由物理原因造成的爆炸，爆炸不发生化学变化。例如锅炉爆炸、氧气瓶爆炸、轮胎爆胎等都是物理爆炸。在实际生产中，除了煤矿利用内装压缩空气或二氧化碳的爆破筒落煤外，很少应用物理爆炸。

(2)核爆炸。这是由核裂变或核聚变引起的爆炸。核爆炸放出的能量极大，相当于数万吨至数千万吨三硝基甲苯(TNT，俗称“梯恩梯”)爆炸释放的能量，爆炸中心区温度可达数百万至数千万摄氏度，压力可达数十万兆帕以上，并辐射出很强的各种射线。目前，在岩石工程中，核爆炸的应用范围和条件仍十分有限。

(3)化学爆炸。这是由化学变化造成的爆炸。炸药爆炸、井下瓦斯或煤尘与空气混合物的爆炸、汽油与空气混合物的爆炸以及其他混合爆鸣气体的爆炸等，都是化学爆炸。与物理爆炸不同，化学爆炸后有新的物质生成。岩石的爆破过程是炸药发生化学爆炸做机械功、破坏岩石的过程。因此，化学爆炸将是我们研究的重点。

炸药是在一定条件下，能够发生快速化学反应，放出能量，生成气体产物，显示爆炸效应的化合物或混合物，主要由碳、氢、氮、氧四种元素组成。炸药既是安定的又是不安定的。在平常条件下，炸药是比较安定的物质。除起爆药外，炸药的活化能值是相当大的，但当局部炸药分子被活化达到足够数目时，就会失去稳定性，引起炸药爆炸。以鞭炮中装填的黑火药为例，当点燃时，黑火药迅速燃烧，产生化学反应，并放出热量和气体产物，同时发出声响和闪光，完成爆炸过程。

3.1.2 化学爆炸的基本条件

化学爆炸必须具备以下三个基本要素：

(1)反应的放热性。放热是爆炸得以进行的首位必要条件。爆炸反应只有在炸药自身提供能量的条件下才能自动进行。若反应不具备这个条件，爆炸过程就根本不能发生；没有这个条件，反应也就不能自行延续，因而也不可能出现爆炸过程的反应传播。依靠外界供给能量来维持其分解的物质，不可能具有爆炸的性质。草酸盐的分解反应便是典型例子：

$$ZnC_2O_4 \longrightarrow 2CO_2 + Zn - 250kJ$$

$$CuC_2O_4 \longrightarrow 2CO_2 + Cu + 23.9kJ$$

$$HgC_2O_4 \longrightarrow 2CO_2 + Hg + 47.3kJ$$

第一种反应是吸热反应，只有在外界不断加热的条件下才能进行，因而不具有爆炸性质；第二种反应具有爆炸性，但因放出的热量不大，爆炸性不强；第三种反应具有显著的爆炸性质。

爆炸反应所放的热量是爆炸破坏作用的能源。

(2)反应过程的高速度。反应过程的高速度是爆炸反应区别于一般化学反应的重要标志。炸药爆炸反应时间大约是 $10^{-6} \sim 10^{-7}$s 量级。虽然炸药的能量储藏量并不比一般燃料大，但由于反应的高速度，炸药爆炸时能够达到一般化学反应所无法比拟的高得多的能量密度。石油、煤和几种炸药的放热量和能量密度数据如表 3-1 所示。

表 3-1　石油、煤和几种炸药的放热量和能量密度

物质名称	单位质量物质的放热量 /MJ · kg^{-1}	单位体积炸药或燃料空气混合物的能量密度/kJ · L^{-1}
煤	32.66	3.60
石油	41.87	3.68
黑火药	2.93	2805
梯恩梯	4.19	6700
黑索金	5.86	10467

1kg 煤块燃烧可以放出 32.66MJ 的热量，这个热量比 1kg TNT 炸药爆炸放出的热量要多几倍，可是这块煤燃烧完成的时间大约需要几分钟到几十分钟，在这段时间内放出的热量不断以热传导和辐射的形式传送出去，因而虽然煤的放热量很多，但是单位时间的放热量并不多。同时还要注意到煤的燃烧是与空气中的氧进行化学反应而完成的，1kg 的煤的完全反应就需要 2.67kg 的氧，这么多的氧必须由 $9m^3$ 的空气才能提供，因而作为燃烧原料的煤和空气的混合物，单位体积所放出的热量也只有 3.6kJ/L，能量密度很低。

爆炸反应就完全相反。炸药反应一般都是以 5 ~ 8km/s 的速度进行。一块 10cm 见方的炸药爆炸反应完毕也就需要 10μs 的时间。由于反应速度极快，虽然总放热量不是太大，但在这样短暂时间内的放热量却比一般燃料燃烧时在同样时间内放出的热量高出上千万倍。同时，由于爆炸反应无须空气中的氧参加，在反应所进行的短暂时间内放出的热量来不及散出，以致可以认为全部热量都聚集在炸药爆炸前所占据的体积内，这样炸药单位体积所具有的热量就达到 1MJ/L 以上，比一般燃料燃烧要高数千倍。

由于反应过程的高速度使炸药内所具有能量在极短时间内放出，瞬间达到极高能量密度，所以炸药爆炸具有巨大做功功率和强烈的破坏作用。

(3)反应中生成大量气体产物。反应过程中生成大量气体产物，是炸药爆炸对外做功的媒介。爆炸瞬间炸药定容地转化为气体产物，其密度要比正常条件下气体的密度大几百倍到几千倍。也就是说，正常情况下这么多体积的气体被强烈压缩在炸药爆炸前所占据的体积内，从而造成 $10^9 \sim 10^{10}$Pa 以上的高压。同时，由于反应的放热性，这样处于高温、高压的气体产物必然急剧膨胀，把炸药的位能变成气体运动的动能，对周围介质做功。在这个过程中，气体产物既是造成高压的原因，又是对外界介质做功的介质。某些炸药爆炸气体产物在标准条件下的体积如表 3-2 所示。

表 3-2 某些炸药爆炸气体产物在标准条件下的体积

炸药	1kg 炸药放出的气体产物/L	1L 炸药放出的气体产物/L
梯恩梯	740	1180
特屈儿	760	1290
泰安	790	1320
黑索金	908	1630
奥克托金	908	1720

可见,1kg 猛炸药爆炸生成的气体换算到标准状态(1.0133×10^5Pa,273K)下的气体体积为 700～1000L,为炸药爆炸前所占体积的 1200～1700 倍。

又例如铝热剂反应:

$$2Al + Fe_2O_3 \longrightarrow Al_2O_3 + 2Fe + 828kJ$$

尽管反应非常迅速,且放出很多的热量,后一个反应放出的热量足以把反应产物加热到 3000℃,但终究由于没有气体产物生成,没有把热能转变为机械能的媒介,无法对外做功,所以不具有爆炸性。

因此,对于爆炸来说,放热性、高速度、生成大量的气体产物是缺一不可的,只有在这三个要素同时具备时,化学反应才能具有爆炸的特性。

3.1.3 炸药化学变化的基本形式

爆炸并不是炸药唯一的化学变化形式。由于环境和引起化学变化的条件不同,一种炸药可能有三种不同形式的化学变化:缓慢分解、燃烧和爆炸。这三种形式进行的速度不同,产生的产物和热效应也不同。

3.1.3.1 缓慢分解

炸药在常温下会缓慢分解,温度越高,分解越显著。这种变化的特点是:对炸药内各点温度相同,在全部炸药中反应同时展开,没有集中的反应区;分解时,既可以吸收热量,也可以放出热量,这取决于炸药类型和环境温度。但是,当温度较高时,所有炸药的分解反应都伴随有热量放出。例如,硝酸铵在常温或温度低于 150℃时,其分解反应为吸热反应,反应方程为

$$NH_4NO_3 \rightleftharpoons NH_3 + HNO_3 - 173.04kJ$$(谨慎加热到略高于熔点)

当加热至 200℃左右,分解时将放出热量,反应方程为

$$NH_4NO_3 \longrightarrow 0.5N_2 + NO + 2H_2O + 36.1kJ$$

或

$$NH_4NO_3 \longrightarrow N_2O + 2H_2O + 52.5kJ$$

分解反应为放热反应时,如果放出热量不能及时散失,炸药温度就会不断升高,促使反应速度不断加快和放出更多的热量,最终就会引起炸药的燃烧和爆炸。因此,在储存、加工、运输和使用炸药时要注意采取通风等措施,防止由于炸药分解产生热积累而导致意外爆炸事故的发生。炸药的缓慢分解反映炸药的化学安定性。在炸药储存、加工、运输和使用过程中,都需要了解炸药的化学安定性,这是研究炸药缓慢分解意义所在。

3.1.3.2 燃烧与爆燃

炸药在热源(例如火焰)作用下会燃烧。但与其他可燃物不同,炸药燃烧时不需要外界供给氧。当炸药的燃烧速度较快,达到数百米每秒时,称为爆燃。

进行燃烧的区域称作燃烧区,又称作反应区。开始发生燃烧的面称作焰面。焰面和反应区沿炸药柱一层层地传下去,其传播速度即单位时间内传播的距离称为燃烧线速度。线速度与炸药密度的乘积,即单位时间内单位截面上燃烧的炸药质量,称为燃烧质量速度。通常所说的燃烧速度系指线速度。

炸药在燃烧过程中,若燃烧速度保证定值,就称为稳定燃烧;否则称为不稳定燃烧。炸药是否能够稳定燃烧,取决于燃烧过程中的热平衡情况。如果热量能够平衡,即反应区中放出的热量与经传导向炸药邻层和周围介质散失的热量相等,燃烧就能稳定,否则就不能稳定。不稳定燃烧可导致燃烧的熄灭、震荡或转变为爆炸。

要使燃烧过程中热量达到平衡或燃烧稳定,必须具备一定的条件。该条件由下列因素所决定:炸药的物理化学性质和物理结构,药柱的密度、直径和外壳材料,环境温度和压力等。炸药在一定的环境温度和压力条件下,只有当药柱直径超过某一数值量,才能稳定燃烧,而且燃烧速度与药柱直径无关。能稳定燃烧的最小直径称为燃烧临界直径。环境温度和压力越高,燃烧临界直径越小;反之,当药柱直径固定时,药柱稳定燃烧必有其对应的最小温度和压力,称作燃烧临界温度和临界压力,而且燃烧速度随温度和压力的增高而增大。

了解炸药燃烧的稳定性、燃烧特性及其规律,对爆炸材料的安全生产、加工、运输、保管、使用以及过期或变质炸药的销毁都是很必要的。

3.1.3.3　爆炸与爆轰

在足够的外部能量作用下,炸药以每秒数百米至数千米的高速进行爆炸反应。爆炸速度增长到稳定爆速的最大值时就转化为爆轰;另一方面,由于衰减它也可以转化为爆燃或燃烧。

爆轰是指炸药以每秒数千米的最大稳定速度进行的反应过程。特定的炸药在特定条件下的爆轰速度为常数。

有些学者认为,广义的爆炸应把爆炸和爆轰都包含在内。

3.1.3.4　爆炸与缓慢分解和燃烧之间的区别

爆炸与缓慢分解的主要区别有:

(1)缓慢分解是在整个炸药中展开的,没有集中的反应区域;爆炸是在炸药局部发生的,并以波的形式在炸药中传播。

(2)缓慢分解在不受外界任何特殊条件作用时,一直不断地自动进行;爆炸要在外界特殊条件作用下才能发生。

(3)缓慢分解与环境温度关系很大,随着温度的升高,缓慢分解速度将按指数规律迅速增加;爆炸与环境温度无关。

燃烧与爆炸的主要区别有:

(1)燃烧与爆炸传播速度截然不同,燃烧的速度为几毫米每秒到几百米每秒,大大低于原始炸药中的声速;爆轰的速度通常达几千米每秒,一般大于原始炸药中的声速。

(2)从传播连续进行的机理来看,燃烧时化学反应区放出的能量是通过热传导、辐射和气体产物的扩散传入下一层炸药,激起未反应的炸药化学反应,使燃烧连续进行;在爆炸时,化学反应区放出的能量以压缩波的形式提供给前沿冲击波,维持前沿冲击波的强度,然后前沿冲击波冲击压缩、激起下一层炸药进行化学反应,使爆轰连续进行。

(3)从反应产物的压力来看,燃烧产物的压力通常很低,对外界显示不出力的作用;爆炸时产物压力可以达到 10^4MPa 以上,有强烈的力效应。

(4)从反应产物质点运动方向来看,燃烧产物质点运动方向与燃烧传播的方向相反;爆炸产物质点运动方向与爆炸传播的方向相同。

(5)从炸药本身条件来看,随着装药密度的增加,炸药颗粒间的孔隙度减小,燃烧速度下降;爆轰随着装药密度的增加,单位体积物质化学反应时放出的能量增加,使之对于下一层的炸药的冲压加强,因而爆轰速度增加。

(6)从外界条件影响来看,燃烧易受外界压力和初温的影响。当外界压力低时,燃烧速度很慢,随着外界压力的提高,燃烧速度加快,当外界压力过高时,燃烧变得不稳定,以致转变成爆炸;爆炸基本上不受外界条件的影响。

此外,爆炸与爆轰是两个不同的概念。一般来说,具有爆炸三个要素的化学反应皆称为爆炸,爆炸传递的速度可能是变化的;爆轰除了要具备爆炸的三个要素之外,还要求传播的速度是恒定的。因而,爆炸一般笼统定义为具有三大要素的化学反应,而爆轰专门定义为以恒定速度稳定传播的爆炸过程。

3.1.3.5 炸药不同化学反应形式的转化

炸药三种化学反应形式可以相互转化。在某些条件下,爆炸可以衰减为燃烧,某些工业炸药常常出现这样的转化;反之,缓慢分解也能转化为燃烧,燃烧也可以转化为爆炸。这些转化的条件与环境、炸药的物理化学性质有关。

3.1.4 炸药的起爆与起爆能

3.1.4.1 引起炸药爆炸的原因

(1)内因:炸药属于不稳定的化学体系,但如果没有任何外界能量的作用,炸药可以保持它的平衡状态。由于炸药分子结构不同,分子结构比较脆弱的炸药就容易起爆,否则就较难。如碘化氮只要用羽毛轻轻触及就可以引起爆炸,而 NH_4NO_3 用几十克甚至数百克 TNT 才能引爆。

(2)外因:指引起炸药爆炸的外部能量。

3.1.4.2 起爆与起爆能

(1)起爆:在外能作用下,引起炸药爆炸反应的过程,称为起爆。

(2)起爆能:足以使炸药产生爆炸的外部能量。

3.1.4.3 起爆能形式

(1)热能:利用加热形式作用起爆。如火焰、火星、电热。

(2)机械能:通过撞击、摩擦、针刺等机械作用起爆。多用于军事上,但在生产、储存、运输和使用中应注意。

(3)爆炸能:利用炸药产生爆炸作用起爆。如利用各种雷管、导爆索、起爆药柱等,是爆破工程中主要的起爆能形式。

3.1.5 炸药的起爆机理

根据起爆能形式的不同,炸药的起爆可以用不同的起爆机理进行解释。活化能理论认为:化学反应只是在具有活化能量的活化分子互相接触和碰撞时才会发生。

3.1.5.1 热能起爆机理

炸药在热能作用下使其局部的炸药分子活化,活化分子互相接触和碰撞进行放热分解反应,当反应放出的热量大于散失热量时产生热积累,就会使与其相接触的更多的炸药分子变成活化分子,反应速度越来越快从而使炸药产生爆炸。

3.1.5.2 机械能起爆机理

在 20 世纪 50 年代英国的布登在研究摩擦学的基础上提出了热点起爆理论,又称热点学说。

热点学说能较好地解释炸药在机械作用下发生爆炸的原因,因此得到了人们普遍的认可。

布登提出的热点学说认为:炸药在受到机械作用时,绝大部分的机械能量首先转化为热能。由于机械作用不可能是均匀的,因此,热能不是作用在整个炸药上,而只是集中在炸药的局部范围内,并形成热点。在热点处的炸药首先发生热分解,同时放出热量,放出的热量又促使炸药的分解速度迅速增加。如果炸药中形成热点的数目足够多,且尺寸又足够大,热点的温度升高到爆发点后,炸药便在这些点被激发并发生爆炸,最后引起部分炸药乃至整个炸药的爆炸。

通常热点也称灼热核。研究表明,灼热核的形状一般近似于球体,其直径为 $10^{-5} \sim 10^{-3}$ cm;灼热核的温度为 300 ~600℃;灼热核的作用时间在 10^{-7} s 以上。

实验已经证明,在机械作用下热点形成的原因主要有三个方面:

(1)炸药内部的空气间隙或者微小气泡等在机械作用下受到了绝热压缩;

(2)受摩擦作用后,在炸药的颗粒之间、炸药与杂质之间以及炸药与容器内壁之间出现局部加热,常见在炸药中加入掺和物,如矿粉、石英砂、玻璃粉等惰性物质以利于形成热点;

(3)炸药由于黏滞性流动而产生热点。

此外,由于外界强制作用或者是炸药的晶体成长过程中存在有内应力等原因都有可能形成热点。

3.1.5.3　炸药的爆炸冲击能起爆理论

通常把利用一种炸药装药(如雷管或起爆药柱)的爆炸引起与它直接接触的另一种炸药装药爆炸的现象称为起爆。这种起爆能称为炸药的爆炸冲击能,简称爆炸能。其机理同机械起爆相似。由于瞬间爆轰波作用,首先在炸药某些局部造成热点,然后由热点周围炸药分子的爆炸再进一步扩展。

3.1.6　炸药的传爆

炸药的传爆通常是指炸药由起爆开始到爆炸终了所经历的过程。爆轰波流体动力学理论认为:炸药的传爆过程就是爆轰波沿炸药柱传爆的过程。

3.1.6.1　波的基本概念

A　一般概念

(1)波。空气、水、岩体、炸药等物质的状态可以用压力、密度、温度、移动速度等参数表征。物质在外界的作用下状态参数会发生一定的变化,物质局部状态的变化称为扰动。如果外界作用只引起物质状态参数发生微小的变化,这种扰动称为弱扰动。如果外界作用引起物质状态参数发生显著的变化,这种扰动称为强扰动。扰动在介质中的传播称为波。

(2)介质。一切可以传播扰动的物质(如空气、水、岩石、土壤、金属、炸药等)称为介质。

(3)波阵面。在波的传播过程中,介质原始状态与扰动状态的交界面称为波阵面(或波头)。波阵面的移动方向就是波的传播方向,波的传播方向与介质质点振动方向平行的波称为纵波,波的传播方向与介质质点振动方向垂直的波称为横波。按波阵面形状不同,波可分为平面波、柱面波、球面波等。

(4)波速。波阵面在其法线方向上的位移速度称为波速。单位为 m/s 或 km/s。

所谓声波即介质中传播的弱扰动纵波,声速则是弱扰动在介质中的传播速度。在这里,不能把声波只理解为听觉范围内的波动。

B　压缩波和稀疏波

受扰动后波阵面上介质的压力、密度均增大的波称为压缩波;受扰动后波阵面上介质的压力、密度均减小的波称为稀疏波或膨胀波。压缩波和稀疏波的产生和传播过程可以形象地用活塞在气缸中的运动过程加以说明，如图3-1和图3-2所示。在图3-1和图3-2中，R表示气缸内某一点离活塞的距离，p表示气缸内气体的压力，t表示活塞运动的时间。在瞬时t_0，活塞处于初始位置R_0，缸内压力均为p_0。

现假设活塞向右加速运动，在瞬时t_1，活塞移至R_1（图3-1），活塞右边的气体被压缩，使区间R_1—A_1内的气体压力和密度都升高，A_1点右边气体仍保持初始状态，因此，在该瞬时，波阵面在A_1—A_1处。假定活塞停在R_1处，则至瞬时t_2，由于压力差的存在，气体继续由高压区向低压区运动，波阵面由A_1—A_1移至A_2—A_2。随着时间的推移，波阵面在气缸中逐层向右传播，就形成压缩波。

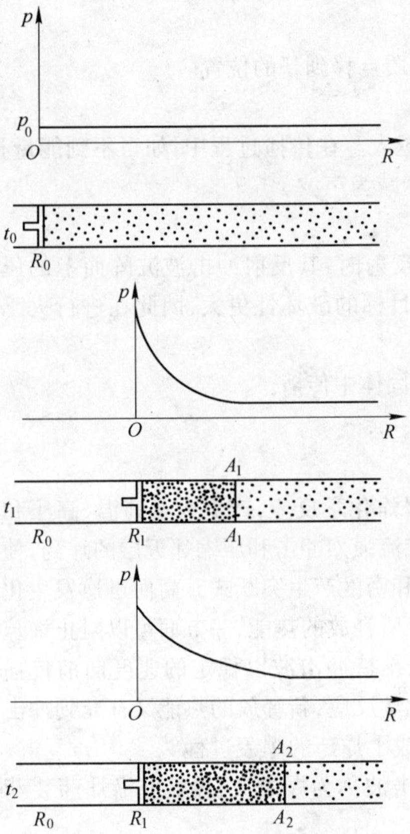

图3-1　压缩波形成示意图

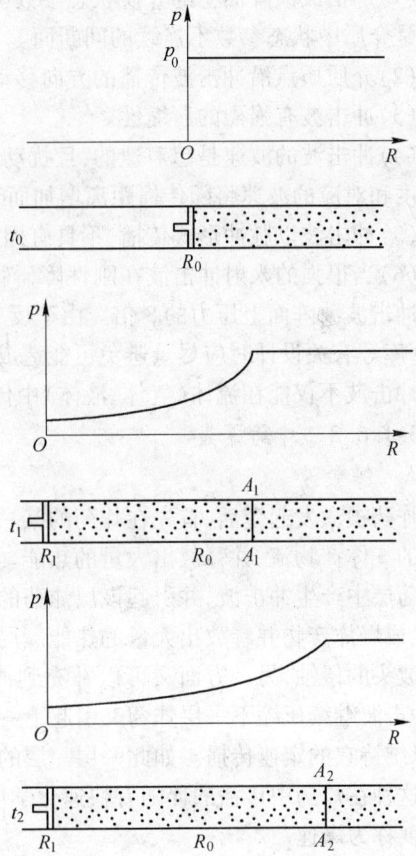

图3-2　稀疏波形成示意图

从压缩波的形成过程可以看到：在压缩波中，波阵面到达之处，介质的压力和密度等参数均增大，介质运动的方向与波传播的方向是一致的。

如果在瞬时t_0，活塞处于R_0，缸内压力为p_0（图3-2），活塞不是向右移动，而是向左移动，则缸内气体发生膨胀。在瞬时t_1，活塞从R_0左移至R_1，原来在R_0附近的气体移动到R_0—R_1区间，使邻近R_0右边气体的压力和密度都下降，该瞬间的波阵面在A_1—A_1。假定活塞停在R_1处，则至瞬时t_2，由于气缸内存在压力差，所以A_1—A_1右边的高压气体要继续向R_1方向移动，使邻近A_1—A_1面气体的压力和密度下降，波阵面由A_1—A_1移至A_2—A_2。这种压力和密度持续衰减的传播就形成了稀疏波。

从稀疏波的形成过程也能看到:稀疏波是由于介质的压力和密度的下降而引起的,波阵面所到之处,介质的压力和密度等参数是下降的。稀疏波的传播方向与波阵面的传播方向相同,与介质的运动方向相反。需要注意的是:通常压缩波和稀疏波是伴生的,即压缩波的后面一般都跟随有稀疏波,而稀疏波产生的同时也会伴有压缩波的产生。

C　冲击波

冲击波是一种在介质中以超声速传播,并能引起介质的状态参数发生突跃升高的一种特殊形式的压缩波。

冲击波的基本特性概括为以下几点:

(1)冲击波波阵面上的介质状态参数(速度、压力、密度、温度)的变化是突跃的,波阵面可以看做是介质中状态参数不连续的间断面。

(2)介质质点沿冲击波传播的方向移动,冲击通过质点移到新的位置。

(3)冲击波有强烈的压缩性。

(4)冲击波的波速是超声速的,且扰动越强,波速越大。在传播过程中,如得不到能量补充,其强度和对应的波速将随传播距离增加而衰减,最终衰减为声波。

(5)冲击波以脉冲形式传播,不具有周期性。

(6)当很强的入射冲击波在刚性障碍物表面发生反射时,其反射冲击波波阵面上的压力是入射冲击波波阵面上压力的 8 倍。由于反射冲击波对目标的破坏性更大,因此在进行火工品车间、仓库等有关设计时应尽量避免可能造成的冲击波反射。

冲击波不仅能在流体(气体、液体)中传播,也能在固体中传播。

3.1.6.2　炸药爆轰

A　爆轰波

炸药被激发起爆后,首先在炸药的某一局部发生爆炸化学反应,产生大量高温、高压和高速流动的气体产物流,并释放出大量的热能。这一高速气流强烈冲击和压缩邻近层的炸药,使在邻近炸药层中产生冲击波,并引起该层炸药的压力、温度和密度产生突跃式升高而迅速发生化学反应,生成爆炸产物并释放出大量的热能。局部炸药爆轰所释放的热能,一方面可以阻止稀疏波对冲击波头的侵蚀,另一方面又可以补充到冲击波中,以维持冲击波以稳定的速度向前传播。这样,冲击波继续压缩下一层炸药又引起下一层炸药的化学反应,新释放的热能又补充到冲击波中去,以维持它的定速传播。如此一层一层的传播,就完成了炸药的爆轰过程。

这种在炸药中传播的伴随有快速化学反应区的冲击波称为爆轰波,爆轰波沿炸药装药传播的速度称为爆速。

B　爆轰波结构

下面进一步讨论爆轰的过程和爆轰波的结构。在冲击波的高压作用下,相邻于冲击波的炸药层出现一个压缩区 0—1(图 3-3),其厚度约 10^{-5} cm。在这里,压力、密度、温度都呈突跃升高状态。实际上,这就是冲击波的波阵面。

随着冲击波的传播,新压缩区的产生,原压缩区成为化学反应区,反应在 1—1 面开始发生,在 2—2 面结束。再随着冲击波的前进,新的化学反应区的形成,原化学反应区又成为反应产物膨胀区。化学反应放出的能量,不断维持着波阵面上参数的稳定,其余在膨胀区消耗掉,因而达到能量平衡,冲击波即以稳定速度向前传播,这就是爆轰过程的实质。由此可见:

(1)爆轰波只存在于炸药的爆轰过程中,爆轰波的传播随着炸药爆轰结束而中止。

(2)爆轰波总带着一个化学反应区,它是爆轰波得以稳定传播的基本保证。习惯上把0—2区间称为爆轰波波阵面的宽度,其数值约为 0.1 ~ 1.0cm,视炸药的种类而异。

(3)爆轰波具有稳定性,即波阵面上的参数及其宽度不随时间而变化,直至爆轰终了。

2—2 面为爆轰化学反应区的末端面,称为爆轰波波阵面。在进行理论研究时,常把满足一定假设条件的理想爆轰波波阵面简称为 C—J 面。C—J 面上的状态参数称为爆轰波参数或爆轰参数。爆轰波 C—J 面上的压力称作爆轰压力。爆轰波 C—J 面上的温度称为爆轰温度。需要指出的是爆轰压力与爆炸压力、爆轰温度与爆温的含义不同,应把它们区分开来。

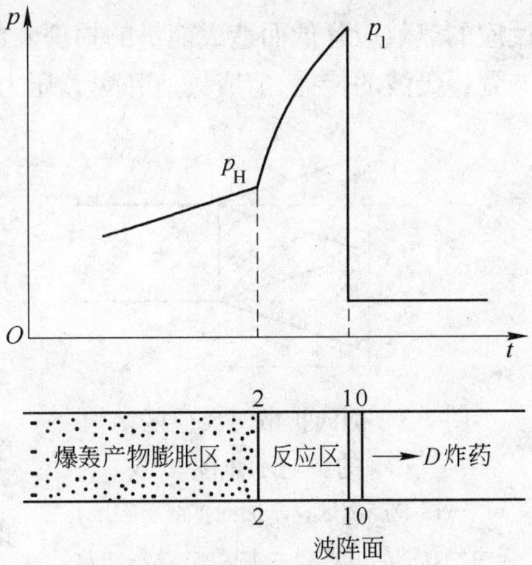

图 3-3　爆轰波结构示意图

C　理想爆轰与稳定爆轰

爆速是爆轰波的一个重要参数,人们往往通过它来分析炸药爆轰波传播过程。一方面是因为爆轰波的传播要靠反应区释放的能量来维持,爆速的变化直接反映了反应区结构以及能量释放的多少和释放速度的快慢;另一方面则是因为在现代技术条件下,爆速是比较容易准确测定的一个爆轰波参数。

图 3-4 表示炸药爆速随药包直径变化的一般规律。它表明,随着药包直径的增大,爆速相应增大,一直到药包直径增大到 $d_{极}$ 时,药包直径虽然持续增大,爆速将不再升高而趋于一恒定值,亦即达到了该条件下的最大爆速。$d_{极}$ 称为药包极限直径。随着药包直径的减小,爆速逐渐下降,一直到药包直径降到 $d_{临}$ 时,如果继续缩小药包直径,即 $d<d_{临}$,则爆轰完全中断,$d_{临}$ 称为药包临界直径。

当任意加大药包直径和长度而爆轰波传播速度仍保持稳定的最大值时,这种爆轰称为理想爆轰。图 3-4 中 $d_{极}$ 右边的区域属于这一类爆轰。若爆轰波以低于最大爆速的定常速度传播时,则这种爆轰称为非理想爆轰。非理想爆轰又可分为两类。图 3-4 中 $d_{临}$ 至 $d_{极}$ 之间的爆轰属于稳定爆轰区,在此区间内爆轰波以与一定条件相应的定常速度传播。在药包直径小于 $d_{临}$ 的区域属于不稳定的爆轰区。稳定爆轰区和不稳定爆轰区合称非理想爆轰区。

炸药的临界直径和极限直径同爆速一样,都是衡量炸药爆轰性能的重要指标。从爆破工程角度来看,显然必须避免不稳定爆轰的发生而应力求达到理想爆轰。亦即,药包直径不应小于 $d_{临}$,而尽可能达到或大于 $d_{极}$。然而,由于技术或其他条件的限制,矿山实际采用的药包直径往往都比 $d_{极}$ 小,即 $d<d_{极}$,尤其在使用低感度混合炸药时更加突出。在这种情况下,不可避免地出现非理想爆轰,尽管达到稳定爆轰,然而化学反应过程中炸药能量没有完全充分释放出来,能量损失很大。

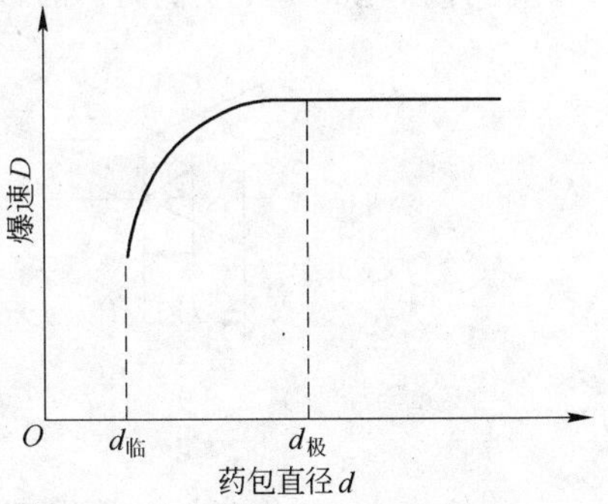

图 3-4　炸药爆速随药包直径变化的一般规律

D　侧向扩散对反应区结构的影响

药包直径小于极限直径时,药包直径减小,爆速随之下降。当 $d<d_{临}$ 时,爆轰即完全中断。这是因为,药包直径缩小时,用以维持爆轰波传播的能量减少而消耗在侧向扩散方面。

为什么会发生能量的侧向扩散?它怎样影响爆轰波传播过程呢?我们知道,冲击波阵面抵达之处炸药薄层受到强烈压缩而产生急剧化学反应,形成化学反应区。化学反应生成的高温高压气体产物自反应区侧面向外扩散。在扩散中的强大气流中,不仅有反应完全的爆轰气体产物,而且还有来不及发生反应或反应不完全的炸药颗粒以及其他中间产物。由于这些炸药颗粒的逸散，化学反应的热效应降低而造成能量的损失。侧向扩散现象越严重，爆轰放出的能量就越少，这必然要影响到爆轰波的传播，造成爆速和爆轰压力等参数值减小，甚至导致爆轰中断，如图 3-5 所示。

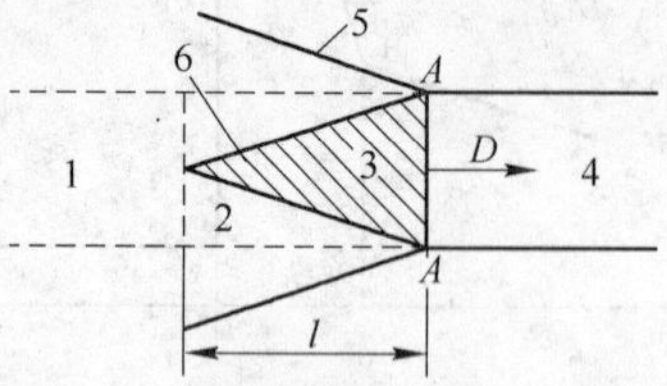

图 3-5　侧向扩散对反应区结构的影响示意图

1—爆轰产物区；2—侧向扩散影响区；3—有效反应区；4—未反应区（炸药）；5—扩散物前锋位置；6—稀疏波（膨胀波）阵面；l—反应区宽度；A—A—冲击波阵面

图 3-5 表示侧向扩散对化学反应区结构的影响。扩散自药包周边向中心发展。反应区未受侧向扩散影响的部分称为有效反应区。爆轰波的传播实际上是靠有效反应区释放出来的能量来维持的。

设自药包周边至轴线扩散过程所经历的时间为 t_1，炸药颗粒开始反应到反应终了所需要的时间为 t_2，则可以认为，当 $t_1 \geqslant t_2$ 时，药包中心部分炸药的化学反应过程并未受到侧向扩散的影响，有效反应宽度大于或等于炸药固有的反应区宽度。这时，爆轰波在传播过程中能得到足够的能量补充，使爆速达到最大值成为理想爆轰。如果 $t_2 > t_1$，则侧向扩散将影响到药包中心部分，造成有效反应区宽度缩小。由于有更多的未及反应或反应未终了的气体和炸药颗粒的逸散，能量损失增大，反应区释出的能量减少，相应地，爆速和波阵面压力也下降。但是，如果这时波阵面压力还足以激起其前沿炸药薄层发生化学反应，并为爆轰波的稳定传播提供足够的能量，那么，尽管爆速低于最大值，仍然属于稳定传播。当 $t_2 \gg t_1$ 时，则由于侧向扩散的严重影响，有效反应区宽度大大缩小，能量损失很大，爆轰波的传播因得不到足够的能量补充而迅速衰减直至爆轰中断，这就是不稳定爆轰。

图 3-6 说明在不同炸药包直径条件下，侧向扩散对反应区结构的影响。

就同一种炸药而言，随着药包直径的减小，有效反应区宽度也相应缩小。如图 3-6（a）所示，当 $d < d_{临}$ 时，侧向扩散影响严重，有效反应区大大缩小，成为不稳定传爆；图 3-6（b）表示 $d_{临} < d < d_{极}$，侧向扩散仍有明显影响，有效反应区宽度比炸药固有化学反应区宽度略小，不过这时有效反应区内释出的能量还足够维持爆轰波以定常速度传播，成为非理想稳定爆轰；图 3-6（c）表示 $d \geqslant d_{极}$，药包中心部分不受侧向扩散影响，爆轰波以最大速度传播，为理想爆轰。

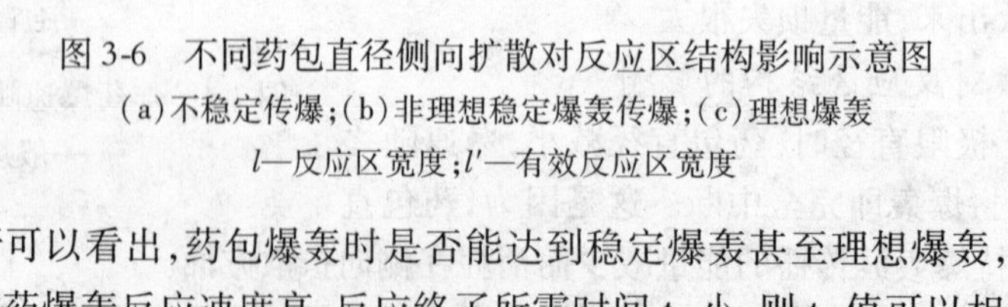

图 3-6　不同药包直径侧向扩散对反应区结构影响示意图

（a）不稳定传爆；（b）非理想稳定爆轰传爆；（c）理想爆轰

l—反应区宽度；l'—有效反应区宽度

总结上述分析可以看出，药包爆轰时是否能达到稳定爆轰甚至理想爆轰，取决于 t_1 同 t_2 之间的相对关系。炸药爆轰反应速度高，反应终了所需时间 t_2 小，则 t_1 值可以相应减小，即可以采用较小的药包直径。

反应时间 t_2 的大小首先决定于炸药化学结构牢固程度。结构越牢固，t_2 越大。例如黑索金同氮化铅相比,反应时间大几十倍;硝酸铵较黑索金约大300倍。此外,炸药物理性质对反应时间影响也很大,尤其是对低感度工业炸药,这种影响更为突出。颗粒越细,混合越均匀,反应速度越大,t_2 值越小。

t_1 的大小,主要是受药包直径大小和药包外壳坚固程度等因素的影响。药包直径越大,外壳越坚固,则在其他条件相同时,t_1 值越大。

3.2　炸药的氧平衡与热化学参数

3.2.1　炸药的氧平衡

3.2.1.1　炸药的爆轰产物

炸药的主要组成元素是碳、氢、氮、氧四种元素,某些炸药中也含有少量的氯、硫、金属和盐类。炸药爆炸反应过程,实质是炸药中所包含的可燃元素和助燃元素在爆炸瞬间发生高速度化学反应的过程,反应的结果重新组合成新的稳定产物,并放出大量的热量。按照最大放热反应条件,炸药中的碳、氢应分别被充分氧化为 CO_2 和 H_2O。这种放热最大、生成产物最稳定的氧化反应称为理想的氧化反应。是否发生理想的氧化反应与炸药中含氧量有关,只有炸药中含有足够的氧量时,才能保证理想的氧化反应的发生。

A　爆轰产物

爆轰产物是指炸药爆轰时,化学反应区反应终了瞬间的化学反应产物。其主要有 CO_2、H_2O、CO、C、O_2、NO_2、NO、N_2 等。

B　主要化学反应

主要化学反应有

$$C+O_2 \longrightarrow CO_2 +395\text{kJ/mol}$$
$$2C+O_2 \longrightarrow 2CO +110\text{kJ/mol}$$
$$2H_2+O_2 \longrightarrow 2H_2O +242\text{kJ/mol}$$
$$N_2+O_2 \longrightarrow 2NO -96\text{kJ/mol}$$
$$N_2+2O_2 \longrightarrow 2NO_2 -17\text{kJ/mol}$$

由此可以看出,反应生成物不同,其效应差别很大。此外,CO、NO_2、NO 均属于有毒气体,一般所说炮烟中毒即指此。

3.2.1.2　炸药的氧平衡及其分类

A　炸药氧平衡

炸药内含氧量与所含可燃元素充分氧化所需氧量之间能否达到平衡的一种指标,称为氧平衡。氧平衡用每克炸药中剩余或不足氧量的克数或质量分数来表示。

B　氧平衡分类

根据氧平衡值的大小,可将氧平衡分为正氧平衡、负氧平衡和零氧平衡三种类型。

(1)正氧平衡。炸药内的含氧量除将可燃元素充分氧化之后尚有剩余,这类炸药称为正氧平衡炸药。正氧平衡炸药未能充分利用其中的氧量,且剩余的氧和游离氮化合时,将生成氮氧化物有毒气体,并吸收热量。如:

$$NH_4NO_3 \longrightarrow 2H_2O+N_2+[O]$$
$$N_2+O_2 \longrightarrow 2NO_2 -Q$$

(2)负氧平衡。炸药内的含氧量不足以使可燃元素充分氧化,这类炸药称为负氧平衡炸药。这类炸药因氧量欠缺,未能充分利用可燃元素,放热量不充分,并且生成可燃性 CO 等有毒气体。

如：

$$2C_6H_2(NO_2)_3CH_3 \longrightarrow 7CO + 5H_2O + 3N_2 + 7C + Q$$

此外，在井下更值得注意：CO、NO_2、NO、N_2O_5 不仅是有毒气体，而且能对瓦斯爆炸起催化作用。

(3)零氧平衡。炸药内的含氧量恰好够可燃元素充分氧化，这类炸药称为零氧平衡炸药。零氧平衡炸药因氧和可燃元素都能得到充分利用，故在理想反应条件下，能放出最大热量，而且不会生成有毒气体。如二硝化乙二醇：

$$C_2H_4(ONO_2)_2 \longrightarrow 2CO_2 + 2H_2O + N_2 + Q$$

总之，炸药的氧平衡对其爆炸性能，如放出热量、生成气体的组成和体积、有毒气体含量、气体温度、二次火焰（如 CO 和 H_2 在高温条件下和有外界供氧时，可以二次燃烧形成二次火焰）以及做功效率等有着多方面的影响。

3.2.1.3　氧平衡的计算方法

A　单质炸药（或物质）的氧平衡计算

若炸药的通式为 $C_aH_bN_cO_d$，a 个 C 原子充分氧化需要 $2a$ 个 O 原子，b 个 H 原子充分氧化需要 $b/2$ 个 O 原子，则单质炸药的氧平衡计算式为：

$$OB = \frac{1}{M}[d - (2a + b/2)] \times 16 \times 100\% \tag{3-1}$$

式中　OB——炸药的氧平衡，OB 值的“+”、“-”号分别表示正、负氧平衡；

M——炸药的摩尔质量，g/mol；

16——氧的摩尔质量，g/mol。

B　混合炸药的氧平衡值计算

混合炸药的氧平衡计算式为：

$$OB = \sum_{i=1}^{n} B_i \cdot K_i \tag{3-2}$$

式中　B_i——第 i 组分在炸药中的百分率，%；

K_i——第 i 组分的氧平衡值，%。

某些炸药及常用组分的氧平衡值如表 3-3 所示。

表 3-3　部分炸药及组分的氧平衡值

物质名称	分子式	氧平衡值/%
梯恩梯	$C_6H_2(NO_2)_3CH_3$	-74
黑索金	$C_3H_6N_3(NO_2)_3$	-21.6
硝化甘油	$C_3H_5(ONO_2)_3$	3.5
二硝化乙二醇	$C_2H_4(ONO_2)_2$	0
泰　安	$C_5H_8(ONO_2)_4$	-10.1
甲铵硝酸盐	$CH_3NH_2HNO_3$	-34
二硝基重氮酚	$C_6H_2(NO_2)_2NON$	-58
雷　汞	$Hg(ONC)_2$	-1184
硝酸钾	KNO_3	39.6
硝酸钠	$NaNO_3$	47

续表 3-3

物质名称	分子式	氧平衡值/%
硝酸铵	NH_4NO_3	20
铝 粉	Al	−89
木 粉	$C_9H_{70}O_{23}$	−137
石 蜡	$C_{18}H_{38}$	−346
沥 青	$C_{30}H_{18}O$	−276
轻柴油	$C_{16}H_{32}$	−342
矿物油	$C_{12}H_{26}$	−350
木 炭		266.7
煤	含 86% 碳	−255.9
硬脂酸钙	$C_{36}H_{70}O_4Ca$	−275
纤维素	$(C_6H_{10}O_5)_n$	−118.5
氯化钠	NaCl	0
氯化钾	KCl	0
十二环基苯硫酸钠	$C_{18}H_{20}O_3SNa$	−230
古尔胶(加拿大)	$C_{3.21}H_{6.2}O_{3.33}N_{0.043}$	−98.2
聚丙基酰胺	$(CH_2CHCONH_2)_2$	−169
硬脂酸	$C_{18}H_{36}O_2$	−292.5
2 号岩石炸药		3.34
2 号煤矿炸药		1.32
铵油炸药		−0.16

【例 3-1】 计算梯恩梯 $C_6H_2(NO_2)_3CH_3$ 和硝酸铵 NH_4NO_3 的氧平衡。

解:将梯恩梯的通式写为 $C_7H_5N_3O_6$,即有 $a=7, b=5, c=3, d=6, M=227$g/mol。于是,由式(3−1),梯恩梯的氧平衡为:

$$OB=\frac{1}{227}[6-(2\times7+5/2)]\times16\times100\% = -74\%$$

类似地,硝酸铵的通式为 $C_0H_4N_2O_3$,即 $a=0, b=4, c=2, d=3, M=80$g/mol,氧平衡为:

$$OB=\frac{1}{80}[3-(2\times0+4/2)]\times16\times100\% = +20\%$$

【例 3-2】 已知 2 号岩石铵梯炸药的配方为硝酸铵 85%,梯恩梯 11%,木粉 4%。计算 2 号岩石铵梯炸药的氧平衡值。

解:由表 3-3 查得,硝酸铵、梯恩梯和木粉氧平衡分别为 +20%、−74%、−137%。由式(3−2)得:

$$OB=20\%\times85\% + (-74\%)\times11\% + (-137\%)\times4\% = +3.38\%$$

C 混合炸药配方计算

炸药的氧平衡受其成分的影响。在配制混合炸药时,可通过调节其组成和配比,使炸药的氧平衡接近于零氧平衡,这样可以充分利用炸药的能量和避免或减少有毒气体的产生。

以含两种成分的混合炸药配比为例,设 x、y 分别为炸药中氧化剂和可燃剂的配比,B_x、B_y、

OB_b 分别为这两种成分和混合后氧平衡值,则有:

$$\begin{cases} x + y = 100\% \\ xB_x + yB_y = OB_b \end{cases} \tag{3-3}$$

若按零氧平衡配制,则取 $OB_b = 0$,可联立求解 x、y。

若配制三种成分的炸药,则需要先计算出三种成分的取值范围,然后根据经验先确定一种成分在炸药中的质量分数,再按以上方法计算其他两组分的配比。

【例 3-3】 用硝酸铵、TNT 和木粉配制零氧平衡的岩石炸药,试求出其取值范围并选定一组配方。

解:设 1 单位质量炸药中含硝酸铵为 x,TNT 为 y,木粉为 z。

已知各组中的氧平衡(查表 3-3):硝酸铵 20%,TNT −74%,木粉 −137%,按零氧平衡配制时应有:

$$\begin{cases} x + y + z = 100\% \\ 0.2x - 0.74y - 1.37z = 0 \end{cases}$$

设 $y = 0$ 得

$$\begin{cases} x = 87.26\% \\ z = 12.74\% \end{cases}$$

再设 $z = 0$ 得

$$\begin{cases} x = 78.72\% \\ y = 21.28\% \end{cases}$$

三种成分的取值范围为:

硝酸铵　$x = 78.72\% \sim 87.26\%$

TNT　$y = 0 \sim 21.28\%$

木粉　$z = 0 \sim 12.74\%$

在以上取值范围内,有无数配方可满足零氧平衡。依据所配炸药所需的感度、威力和成本等,可先选定一种成分的含量。如本题选:

TNT、$y = 10\%$,代入方程组解得:

$$x = 83.3\%$$
$$z = 6.7\%$$

即可选择配方为硝酸铵 83.3%、TNT10%、木粉 6.7%,组成零氧平衡的岩石炸药。

3.2.2　炸药的热化学参数

3.2.2.1　爆容

1kg 炸药爆炸生成气体产物换算为标准状态下的体积称为爆容,其单位为 L/kg。爆容越大,炸药做功能力越强。因此,爆容是衡量炸药爆炸做功能力的一个重要参数。

3.2.2.2　爆热

单位质量炸药爆炸时所释放的热量称为爆热。工程上,通常用 1kg 炸药爆炸释放出来的热量表示,单位为 J/kg 或 kJ/kg。

爆热是炸药做功的重要能源,是决定炸药爆速的重要因素之一。可采用专门的装置测定,利用盖斯定律求算。

3.2.2.3　爆温

爆温是指炸药爆炸时放出的能量将爆炸产物加热到的最高温度。单质炸药的爆温一般为 3000 ~ 5000°C;混合炸药的爆温一般为 2000 ~ 2500℃。

研究炸药的爆温具有重要的实际意义。一方面它是炸药热化学计算所必需的参数;另一方面在实际爆破工程中,对其数值有一定的要求。如煤矿井下有瓦斯与煤尘爆炸危险工作面的爆破,出于安全考虑,需要对炸药的爆温有严格的控制,一般应在2000℃以内;而对于其他爆破,为提高炸药的做功能力,则要求爆温高一些。

3.2.2.4 爆炸压力

炸药爆炸时生成的热气体所产生的压力,称为爆炸压力,简称爆压。也有人将其定义为炮孔中装药爆炸完了瞬间炮孔壁上的压力,故又称为炮孔压力。这里要注意与后面要讲到的爆轰压力的区别。

3.3 炸药的爆炸性能指标

炸药的性能主要取决于以下因素,一是炸药的组成成分,二是炸药的加工工艺,三是炸药的装药状态和使用条件。本节主要介绍炸药的爆速、威力、猛度、殉爆、敏感度和聚能效应等性能。

3.3.1 爆速

爆轰波沿炸药装药传播的速度称为爆速。爆速是炸药的重要性能指标之一,也是目前唯一能准确测量的爆轰参数。

3.3.1.1 影响爆速的因素

炸药的爆速除了与炸药本身的性质,如炸药密度、产物组成、爆热和化学反应速度有关外,还受装药直径、装药密度和粒度、装药外壳、起爆冲能及传爆条件等影响。从理论上讲,当药柱为理想封闭、爆轰产物不发生径向流动、炸药在冲击波波阵面后反应区释放出的能量全部都用来支持冲击波的传播时,爆轰波以最大速度传播,这时的爆速称为理想爆速。实际上,炸药是很难达到理想爆速的,炸药的实际爆速都低于理想爆速。影响爆速的因素主要有以下几方面:

(1)装药直径的影响。爆速 D 随装药直径 d 变化的一般规律为:

随着药包直径的增大,爆速相应增大,一直到药包直径增大到 $d_{极}$ 时,药包直径虽然持续增大,爆速将不再升高而趋于一恒定值,亦即达到了该条件下的最大爆速。$d_{极}$ 称为药包极限直径。随着药包直径的减小,爆速逐渐下降,一直到药包直径降到 $d_{临}$ 时,如果继续缩小药包直径,即 $d<d_{临}$,则爆轰完全中断,$d_{临}$ 称为药包临界直径。

(2)药包外壳的影响。药包外壳对传爆过程影响很大,装有坚固的外壳可以使炸药的临界直径值减小。例如,硝酸铵的临界直径本是100mm,但在20mm厚的内径70mm的钢管中也能稳定传爆。这是由于坚固的外壳减小了径向膨胀所引起的能量损失。

试验研究表明,对于爆轰压力高的炸药,外壳对 $d_{临}$ 的影响起主导作用的不是外壳材料强度而是材料的密度或质量。爆轰时,密度大的外壳径向移动困难,因此可以减小径向能量损失。对于爆轰压力低的炸药,外壳强度的影响也是重要的。

在药包直径小于极限直径时,外壳对于药包稳定传爆的影响显著,而当 d 大于 $d_{极}$ 时,外壳的影响不显著。

(3)装药密度的影响。单体猛炸药和工业混合炸药的装药密度,对传爆过程有不同的影响。图3-7说明梯恩梯爆速变化与装药密度的关系,装药密度增大,爆速也随之增大,呈直线关系。对于混合炸药则不然,爆速随装药密度的增大而增加,但在密度增大到某一定值时,爆速达到它的最大值,这一密度被称为最佳密度。此后,密度进一步增大,爆速反而下降,而且当密度大到超过某一极限值时,就会发生所谓"压死"现象,即不能发生稳定爆轰的这一密度称为极限密度 $\rho_{极}$,也有称为"压死密度"。图3-8所示为两种不同直径的炸药的爆速随密度变化,而在密度分别为 $1.108g/cm^3$ 和 $1.15g/cm^3$ 时,直径20mm和直径40mm的药包的爆速达到最大值。

(4)炸药粒度的影响。对于同一种炸药,粒度不同化学反应的速度不同,其临界直径、极限直径和爆速也不同,但粒度的变化并不影响炸药的极限爆速。一般情况下,减小炸药粒度能够提高化学反应速度,减小反应时间和反应区厚度,从而减小临界直径和极限直径,爆速增高。

但混合炸药中不同成分的粒度对临界直径的影响不完全一样。其敏感成分的粒度越细,临界直径越小,爆速越高;而相对钝感成分的粒度越细,临界直径增大,爆速也相应减小;但粒度细到一定程度后,临界直径又随粒度减小而减小,爆速也相应增大。

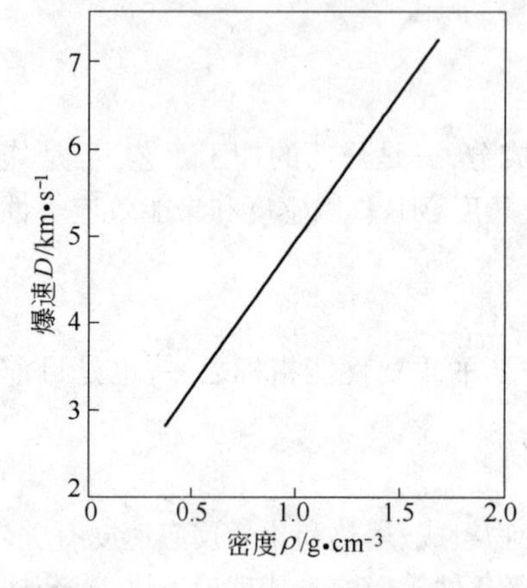

图3-7　梯恩梯爆速与装药密度的变化关系

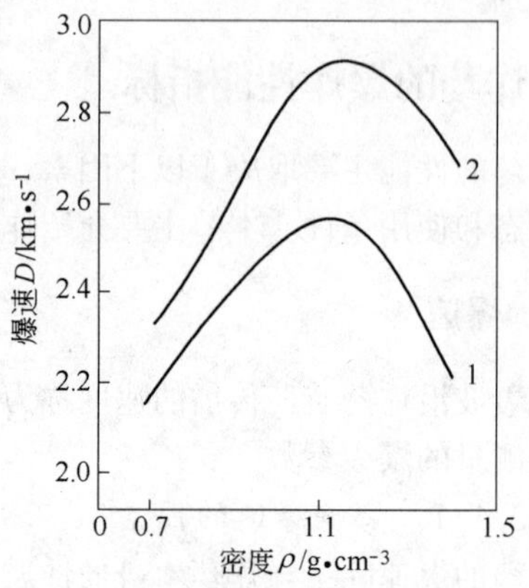

图3-8　混合炸药装药密度对爆速的影响

1—药包直径20mm;2—药包直径40mm

(5)起爆冲能的影响。起爆冲能不会影响炸药的理想爆速,但要使炸药达到稳定爆轰,必须供给炸药足够的起爆能,且激发冲击波速度必须大于炸药的临界爆速。

试验研究表明:起爆能量的强弱,能够使炸药形成差别很大的高爆速或低爆速稳定传播,其中高爆速即是炸药的正常爆轰。例如,当梯恩梯(密度1.0g/cm^3,直径21mm,颗粒直径为1.0～0.6mm)在强起爆能起爆时爆速为3600m/s,而在弱起爆条件下爆速仅为1100m/s。装药直径为25.4mm的硝化甘油,用6号雷管起爆时的爆速为2000m/s,而用8号雷管起爆时的爆速为8000m/s以上。

3.3.1.2　*爆速测定方法*

炸药的爆速是衡量炸药爆炸性能的重要标志量,也是目前可以比较准确测定的一个爆轰波参数。爆速的精确测量为检验爆轰理论的正确性提供了依据,在炸药应用研究上具有重要的实际意义。测定爆速的方法有很多种,按其原理可分为导爆索法、电测法和高速摄影法三大类。

(1)导爆索法。这是一种古老而简便的对比测定方法,又叫道特里士法,其原理是利用已知爆速的标准导爆索同待测炸药卷相比较,求出待测炸药一段长度内的平均爆速,测定方法如图3-9所示。取一定长度(通常可取2m左右)的导爆索,两端分别插入待测药包中的A、B两点(距离l通常取200mm)。药包直径30～40mm,长300～400mm,一端可将起爆雷管插入。将导爆索的中点对准铅板(厚3～5mm、宽约40mm、长约400mm)上的刻点标记M,并用细绳捆住铅板上的导爆索段。起爆后,爆轰波从起爆端沿药包传播,首先到达A点,并立即引爆A端导爆索。沿药包继续传播的爆轰波经l/D(D为待测炸药包爆速)时间之后到达B点,引起B端导爆索起爆。两股爆轰波在导爆索中段相遇时,由于波叠加的结果,在铅板上两波相遇处留下较深爆痕。命爆痕的位置为N点,它至导爆索中点M的距离为Δh。从A点到N点两条不同的爆轰波路径所需时间是一样的,即:

$$t_{AN} = t_{AB} + t_{BN} \tag{3-4}$$

或

$$\frac{L/2+\Delta h}{D_{索}}=\frac{l}{D}+\frac{L/2-\Delta h}{D_{索}}$$

化简,得:

$$D=\frac{l}{2\Delta h}D_{索} \tag{3-5}$$

式中 $D_{索}$——导爆索爆速,m/s。

导爆索法测爆速简便易行,不需用贵重仪器,至今仍广泛应用。此法的准确度不高,相对误差为3%~5%。为了避免引爆端不稳定爆轰速度带来的误差,A 点应选择在离起爆端一定距离处,这个距离可取为药包直径的 3~4 倍。

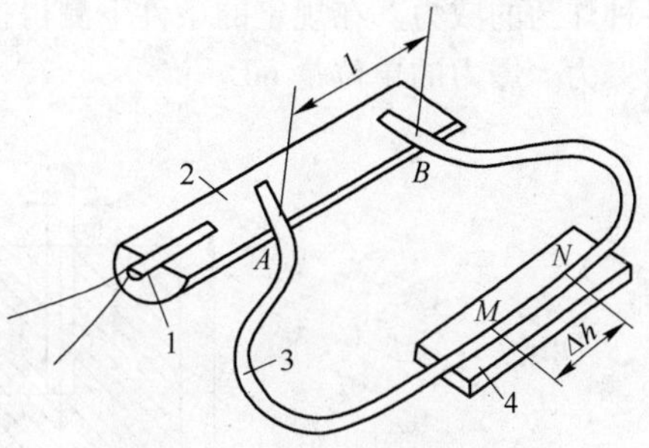

图 3-9 导爆索法测爆速

1—雷管;2—药包;3—导爆索;4—铅板

(2)电测法。这种方法是采用电子仪表记录爆轰波在药包中传播的时间,量取相应区间的距离,算出爆速。常用的仪器有光线示波器和数字式爆速仪等。

1)示波器计时法。测试原理框图如图 3-10 所示。在药包 A、B 两点处各插入一对电离探针,探针用细金属导线制成,每对探针的间隙为 1mm 左右。药包起爆后,爆轰波到达 A 点时,爆轰气体产物因电离而具有良好的导电性,使探针导通,通过脉冲信号器上电容放电给示波器输入一个脉冲信号。同样,当爆轰波传播到 B 点时,示波器又获得一个脉冲信号。根据荧光屏上先后显示的两个脉冲的间距,对比下面的时标(图 3-10(b)),即可算出从第一个脉冲到第二个脉冲所经历的时间。用 A、B 间距离除以记录所得时间即得平均爆速值。

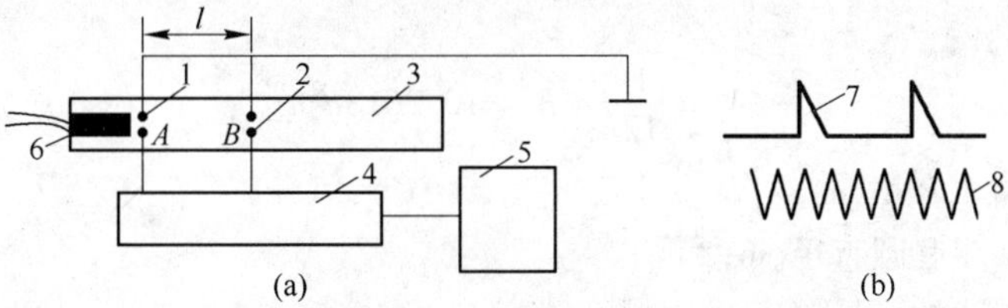

图 3-10 示波器测定爆速

(a)测定装置;(b)荧光屏上波形

1,2—探针;3—药包;4—脉冲信号发生器电路;5—示波器;6—雷管;7—脉冲信号;8—时标

2)数字式爆速仪测爆速法。这种方法的基本原理同上,不同的是可将获得的电信号输送到有关装置以数字直接显示爆轰波通过两点间所需时间。这种爆速仪体积小,重量轻,精度高,携带方便,可以一次同时测定多段区间的爆速。

(3)高速摄影法。这种方法的原理是利用爆轰瞬间发生的光效应,通过高速摄影装置将爆轰波传播过程记录下来,经分析运算即可获得爆速值。

3.3.2 威力

炸药的威力(炸药做功能力或爆力)是表示炸药爆炸做功的一个指标,它表示炸药在介质内爆炸时对介质产生的整体压缩、破坏和抛移的做功能力。

威力的大小取决于炸药的爆热、爆温和爆炸生成气体体积。炸药的爆热、爆温越高,生成气体体积越多,则爆力就越大。炸药威力测定方法有两种。

(1)铅铸扩孔法。又称特劳茨铅柱试验。铅柱是用精铅熔铸成的圆柱体,其尺寸规格如图3-11(a)所示。试验时,称取(10 ±0.001)g 炸药,装入 ϕ24mm 锡箔纸筒内,然后插入雷管,一起放入铅柱孔的底部,上部空隙用干净的并且经 144 孔/cm^2 筛筛过的石英砂填满。爆炸后,圆孔扩大成如图 3-11(b)所示的梨形。用量筒注水测出的爆炸前后孔的体积差值,以此数值来比较各种炸药的威力。在规定的条件下测得扩孔值大的炸药,其爆力就大。习惯上,将铅柱扩孔值称为爆力。爆力的单位是 mL。

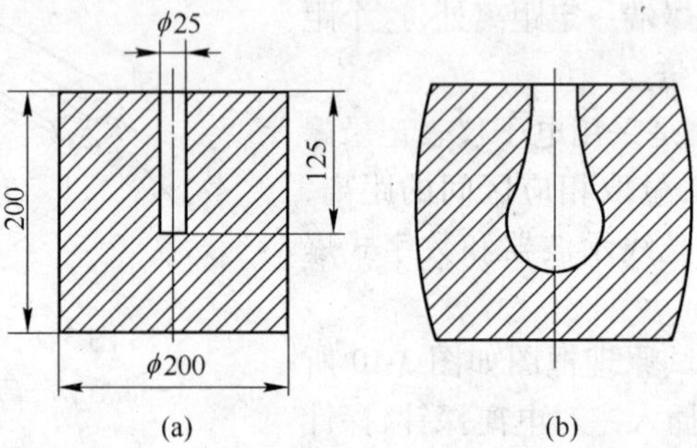

图 3-11　炸药爆炸前后铅柱的形状与尺寸
(a)爆炸前;(b)爆炸后

(2)爆破漏斗法。试验时在均匀的介质中设置一个炮孔,将一定量的被试炸药以相同的条件装入炮孔中,并进行填塞,引爆后形成一个如图 3-12 所示的爆破漏斗。然后在地平面沿两个互相垂直的方向测量漏斗的直径,取其平均值,并同时测量漏斗的可见深度。爆破漏斗的容积可按式(3-6)计算。

$$V = \frac{1}{12}\pi d_v^2 h_v = 0.2618 d_v^2 h_v \tag{3-6}$$

式中　V——爆破漏斗容积,m^3;

d_v——爆破漏斗底圆直径,m;

h_v——爆破漏斗的可见深度,m。

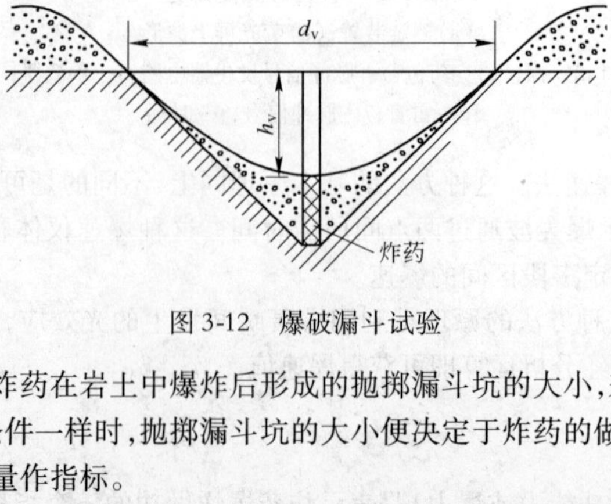

图 3-12　爆破漏斗试验

爆破漏斗法是根据炸药在岩土中爆炸后形成的抛掷漏斗坑的大小,来判断炸药的做功能力。当岩土介质相同,试验条件一样时,抛掷漏斗坑的大小便决定于炸药的做功能力。通常用抛掷单位体积岩土的炸药消耗量作指标。

这种方法的缺点是岩土性质变化大，就是同一地点、同一种岩土，其力学性质也不尽相同，漏斗体积也较难测量准确。因此这种方法误差较大，重复性较差，但这种试验方法测得的指标较为实用。

3.3.3　猛度

炸药的猛度是指爆炸瞬间爆轰波和爆轰产物对邻近的局部固体介质的冲击、撞碰、击穿和破碎能力，它表征了炸药的动作用。它是用一定规格铅柱被压缩的程度来表示的。猛度的单位是mm。

测定炸药猛度的方法如图3-13所示。称取受试炸药50g（精确到0.1g），装入内径40mm的纸筒内（纸厚0.15～0.20mm），然后将炸药压制成中心有孔（孔直径7.5mm，深15mm）、装药密度为1g/cm^{3}的药柱。药柱上面放一中心穿孔的圆形纸板，以便插入并固定起爆雷管。用精制铅浇铸一铅柱并车光表面，铅柱的高为（60 ±0.5）mm，直径为（40 ±0.2）mm。铅柱置于厚度不小于20mm、最短边长不小于200mm的钢板上。药包与铅柱之间用厚度为（10 ±0.2）mm、直径为（41 ±0.2）mm的钢片隔开。药柱、钢片和铅柱的中心应在同一轴线上，用钢板上的细绳固定这个相关位置。分别测量爆炸前、后铅柱的平均高度，其高度差即为所求猛度值（mm）。对这种试样平行作两个测定，取其平均值，精确到0.1mm，平均误差不应超过1.0mm。

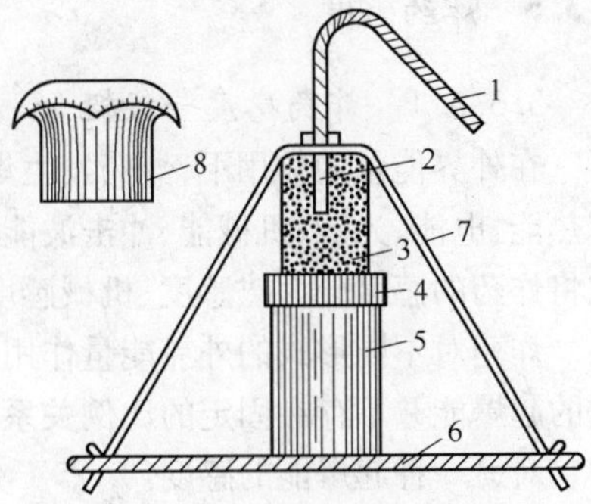

图3-13　炸药猛度测定方法
1—导火索；2—雷管；3—炸药；4—钢片；5—铅柱；6—钢板；7—细绳；8—爆炸后的铅柱

猛度可理解为炸药动作用的强度，显示了炸药做功功率和爆炸冲击波和应力波的强度，是衡量炸药爆炸特性及爆炸作用的重要指标。

3.3.4　殉爆

3.3.4.1　炸药的殉爆现象

炸药（主发药包）发生爆炸时引起与它不相接触的邻近炸药（被发药包）爆炸的现象，称为殉爆。殉爆在一定程度上反映了炸药的起爆感度。主发药包爆炸时一定引爆被发药包的两药包间的最大距离，称为殉爆距离。炸药的殉爆能力用殉爆距离表示，单位一般为cm。

研究殉爆的目的在于：确定炸药生产工房间的安全距离，为厂房设计提供基本数据；改进工业炸药的性质，提高在工程爆破时起爆或传爆的可靠性。

在采用炮孔法进行爆破工作时，为保证相邻药卷完全殉爆，对药卷之间的殉爆距离有一定要求。装药时，应尽可能使相邻药卷紧密接触，防止岩粉或碎石等惰性物质将药卷隔开。因有惰性介质时，殉爆距离将明显减小。

在炸药说明书中，都列有殉爆距离，使用者只需抽样检验，判定炸药在储存过程中有无变质。

3.3.4.2　殉爆距离的测定

殉爆距离是工业炸药的一项重要性能指标。在炸药品种、药卷质量和直径、外壳、介质、爆轰方向等条件都给定的前提下，殉爆距离既反映了被发装药的冲击波感度，也反映了主发装药的引爆能力，两者都与工业炸药的加工质量有关。

殉爆距离的测定方法应符合《工业炸药殉爆距离测定》（GB 12438—90）的有关规定。通常采用炸药产品的原包装药卷。将沙地铺平，用直径35mm、长度不小于600mm的木制圆棒在沙地上压出一个半圆形凹槽。在主发装药的捏头端插入一支 8 号雷管,插入深度为雷管长度的 2/3,将主发装药、被发装药(被测药卷)置于凹槽内,如图 3-14 所示。注意被发装药的捏头端与主发装药药卷的半圆穴相对应。引爆主发装药后,根据放置被发装药的地方有无残药或是否产生深坑,判断是否殉爆。找出三次试验都能殉爆的最大间距,即为该药卷的殉爆距离。

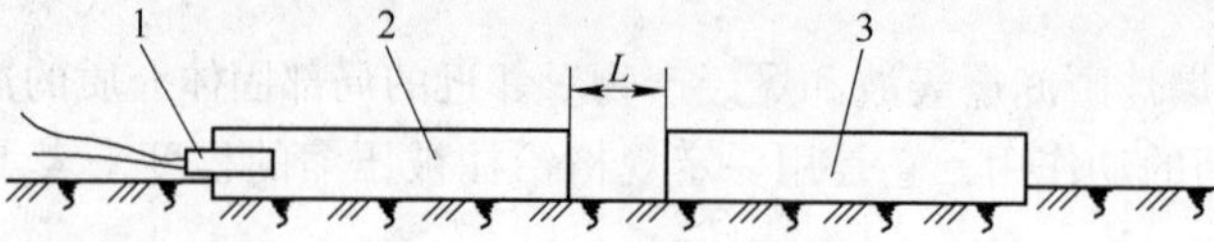

图 3-14　殉爆距离的测定
1—雷管;2—主发装药;3—被发装药

3.3.5　炸药感度

3.3.5.1　炸药感度一般概念

在外界能量的作用下,炸药发生爆炸的难易程度称为感度。能够激发炸药发生爆炸的能量有热能、电能、光能、机械能、冲击波能或辐射能等多种形式。通常根据外界作用于炸药能量的形式将炸药的感度分为热感度、机械感度、起爆感度等。

炸药对不同形式的外界能量作用所表现的感度是不一样的,也就是说,炸药的感度与不同形式的起爆能并不存在固定的比例关系。因此,不能简单地以炸药对某种起爆能的感度等效地衡量它对另一种起爆能的感度。

在工程实践中,人们在需要高感度炸药的同时,又希望炸药具有低感度的特性。也就是说,希望炸药在使用的时候具有高感度,以保证起爆和传爆的可靠性;而在生产、贮存、运输等非使用场合,炸药又具有低感度,以确保安全。根据需要,人们把炸药的感度又分为“使用感度”和“危险感度”。所谓使用感度是指炸药在预定起爆方式所施加的起爆能的作用下发生爆炸反应的难易程度。对于爆破作业人员来说,一般都希望炸药在使用时具有较高的使用感度,以减少炸药拒爆的概率,有效地防止盲炮事故。所谓危险感度则是指炸药在外界施加的各种非正常起爆能的作用下发生爆炸的难易程度。无论是炸药的生产者还是使用者,都希望炸药具有较低的危险感度,以保证炸药在生产、运输、搬运和贮存等非使用环节的安全,避免发生意外爆炸事故。

3.3.5.2　炸药的热感度

炸药的热感度是指在热的作用下,炸药发生爆炸的难易程度。热作用的方式主要有两种:均匀加热和火焰点火,习惯上把均匀加热时炸药的感度称为热感度,把火焰点火时的炸药感度称为火焰感度。

炸药的热感度通常用爆发点来表示。爆发点是炸药在一定的受热条件下,经过一定的延滞期发生爆炸时加热介质的最低温度。很显然,爆发点越高,则说明该炸药的热感度越低。

在工业生产中,用爆发点测定仪来测定炸药的爆发点,做爆发点量测实验时延滞期一般取 5min 为标准。表 3-4 列出了几种炸药的爆发点。

雷管的起爆药均具有较高的火焰感度。在敞开环境下,一般少量的工业炸药(包括黑火药)用火焰点燃时通常只发生不同程度的燃烧。

火焰感度用上限距离和下限距离表示。用导火索点燃装入加强帽中的 0.05g 炸药,上限距离是 100% 发火的最大距离,下限距离则是 100% 不发火的最小距离。

表 3-4 几种炸药的爆发点

炸药名称	爆发点/℃	炸药名称	爆发点/℃
EL 系列乳化炸药	330	硝酸铵	300
2 号岩石铵梯炸药	186～230	黑火药	290～310
3 号露天铵梯炸药	171～179	黑索金	230
2 号煤矿铵梯炸药	180～188	特屈儿	195～200
3 号煤矿铵梯炸药	184～189	梯恩梯	290～295
硝化甘油炸药	300	二硝基重氮酚	150～151

3.3.5.3 炸药的机械感度

炸药的机械感度是指炸药在机械作用下发生爆炸的难易程度。机械作用的形式很多，如撞击、摩擦、针刺等，其中撞击和摩擦是最为常见的两种形式：

(1)撞击感度。在机械撞击的作用下，炸药发生爆炸的难易程度称为炸药的撞击感度。炸药的撞击感度通常借助于立式落锤仪测定。

(2)摩擦感度。在机械摩擦的作用下，炸药发生爆炸的难易程度称为炸药摩擦感度。炸药摩擦感度的测定采用摆式摩擦仪，用爆炸概率表示炸药感度的试验测定方法称为爆炸概率法。表 3-5 为几种炸药的撞击感度和摩擦感度。

表 3-5 几种炸药的撞击感度和摩擦感度

炸药名称	EL 系列乳化炸药	2 号岩石铵梯炸药	硝化甘油炸药	黑索金	特屈儿	黑火药	梯恩梯
撞击感度/%	≤8	20	100	70～75	50～60	50	4～8
摩擦感度/%	0	16～20		90	24		0

3.3.5.4 炸药的起爆感度

炸药的起爆感度是指在其他炸药(起爆药、起爆具等)的爆炸作用下，猛炸药发生爆轰的难易程度。猛炸药对起爆药爆轰的感度，一般用最小起爆药量来表示，即在一定的实验条件下，能引起猛炸药完全爆轰所需的最小起爆药量。最小起爆药量越小，则表明猛炸药对起爆药的爆轰感度越高；反之，最小起爆药量越大，则表明猛炸药对起爆药的爆轰感度越低。

对于一些起爆感度较低的工业炸药，如铵油炸药，用少量的起爆药(如 1 发 8 号工业雷管)是难以使其可靠爆轰的。这类炸药的爆轰感度不能用最小起爆药量来表示，而只能用威力较大的起爆药柱的最小质量来表示。在工程爆破中，习惯上用雷管感度来区分工业炸药的起爆感度。凡能用 1 发 8 号工业雷管可靠起爆的炸药称其具有雷管感度，凡不能用 1 发 8 号工业雷管可靠起爆的炸药称其不具有雷管感度。

3.3.5.5 影响炸药感度因素

炸药的感度一方面与自身的结构和物理化学性质有关，另一方面还与炸药的物理状态和装药条件有关。对于爆破工程技术人员来讲，了解炸药的物理状态和装药条件对其感度的影响是十分必要的。炸药的物理状态和装药条件对感度的影响主要表现在以下几个方面：

(1)炸药温度的影响。随着温度的增高，炸药的各种感度都增加，在高温介质中爆破应特别注意安全。

(2)炸药物理状态与晶体形态的影响。铵梯炸药受潮结块时,感度明显下降。因此,在雨季和潮湿环境中使用铵梯炸药,应采取有效的防潮措施。硝化甘油炸药冻结时,晶体形态发生变化,敏感度明显提高。因此,对硝化甘油炸药的储运温度有严格的限制。普通型硝化甘油的储运温度不低于10℃,难冻型则不低于 -20℃。

(3)炸药颗粒度的影响。炸药的颗粒度主要影响炸药的爆轰感度。一般情况下,颗粒越小,炸药的爆轰感度越大。例如100%通过2500目的梯恩梯极限起爆药量为0.1g,从而溶液中快速结晶的超细梯恩梯的极限起爆药量仅为0.04g。对于工业炸药,一般各组分越细,混合越均匀,则它的爆轰感度越高。

(4)装药密度的影响。装药密度主要影响起爆感度和火焰感度。通常,随着装药密度的增加,炸药的起爆感度和火焰感度都会下降。粉状铵梯炸药的装药密度大于1.2g/cm^{3}时,容易出现拒爆。

(5)附加物的影响。在炸药中掺入附加物可以显著地影响炸药的机械感度。附加物对炸药机械感度的影响主要取决于附加物的性质,即硬度、熔点及粒度等。附加物的硬度较高(如石英砂、碎玻璃),可能使炸药的机械感度增高,这类物质叫增感剂。另外一类较软且热容量大的物质,如水、石蜡等,掺入后使炸药感度降低,这类物质称为钝感剂。

3.3.6　聚能效应

3.3.6.1　聚能现象

投石入水中,水内首先形成空洞,而后,水向空洞中心运动,使空洞迅速闭合。在闭合瞬间,相向运动的水发生碰撞、制动,产生很高压力,将水向上抛出,形成一股高速运动的水流(见图3-15)。这是日常生活中能观察到的一种聚能现象。这种靠空穴闭合产生冲击、高压,并将能量集中起来,在一定方向上形成较高能流密度的聚能流效应,称为空穴效应。

根据这样的规律,利用爆炸产物运动方向与装药表面垂直或大致垂直的规律,做成特殊形状的装药,也能使爆炸产物聚集起来,提高能流密度,增强爆炸作用,这种现象称为炸药的聚能效应。聚集起来朝着一定方向运动的爆炸产物,称为聚能流。

3.3.6.2　聚能装药

如果将装药前端(即与起爆端相对的一端)做成空穴,则当爆轰波传至空穴表面时,爆轰产物将改变运动方向(变成大致垂直空穴表面),就会在装药轴线上汇集、碰撞,产生高压,并在轴线方向上形成向前高速运动的爆炸产物聚能流(见图3-16中的阴影)。

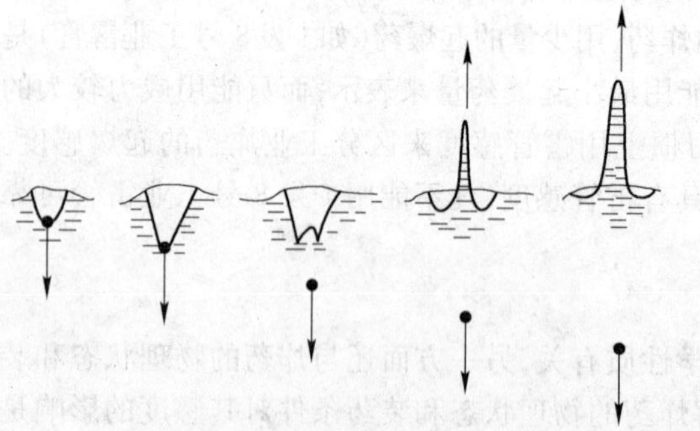

图3-15　水面聚能流的形成

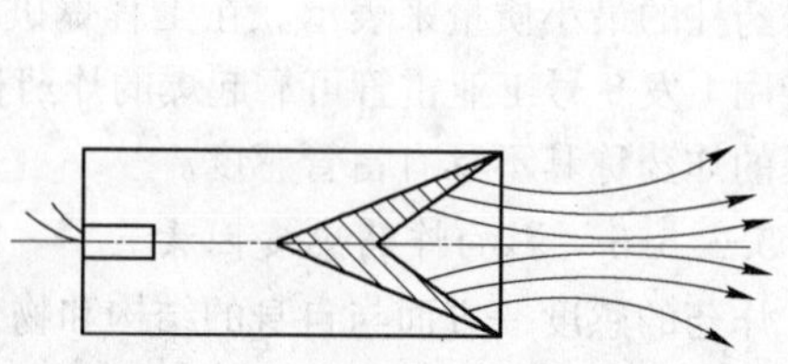

图3-16　装药前端有空穴时聚能流的形成

由图3-16可以看到,聚能流在运动过程中,其截面最初缩小,然后扩大。在截面最小处,聚能流的运动速度和能流密度最大。最小截面至装药端面的距离称为聚能流的焦距。在焦距处,聚能流的破坏作用和穿透能力最大。

事实上,关于这种结构的聚能装药,其聚能流的焦距较小,而且焦距处聚能流截面较大,不能明显增强破坏作用的穿透能力。

若将聚能穴衬以金属制成的药形罩,则当爆轰波传至药形罩时,向装药轴向汇集的爆炸产物将压缩药形罩使其闭合(见图3-17)。在药形罩闭合过程中,由于碰撞产生极高压力,金属变成液体,并有一部分液体金属形成沿轴线方向向前射出的一股高速、高密度的细金属射流。剩余的液体金属形成较粗的杯体,称为杵体,以较低的速度尾随在射流后面运动。射流头部运动速度最大,尾部运动速度最小。因此,射流在运动过程中将不断被拉长、拉细。当射流头部运动速度超过一定限度后(约5000~10000m/s),射流将不再延续,而开始断裂、分散,使截面增大,射流速度减小。分散的射流会像陨星那样很快被烧掉。连续射流的头部距装药端面的距离称为射流焦距,在焦距处,金属射流的穿透能力最大。

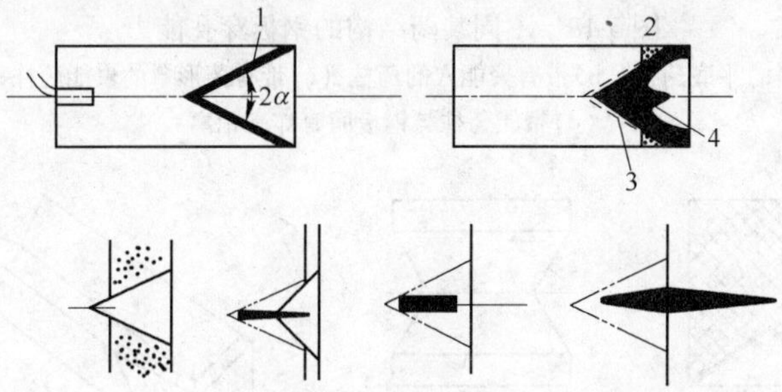

图3-17 衬有金属药形罩的聚能装药及金属射流的形式
1—药形罩(聚能罩);2—爆轰波阵面;3—杵体;4—射流

聚能装药的穿透能力,不仅取决于炸药本身,而且取决于装药结构,图3-18为不同装药结构时聚能装药的穿透能力。图3-18中,H表示聚能装药底部到待穿孔物体的垂直距离,称为炸高。因金属射流密度大,运动速度高,遇障碍物能产生极大的压力,故药形罩应采用塑性较高的金属制作,例如纯铜、软钢等,以实现金属射流具有的高强穿透作用。药形罩的厚度一般取其底部直径的1/20~1/40。聚能穴除了锥形外,也可以做成半球面形、抛物线形等形状。

3.3.6.3 聚能效应的应用

聚能装药的早期应用始于19世纪末,最早用于制作破甲弹对付坦克。二次世界大战以来聚能装药在军事上的应用和研究极大地推动了它在工业领域的发展。目前,在民用爆炸材料和爆破工程中,聚能装药也得到了广泛应用。如:利用聚能效应可增强雷管的起爆能力,改善装药的殉爆、传爆性能等。

在材料工业,人们利用聚能爆破原理来加工难以加工的材料,如切割大块岩石、钢板;在交通运输业,人们利用聚能爆破来消除水下礁石,切割沉船、废桥墩、钢筋混凝土柱桩等;在矿山开采业,人们利用聚能装药爆破技术控制岩石破裂方向,在二次爆破中,破碎岩石大块;在石油开采和炼钢工业,人们利用聚能射孔弹来提高原油的涌出量和消除出炉口钢渣;在隧道掘进爆破中,人们利用聚能装药来提高掏槽炮孔、崩落炮孔的爆破效率,以及周边孔的光面爆破质量等。

目前应用的聚能装药主要有:轴对称轴向聚能装药(如图3-19(a)所示)、轴对称径向聚能装药(如图3-19(b)所示)、面对称聚能装药(如图3-19(c)所示)三种形式。这三种形式的聚能装药,由于其聚能方向不同各有不同用途。

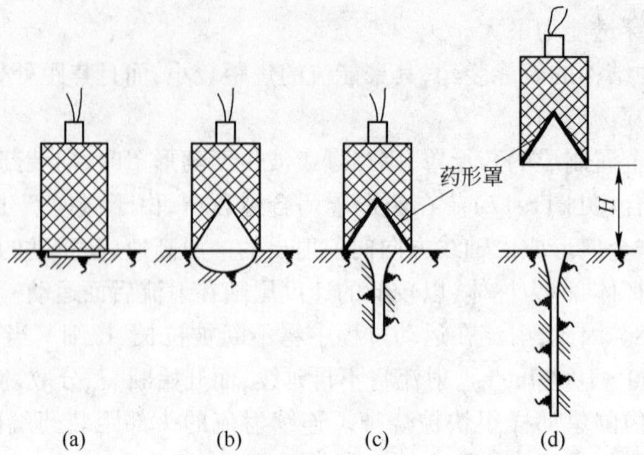

图 3-18　不同装药结构的钢板穿孔能力

(a)平底药柱;(b)带有聚能穴的药柱;(c)带有药形罩的聚能药柱;(d)聚能药柱与钢板间有炸高距离

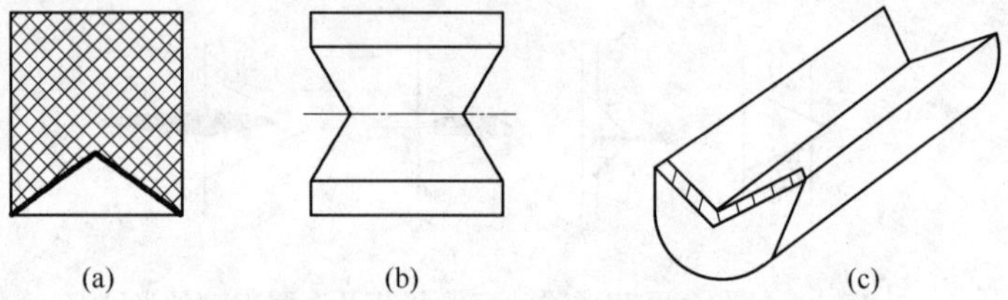

图 3-19　三种类型的聚能装药结构

(a)轴对称轴向聚能装药;(b)轴对称径向聚能装药;(c)面对称聚能装药

本章小结

炸药是爆破工程的主要能源,学习炸药爆炸的基本知识与原理是安全科学地使用炸药的必要保证。本章介绍了与炸药爆炸相关的一些基本概念、基本原理和基本实验,这些内容是后续章节的基础。现将其中的要点归纳如下:

(1)通过学习了解爆炸及其分类、化学爆炸三要素、波与冲击波等概念;了解炸药的热化学参数的概念和计算方法。

(2)一般掌握炸药的各种感度的定义,了解炸药的各类起爆机理。

(3)重点掌握炸药化学变化的基本形式、殉爆距离、爆速、威力、猛度、聚能效应的基本知识与工程意义;理解炸药氧平衡的意义、分类和计算与应用;了解炸药的爆轰过程,理解炸药感度、炸药爆速的影响因素;了解爆轰产物、爆炸产物、爆炸压力与爆轰压力的概念。

(4)理解和掌握炸药的爆速、殉爆距离、爆力、猛度、爆破漏斗的实验方法;有条件的可开设以上实验和各种感度测定的实验内容;至少也应开设测试炸药爆速的1种方法的实验项目。

(5)本章的学习难点是对炸药爆轰理论中的波、冲击波、爆轰波、稀疏波、化学反应区结构和侧向扩散等的理解;论述和记忆难点是氧平衡、感度、殉爆距离、爆速等相对应的影响因素的分析内容。

复习思考题

3-1 名词解释

缓慢分解、冲击波、爆轰波、爆轰产物、氧平衡、爆速、临界直径、极限直径、理想爆轰、稳定爆轰、爆力、猛度、炸药感度、殉爆距离、爆炸压力。

3-2 什么是爆炸，产生化学爆炸的基本条件是什么？

3-3 炸药化学变化的基本形式有何实际意义？

3-4 试述氧平衡的分类、意义及其在爆破工程中的应用。

3-5 已知铵油炸药 $NH_4NO_3 + C_{16}H_{32}$ 的配比为 92∶8，试计算其氧平衡值。如使其达到零氧平衡，两种成分的配比应为多少？

3-6 简述炸药爆速的影响因素及测定方法。

3-7 简述炸药感度的影响因素。

3-8 什么是聚能效应，目前聚能效应有哪些应用？

4 常用爆破器材

工业炸药必须使用起爆器材才能被安全、可靠地激发爆炸。起爆器材是指用来引爆炸药的器材。如雷管、导火索、导爆索、继爆管、导爆管、起爆药柱、起爆器以及起爆所需的其他器具。爆破器材则是工业炸药、起爆器材和器具的统称。

4.1 工业炸药

4.1.1 炸药的定义与分类

凡在外部施加一定的能量后,能发生化学爆炸的物质称为炸药。众所周知,炸药是人们经常利用的二次能源,它不仅用于军事目的,而且广泛应用于国民经济各个部门,通常将前者称为军用炸药,后者称为工业炸药。

炸药分类方法很多,目前还没有建立起统一的分类标准,一般可根据炸药的组成、用途和主要化学成分进行分类,工业炸药还可以根据使用条件的不同进行分类。

4.1.1.1 按炸药的组成分类

A 单质炸药

单质炸药系指碳、氢、氧、氮等元素以一定的化学结构存在于同一分子中,自身能发生迅速氧化还原反应释放出大量热能和气体产物的物质。例如,硝化甘油、硝化乙二醇、梯恩梯、黑索金、奥克托金、泰安等。

B 混合炸药

混合炸药系指由两种或两种以上的成分所组成的机械混合物,既可以含单质炸药,也可以不含单质炸药,但应含有氧化剂和可燃剂两部分,而且二者是以一定的比例均匀混合在一起的,当受到外界能量激发时,能发生爆炸反应。混合炸药是目前工程爆破中应用最广、品种最多的一类炸药。

4.1.1.2 按炸药的作用特性分类

A 起爆药

起爆药主要用于起爆其他工业炸药。这类炸药的主要特点是:

(1)敏感度较高,在很小的外界热或机械作用下就能迅速爆轰;

(2)与其他类型炸药相比,它们从燃烧到爆轰的时间极为短暂。

最常用的起爆药有雷汞、迭氮化铅、二硝基重氮酚、斯蒂酚酸铅等。这类炸药主要用来制造各种起爆器材。

B 猛炸药

与起爆药不同,猛炸药具有相当大的稳定性。也就是说,它们比较有钝感,需要有较大的能量作用才能引起爆炸。在工程爆破中多数是用雷管或其他起爆器材起爆。常用的梯恩梯、乳化炸药、浆状炸药、铵油炸药和铵梯炸药等都是猛炸药。

C 发射药

发射药又称火药,主要用做枪炮或火箭的推进剂,也有用做点火药、延期药的。它们的变化过程是迅速燃烧。

D 烟火剂

烟火剂基本上也是由氧化剂与可燃剂组成的混合物,其主要变化过程是燃烧,在极个别的情况下也能爆轰。一般用来装填照明弹、信号弹、燃烧弹等。

4.1.1.3 按工业炸药的主要化学成分分类

A 硝铵类炸药

以硝酸铵为其主要成分,加上适量的可燃剂、敏化剂及其附加剂的混合炸药均属此类,这是目前国内外工程爆破中用量最大、品种最多的一大类混合炸药。

B 硝化甘油类炸药

以硝化甘油或硝化甘油与硝化乙二醇混合物为主要爆炸组分的混合炸药均属此类。就其外观状态来说,有粉状和胶质之分;就耐冻性能来说,有耐冻和普通之分。

C 芳香族硝基化合物类炸药

凡是苯及其同系物,如甲苯、二甲苯的硝基化合物以及苯胺、苯酚和萘的硝基化合物均属此类。例如,梯恩梯(TNT)、二硝基甲苯磺酸钠(DNTS)等。这类炸药在我国工程爆破中用量不大。

4.1.1.4 按工业炸药的使用条件分类

第一类——准许在一切地下和露天爆破工程中使用的炸药,包括有沼气和矿尘爆炸危险的矿山。

第二类——准许在地下和露天爆破工程中使用的炸药,但不包括有沼气和矿尘爆炸危险的矿山。

第三类——只准许在露天爆破工程中使用的炸药。

第一类是安全炸药,又称为煤矿许用炸药。第二类和第三类是非安全炸药。第一类和第二类炸药每千克炸药爆炸时所产生的有毒气体不能超过安全规程所允许的量。同时,第一类炸药爆炸时还必须保证不会引起瓦斯或矿尘爆炸。

4.1.2 工程爆破对工业炸药的基本要求

工业炸药的质量和性能对工程爆破的效果和安全均有较大的影响,因此为保证获得较佳的爆破质量,被选用的工业炸药应满足如下基本要求:

(1)具有较低的机械感度和适度的起爆感度,既能保证生产、贮存、运输和使用过程中的安全,又能保证使用操作中方便顺利地起爆;

(2)爆炸性能好,具有足够的爆炸威力,以满足不同矿岩的爆破需要;

(3)其组分配比应达到零氧平衡或接近于零氧平衡,以保证爆炸后有毒气体生成量少,同时炸药中应不含或少含有毒成分;

(4)有适当的稳定贮存期,在规定的贮存期间内,不应变质失效;

(5)原料来源广泛,价格便宜;

(6)加工工艺简单,操作安全。

4.1.3 铵梯炸药

铵梯炸药是指以硝酸铵、梯恩梯和木粉及其他附加剂等组成的混合炸药。这类炸药曾是我国工业炸药的主要品种之一。由于此类炸药含有毒物质梯恩梯,其对人与环境有危害作用,因此,目前我国已淘汰了此类(含梯的)工业炸药。

铵梯炸药按使用范围分为露天铵梯炸药、岩石铵梯炸药及煤矿许用铵梯炸药三大类；按其抗水性能分普通铵梯炸药和抗水铵梯炸药两大类。

4.1.3.1　铵梯炸药的主要成分及其作用

A　硝酸铵（NH_4NO_3）

硝酸铵是氧化剂，是铵梯炸药的主要成分。硝酸铵本身是一种敏感度很低的弱性炸药，其熔点为169.6℃，温度在300℃时发生燃烧，高于400℃时可转为爆炸。

硝酸铵具有强烈吸湿作用，易结块硬化。这是造成铵梯炸药等粉粒状炸药结块硬化导致爆炸性能降低的根本原因。硝酸铵也是一种化学肥料，来源广，价格低。

干燥的硝酸铵同金属的化学作用很缓慢，有水时其作用速度加快。熔融的硝酸铵与铜、铅、锌都能起作用而形成极不稳定的亚硝酸盐，然而硝酸铵与铝、锡不起化学作用，因此在硝铵类炸药生产过程中通常都用铝制工具。

B　梯恩梯

梯恩梯[TNT，$C_6H_2(NO_2)_3CH_3$]是敏化剂，兼起还原反应，本身属于高做功能力的炸药，同硝酸铵配合后可获得零氧平衡或接近零氧平衡的铵梯炸药，可以用一只8号工业雷管起爆。

TNT是一种有毒的物质，其粉尘、蒸气主要通过皮肤侵入人体内，其次是通过呼吸道。在生产和使用中接触TNT和铵梯炸药均有可能中毒。

C　木粉

木粉在粉状硝铵炸药中主要是作为可燃剂，也起松散和防结块作用。木粉是木材加工厂制材时锯下的木屑，再经过细碎和干燥后使用。

4.1.3.2　铵梯炸药的品种

A　岩石铵梯炸药

它由硝酸铵、梯恩梯和木粉三种成分组成。只允许在无瓦斯、无矿尘爆炸危险的场合使用，且适合于在中硬及其以上矿岩爆破作业中使用的铵梯炸药，称为岩石铵梯炸药，俗称岩石炸药。为适应有水工作面爆破作业的需要，需再加入沥青、石蜡，组成抗水岩石铵梯炸药。岩石铵梯炸药的主要品种和性能列于表4-1。

表4-1　岩石铵梯炸药的组分和性能

组分和性能		1号岩石铵梯炸药	2号岩石铵梯炸药	2号抗水岩石铵梯炸药	3号抗水岩石铵梯炸药	4号抗水岩石铵梯炸药
组分/%	硝酸铵	82±1.5	85±1.5	85±1.5	86±1.5	81.2±1.5
	梯恩梯	14±1.0	11±1.0	11±0.5	7±1.0	18±1.0
	木　粉	4±0.5	4±0.5	3.2±0.5	6±0.5	
	沥　青			0.4±0.1	0.5±0.1	0.4±0.1
	石　蜡			0.4±0.1	0.5±0.1	0.4±0.1
密度/$g \cdot cm^{-3}$		0.95～1.10	0.95～1.10	0.95～1.10	0.95～1.10	1.00～1.20
爆炸性能	爆速/$m \cdot s^{-1}$	≥3400	≥3200	≥3200		≥3500
	做功能力/mL	≥350	≥298	≥298	≥280	≥338
	猛度/mm	≥13	≥12	≥12	≥10	≥14
	殉爆距离/cm	≥6	≥5	≥5	≥4	≥6

B 露天铵梯炸药

它适用于露天矿松动爆破,有时用于大孔径爆破中。与岩石硝铵炸药不同之处是其梯恩梯质量分数低(5%～10%),成本更低些,做功能力中等。露天铵梯炸药的主要品种和性能列于表4-2。

表4-2 几种露天铵梯炸药的组分和性能

组分和性能		1号露天铵梯炸药	2号露天铵梯炸药	3号露天铵梯炸药	1号抗水露天铵梯炸药	2号抗水露天铵梯炸药
组分/%	硝酸铵	82±1.5	86±2.0	88±2.0	84±2.0	86±2.0
	梯恩梯	10±1.0	5±1.0	3±0.5	10±1.0	5±1.0
	木粉	8±0.5	9±0.5	9±1.0	5±1.0	8.2±1.0
	沥青				0.5±0.1	0.4±0.1
	石蜡				0.5±0.1	0.4±0.1
密度/g·cm^{-3}		0.85～1.10	0.85～1.10	0.85～1.10	0.85～1.10	0.85～1.10
爆炸性能	爆速/m·s^{-1}	≥3600	≥3500	≥2100	≥3000	≥3500
	做功能力/mL	≥300	≥250	≥200	≥300	≥250
	猛度/mm	≥11	≥8	≥5	≥11	≥8
	殉爆距离/cm	≥4	≥3	≥2	≥3	≥3

C 煤矿许用铵梯炸药

对于煤矿许用铵梯炸药,除要求其有毒气体生成量符合规定外,还须保证它爆炸时不致引起瓦斯和煤尘爆炸。为此,在炸药中需加入15%～20%的消焰剂,通常采用食盐做消焰剂。煤矿许用铵梯炸药的显著特点是爆温和爆压都比较低,因而可以有效地防止炸药爆轰引燃煤矿中可燃性气体,如甲烷与空气混合物,保证煤矿井下爆破作业的安全性。消焰剂不但降低爆温和爆压,而且是甲烷氧化链反应的有效抑制剂。煤矿许用铵梯炸药的主要品种和性能列于表4-3。

表4-3 煤矿许用铵梯炸药的组分与性能

组分与性能			1号煤矿铵梯炸药	2号煤矿铵梯炸药	3号煤矿铵梯炸药	1号抗水煤矿铵梯炸药	2号抗水煤矿铵梯炸药	3号抗水煤矿铵梯炸药
组分/%	硝酸铵		68±1.5	71±1.5	67±1.5	68.6±1.5	72±1.5	67±1.5
	梯恩梯		15±0.5	10±0.5	10±0.5	15±0.5	10±0.5	10±0.5
	木粉		2±0.5	4±0.5	3±0.5	1±0.5	2.2±0.5	2.6±0.5
	食盐		15±1.0	15±1.0	20±1.0	15±1.0	15±1.0	20±1.0
	沥青					0.2±0.05	0.4±0.1	0.2±0.05
	石蜡					0.2±0.05	0.4±0.1	0.2±0.05
性能	水分/%		≤0.3	≤0.3	≤0.3	≤0.3	≤0.3	≤0.3
	密度/g·cm^{-3}		0.95～1.10	0.95～1.10	0.95～1.10	0.95～1.10	0.95～1.10	0.95～1.10
	猛度/mm		≥12	≥10	≥10	≥12	≥10	≥10
	做功能力/mL		≥290	≥228	≥218	≥290	≥228	≥218
	殉爆距离/cm	浸水前	≥6	≥5	≥4	≥6	≥4	≥4
		浸水后				≥4	≥3	≥2
	爆速/m·s^{-1}		3509	3600	3262	3675	3600	3397

4.1.4　铵油炸药

以硝酸铵和燃料油为主要成分的粒状或粉状(添加适量木粉)爆炸性混合物,称为铵油炸药。

4.1.4.1　铵油炸药成分

铵油炸药是一种无梯炸药。应用最广泛的一种铵油炸药是含粒状硝酸铵94%和轻柴油6%的混合物。为了减少铵油炸药的结块现象,可适量加入木粉作为疏松剂。其常常使用两个品种的硝酸铵:一种是细粉状结晶的硝酸铵;另一种是多孔粒状硝酸铵。前者多用于地下矿山,后者表面充满空穴,吸油率较高,松散性和流动性能比较好,不易结块,适用于机械化装药,因此多用于露天矿深孔爆破。

4.1.4.2　铵油炸药主要特点

铵油炸药的主要特点有:

(1)成分简单,原料来源充足,成本低,制造使用安全,在爆炸威力方面低于铵梯炸药;

(2)感度低,起爆比较困难。关于粉状铵油炸药,采用轮辗机热加工且加工细致、颗粒较细、拌和均匀的细粉状铵油炸药可由普通雷管直接起爆,采用冷加工且加工粗糙、颗粒较粗、拌和较差的粗粉状铵油炸药不能由雷管直接起爆,需借助大约10%的普通炸药制成的起爆药包起爆;

(3)重铵油炸药以外的粉状及多孔粒状铵油炸药吸潮及结块的趋势更为强烈。吸潮、结块后爆炸性能严重恶化,故最好不要贮存,现做现用。允许的贮存期一般为15天(潮湿天气为7天)。

4.1.4.3　铵油炸药品种

A　粉状铵油炸药

粉状铵油炸药中的结晶型硝酸铵、柴油和木粉的含量按炸药爆炸反应的零氧平衡原则计算确定。考虑到制造设备条件和爆破工程作业的具体要求,各组分在一定的范围内可以调整。表4-4为几种粉状铵油炸药的组分、性能及加工方法。

表4-4　几种粉状铵油炸药的组分、性能及加工方法

组分与性能		1号铵油炸药	2号铵油炸药	3号铵油炸药
组分/%	硝酸铵	92±1.5	92±1.5	94.5±1.5
	柴　油	4±1	1.8±0.5	5.5±1.5
	木　粉	4±0.5	6.2±1	
性能	密度/g·cm^{-3}	0.9~1.0	0.8~0.9	0.9~1.0
	水分含量/%	≤0.25	≤0.80	≤0.80
	猛度/mm	≥12	≥18	≥18
	做功能力/mL	≥300	≥250	≥250
	爆速/m·s^{-1}	≥3300	≥3800	≥3800
	殉爆距离/cm	≥5		
加工方法		热碾加工法	冷碾加工法	机碎冷碾加工法

注:1号铵油炸药的测试药包的约束为内径40mm、长300mm的双层牛皮纸管。2号和3号铵油炸药的测试药包的约束为ϕ40mm的普通钢管(钢管光—40—YB234—64)。

铵油炸药的性能不仅取决于它的配比,而且也取决于它的生产工艺。生产铵油炸药应力求做到:“干、细、匀”,即炸药的水分含量要低、粒度要细、混合均匀,以保证质量。根据所用原料以及加工条件的不同,铵油炸药生产工艺流程也有所差异。

B 多孔粒状铵油炸药

多孔粒状硝酸铵系掺有0.05%烷胺醋酸盐浓度为91%~92%的硝酸铵为原料,采用流化造粒法生产。柴油一般采用6号、10号及20号轻柴油。北方严寒地区可用10号柴油。多孔粒状铵油炸药是由94.5%的多孔粒状硝酸铵和5.5%柴油混合而成,考虑到加工过程中柴油可能有部分挥发和损失,通常加6%的柴油(见表4-5)。

表4-5 多孔粒状铵油炸药的组分、性能

组分/%		性能指标					有效期内	
硝酸铵	轻柴油	水分/%	爆速 /m·s^{-1}	猛度/mm	做功能力/mL	有效期 /d	水分/%	爆速 /m·s^{-1}
94.0~95.0	5.0~6.0	≤0.3	≥2800	≥15	≥278	30	≤0.5	≥2500

注:爆速测定在ϕ50mm×5mm×350mm的焊接钢管中进行,用50g 2号岩石炸药做起爆药。猛度测试在ϕ50mm×5mm×60mm的焊接钢管中进行,总装药量为50g(含5g 2号岩石炸药做起爆药)。

多孔粒状铵油炸药主要有以下几种加工方法:

(1)渗油法。按比例将柴油注入装有多孔粒状硝酸铵的袋子中,放置两天后可供使用。该方法简单易行,但混合不均。

(2)人工混拌法。将一定数量的多孔粒状硝酸铵放在平板上(可在爆破现场,也可在固定工房),按比例喷洒柴油,用铝锹或木锹翻混2~3次,直接装入炮孔或装袋备用,此法混合均匀,但人工操作劳动强度大,效率低。

(3)机混法。采用圆盘给料机以及特制的混合机械按比例将多孔粒状硝酸铵与柴油混拌。该方法混合效率高且均匀。

(4)混装车制备法。采用粒状铵油炸药混装车在爆破现场直接混制并装孔。此法经济效益好,对大中型露天矿非常适用。

C 重铵油炸药

重铵油炸药又称乳化铵油炸药,是乳胶基质与多孔粒状铵油炸药的物理掺和产品。在掺和过程中,高密度的乳胶基质填充多孔粒状硝酸铵颗粒间的空隙并涂覆于硝酸铵颗粒的表面。这样,既提高了粒状铵油炸药的相对体积威力,又改善了铵油炸药的抗水性能。乳胶基质在重铵油炸药中的比例可在0~100%之间变化,炸药的体积威力及抗水能力等性能也随着乳胶含量的变化而变化。

重铵油炸药现场混制的基本过程是先分别制备乳胶基质和铵油炸药,然后将二者按设计比例掺和,所制备的乳胶基质可由泵送至固定的贮罐中存放,也可用专用罐车运至现场,还可在车上直接制备。多孔粒状硝酸铵与柴油可按94∶6的比例在工厂固定地点混拌,也可在混装车上混制。

在生产铵油炸药过程中,不论采用哪种工艺都必须特别注意防火,这是因为铵油炸药易燃,且燃着后不易扑灭。铵油炸药燃烧时产生大量有毒气体,在密闭条件下可转变为爆炸。

4.1.5 乳化炸药等含水炸药

含水炸药包括浆状炸药(Slurry Explosive)、水胶炸药(Water Gel Explosive)和乳化炸药(Emulsion Explosive),是当前工业炸药中品种最多、发展最为迅速的抗水工业炸药。从这3种含水炸药的发展时序上看,浆状炸药是20世纪50年代中期研制成功的,其后是水胶炸药和乳化炸药。考虑到乳化炸药(含粉状乳化炸药)在我国获得成功的应用与发展,年产量已达40万t,水胶炸药只有2~3个工厂继续生产,浆状炸药的产量已很少,故首先对乳化炸药做比较详细的叙述。

4.1.5.1　乳化炸药

乳化炸药是以氧化剂水溶液为分散相,以不溶于水、可液化的碳质燃料作连续相,借助乳化剂的乳化作用及敏化剂的敏化作用而形成的一种油包水(W/O)型特殊结构的含水混合炸药。它跟浆状炸药和水胶炸药不同,属于油包水型结构,而后二者属于水包油型结构。

A　乳化炸药(粉状乳化炸药)的特点

传统的乳化炸药是以无机含氧酸盐水溶液作为分散相,悬浮在含有分散气泡或空心玻璃微球或其他多孔性材料的似油类物质构成的连续介质中,形成一种油包水型的特殊乳化体系。

粉状乳化炸药突破了传统的乳化炸药的药体概念,其最终产品的外观状态不再是乳胶体,而是以极薄油膜包覆的硝酸铵等无机氧化剂盐结晶粉末。由于它保持了乳化炸药体系中氧化剂与燃烧剂接触紧密充分的特点,且呈粉末状态,无需有意识地引入敏化气泡,就具有较高的爆轰感度和良好的爆炸性能。从国内外的生产和应用实践来看,乳化炸药(粉状乳化炸药)具有如下特点:

(1)爆炸性能好。32mm小直径药卷的爆速可达4000~5200 m/s,猛度可达15~19mm,殉爆距离为7.0~12.0cm,临界直径为12~16mm,用一只8号工业雷管就可以引爆。

(2)抗水性能强。小直径药卷敞口浸水96h以上,其爆炸性能变化甚微。同时由于密度大,可沉于水下,解决了露天矿的水孔和水下爆破作业的问题。

(3)安全性能好。机械感度低、爆轰感度较高。

(4)环境污染小。乳化炸药的组分中不含有毒的梯恩梯等物质,解决了生产时的环境污染和职业中毒等问题。爆炸后的有毒气体生成量也比较少,这样就可以减少炮烟中毒事故。

(5)原料来源广泛,加工工艺较简单。乳化炸药的原料主要是硝酸铵、硝酸钠、水和较少量的柴油、石蜡、乳化剂和密度调整剂等,国内可大量供应。所需的生产设备简单,操作简便。

(6)生产成本较低,爆破效果较好。

B　乳化炸药(粉状乳化炸药)的主要组分

乳化炸药(粉状乳化炸药)的主要组分如下:

(1)氧化剂。这是乳化炸药的主体部分,常用的氧化剂是硝酸铵。但单独使用时,其爆炸性能、稳定性和耐冻性均不如采用混合氧化剂好,因此一般选用硝酸铵和硝酸钠混合氧化剂,二者间的比例以硝酸铵:硝酸钠=(3~4):1为佳。也有使用高氯酸盐的,如高氯酸钠、高氯酸铵等。

(2)油包水型乳化剂。经验表明,HLB(Hydrophilic Lipophilic Balance,亲水亲油平衡值)为3~7的乳化剂多数可以作为乳化炸药的乳化剂。乳化炸药中可以含一种乳化剂,也可以含两种或两种以上的乳化剂。如失水山梨糖醇单油酸酯(Span-80),其用量一般为1%~2%;再如聚异丁烯丁二酰亚胺等高分子乳化剂,其用量一般为2%左右。

(3)水。水和氧化剂组成乳化炸药的分散相,又称水相或内相。水含量的多少对乳化炸药的稳定性、密度和爆炸性能都有显著的影响。在一定的水分含量范围内,乳化炸药的贮存稳定性随着水分含量的增加而提高,其密度则随着水含量的增加而减少,爆速和猛度的最大值通常出现在水含量为10%~12%的范围内。一般来说,乳化炸药中水分含量以8%~18%为宜。

(4)油相材料。油相材料是一类非水溶性的有机物质,形成乳化炸药的连续相,又称外相。它是乳化炸药的关键组分之一,因为如果没有这些构成连续相的油相材料,油包水型的乳化体系就不复存在。在乳化炸药中油相材料既是燃烧剂,又是敏化剂,同时对成品的最终外观状态、抗水性能和贮存稳定性有明显的影响。其含量以1%~5%左右较佳。

(5)密度调整剂。一般地说,密度调整剂是以第三相加入的,既可以是通过添加某些化学物质(如亚硝酸钠等)发生分解反应产生的微小气泡,还可以是封闭性夹带气体的固体微粒(如空心玻璃微球、膨胀珍珠岩微粒、空心树脂微球等)。

(6)少量添加剂。它包括乳化促进剂、晶形改性剂和稳定剂等,其添加量一般为0.1%~0.5%。尽管添加量很少,但对乳化炸药的药体质量、爆炸性能和储存稳定性等都有着明显的改进作用。视需要添加其中的一种或几种。

C 岩石乳化炸药的品种与性能

根据包装形式和产品形态可将乳化炸药分为五种:药卷品、袋装品、散装品、乳胶溶液产品、乳胶铵油炸药掺和产品。目前我国主要生产药卷品、袋装品、散装品和掺和产品,表4-6列出了我国乳化炸药的主要品种和技术性能。

表4-6 我国几种乳化炸药的组分与性能

系列或型号		EL系列	CLH系列	SB系列	BME系列	RJ系列	WR系列	岩石型	煤矿许用型
组分/%	硝酸铵(钠)	65~75	63~80	67~80	36~51	58~85	78~80	65~86	65~80
	硝酸甲胺					8~10			
	水	8~12	5~11	3~13	6~9	8~15	10~13	8~13	8~13
	乳化剂	1~2	1~2	1~2	1.0~1.5	1~3	0.8~2	0.8~1.2	0.8~1.2
	油相材料	3~5	3~5	3.5~6	2.0~3.5	2~5	3~5	4~6	3~5
	铝粉		2		1~2				
	添加剂	2.1~2.2	10~15	6~9	1.0~1.5	0.5~2	5~6.5	1~3	5~10(消焰剂)
	密度调节剂	0.3~0.5		1.5~3		0.2~1			
性能	爆速/$km \cdot s^{-1}$	4~5.0	4.5~5.5	4~4.5	3.1~3.5(塑料管)	4.5~5.4	4.7~5.8	3.9	3.9
	猛度/mm	16~19		15~18		16~18	18~20	12~17	12~17
	殉爆距离/cm	8~12		7~12		>8	5~10	6~8	6~8
	临界直径/mm	12~16	40	12~16	40	13	12~18	20~25	20~25
	抗水性	极好	极好	极好	取决于添加比例与包装形式	极好	极好	极好	极好
	储存期/月	>6	>8	>6	2~3	3	3	3~4	3~4

D 岩石粉状乳化炸药的性能

粉状乳化炸药的外观呈粉末状,无需引入敏化气泡就具有良好的爆炸性能。再者,松散的微细结晶粉末的外观状态便于装填成挺实的药卷,也为爆破作业人员运搬炸药和装填小直径炮孔提供了方便条件,有利于取得好的爆破效果。实践表明,粉状乳化炸药作为一类新型无梯粉状炸药,很快就为我国炸药生产和爆破企业所接受,生产规模和应用范围迅速扩大,已成为替代粉状铵梯炸药的最具竞争力的品种之一。表4-7列出并对比了岩石粉状乳化炸药、岩石乳胶型乳化炸药和2号岩石铵梯炸药的爆炸性能。

表 4-7　岩石粉状乳化炸药的爆炸性能及其比较

品　种	爆炸性能			
	殉爆距离/cm	爆速/m · s^{-1}	猛度/mm	做功能力/mL
岩石粉状乳化炸药	5 ~8	3700 ~4300	15 ~18	340 ~380
1 号岩石乳胶型乳化炸药	≥ 4	≥ 4500	≥ 16	≥ 320
2 号岩石乳胶型乳化炸药	≥ 3	≥ 3200	≥ 12	≥ 260
2 号岩石铵梯炸药	≥ 5	≥ 3200	≥ 12	≥ 298

由表 4-7 可见,岩石粉状乳化炸药的爆炸性能远远优于 2 号岩石乳胶型乳化炸药的指标,除爆速略低外,其余爆炸性能已达到或超过了 1 号岩石乳胶型乳化炸药的性能指标,各项性能均明显优于 2 号岩石粉状铵梯炸药。

4. 1. 5. 2　浆状炸药

浆状炸药是以氧化剂水溶液、敏化剂和胶凝剂为基本成分的抗水硝铵类炸药,具有抗水性强、密度高、爆炸威力较大、原料来源广、成本低和安全等优点,因此曾在露天有水深孔爆破中广泛应用,但目前我国浆状炸药的产量已很少。

4. 1. 5. 3　水胶炸药

水胶炸药是在浆状炸药的基础上发展起来的,与浆状炸药没有严格的界限,也是由氧化剂水溶液、胶凝剂、敏化剂等基本成分组成。水胶炸药与浆状炸药的主要区别在于,水胶炸药以硝酸甲胺为主要敏化剂,而浆状炸药敏化剂主要用非水溶性的火炸药成分、金属粉和固体可燃物。因而水胶炸药的爆轰感度比普通浆状炸药高,并具有装药密度高、威力大、安全性好等优点。小直径药卷通常具有雷管感度,密度可达 1. 1 ~1. 25 g/cm^3。但水胶炸药容易受外界条件影响而失水解体,影响炸药的性能,且价格较昂贵。

4.1.6　煤矿许用炸药

4. 1. 6. 1　煤矿许用炸药特点

煤矿都有煤尘,我国大部分煤矿都有瓦斯涌出,瓦斯和煤尘达到一定浓度时,受外界作用容易引发爆炸。因此,允许用于有瓦斯和煤尘爆炸危险的炸药应该具有如下特点:

(1)爆炸后不至于引起矿井大气的局部高温,因而在保证做功能力的条件下,对煤矿许用炸药的能量要有一定的限制,其爆热、爆温、爆压和爆速都要求低一些,使瓦斯、煤尘的发火率大大降低。

(2)煤矿许用炸药应有较高的起爆敏感度和较好的传爆能力,以保证其爆炸的完全性和传爆的稳定性,炸药爆炸过程中爆轰不至于转化为爆燃。良好的传爆能力还可使爆炸产物中未反应的炽热固体颗粒大大减少,从而提高其安全性。

(3)有毒气体的生成量应符合国家标准。煤矿许用炸药的氧平衡应接近于零,以确保其爆炸后生成较少的有毒气体。

(4)煤矿许用炸药组分中不能含有金属粉末,以防爆炸后生成炽热固体颗粒。

为使炸药具有上述特性,应在煤矿许用炸药组分中添加一定量的消焰剂——食盐、氯化铵或其他类似的物质。

消焰剂是一种热容量大的物质,在炸药发生爆炸时,它能吸收一部分爆热而降低炸药的爆温,使炸药的爆温低、火焰小和火焰持续时间短,因而起到防止矿井大气局部温度升高的作用。

另外消焰剂还对沼气-空气混合物的氧化燃烧反应起负催化作用，它能破坏沼气氧化燃烧时连锁反应的活化中心，促成链的中断，因而阻止了沼气-空气混合物的爆炸。

4.1.6.2 煤矿许用炸药的分级与品种

A 煤矿许用炸药的分级

我国煤矿许用炸药按瓦斯安全性进行分级，我国煤矿许用炸药的瓦斯安全性分为五级，各个级别许用炸药瓦斯安全性（巷道试验）的合格标准如下：

一级煤矿许用炸药：100g 发射臼炮检定合格，可用于低瓦斯矿。

二级煤矿许用炸药：180g 发射臼炮检定合格，一般可用于高瓦斯矿井。

三级煤矿许用炸药：试验法 1，400g 发射臼炮检定合格；试验法 2，150g 悬吊检定合格。可用于瓦斯与煤尘突出矿井。

四级煤矿许用炸药：250g 悬吊检定合格。

五级煤矿许用炸药：450g 悬吊检定合格。

B 煤矿许用炸药的常用种类

根据炸药的组成和性质，煤矿许用炸药可分为五类：

(1) 粉状硝铵类许用炸药。通常以梯恩梯为敏感剂，多为粉状。

(2) 许用含水炸药。这类炸药包括许用乳化炸药和许用水胶炸药，多数是二、三级品，少数可达四级煤矿许用炸药的标准要求。煤矿许用含水炸药是近十多年来发展起来的新型许用炸药，由于它们组分中含有较大量的水、爆温较低，有利于安全生产，同时调节余地较大，具有较好的发展前景。

(3) 离子交换炸药。含有硝酸钠和氯化铵的混合物，称为交换盐或等效混合物。在通常情况下，交换盐比较安全，不发生化学变化，但在炸药爆炸的高温高压条件下，交换盐就会发生如下反应：

$$NaNO_3 + NH_4Cl \longrightarrow NaCl + [NH_4NO_3] \longrightarrow 2H_2O + N_2 + 1/2\ O_2$$

在这爆炸瞬间发生离子交换，生成的氯化钠作为消焰剂高度弥散在爆炸点周围，有效地降低爆温和抑制瓦斯燃烧；同时生成的硝酸铵，则作为氧化剂加入爆炸反应。

离子交换炸药还具有一种“选择爆轰”的独特性质，密封状态下，炸药爆炸强烈、交换盐的反应更完全，生成的氯化钠更多，其消焰降温的作用更强。在裸露状态下，反应较弱，交换盐的反应也不完全，生成硝酸铵减少，使爆炸释放的能量较低，甚至可能造成爆轰中断，因而避免了裸露药包爆炸时引起瓦斯的爆炸事故。

(4) 当量炸药。盐量分布均匀，而且安全性与被筒炸药相当的炸药称为当量炸药。当量炸药含盐量要比被筒炸药高，做功能力、猛度和爆热远比被筒炸药低，正常爆轰条件下，具有很高的安全性。

(5) 被筒炸药。用含消焰剂较少、爆轰性能较好的煤矿硝铵炸药作为药芯，其外再包覆一个用消焰剂做成的“安全被筒”，这样的复合装药结构，就是通常所说的“被筒炸药”。当被筒炸药的药芯爆炸时，安全被筒的食盐被炸碎，并在高温下形成一层食盐薄雾，笼罩着爆炸点，更好地发挥消焰作用。因而这种炸药可用在瓦斯和煤尘突出矿井。被筒炸药中消焰剂的含量可高达 50%。

4.1.7 其他工业炸药

4.1.7.1 膨化铵油炸药

膨化铵油炸药是用膨化硝酸铵替代普通结晶硝酸铵或多孔粒状硝酸铵制备的铵油炸药。它通常有两个品种，即膨化硝酸铵、木粉和柴油混制而成的膨化铵木油炸药，以膨化硝酸铵和复合油相混制的膨化铵油炸药。

4.1.7.2　硝化甘油炸药

硝化甘油炸药是以硝化甘油为主要爆炸成分的混合炸药。就其外观来说，有粉状和胶状之分。掺入硝化乙二醇可增强其抗冻性能。我国硝化甘油炸药有两种，一种含硝化甘油40%，一种含62%。硝化甘油炸药的爆炸威力与硝化甘油的含量成正比，这种炸药具有爆炸威力大，感度高，装药密度大等特点，适于小直径炮孔、坚硬矿岩的爆破作业，但其安全性较差，炸药有毒，爆后生成的有毒气体量大，不易加工，生产成本较高，应用受到一定局限。

4.1.7.3　铵松蜡炸药和铵沥蜡炸药

铵梯炸药和铵油炸药的优点虽然非常突出，但所含的硝酸铵易溶于水且能从空气中吸潮而失效，使它们的使用范围受到一定局限。在研制抗水硝铵类炸药方面，当前国内外主要是从两个不同的途径去解决。其一是用憎水性物质包覆硝酸铵颗粒，其二是用溶于水的胶凝物来制造抗水性强的炸药。铵松蜡和铵沥蜡炸药均属于前者。

铵松蜡炸药由硝酸铵、松香、石蜡和木粉组成，也可添加适量柴油。铵沥蜡炸药以硝酸铵、沥青、石蜡为主要原料。松香、沥青和石蜡为还原剂和防水剂。松香性脆，当松香与水或油接触时，在界面上具有一定的定向吸附作用，增强了铵松蜡炸药抗水和防结块的性能。沥青主要起到抗水的作用。石蜡的熔点较低，一般可采用熔点为48～60℃的硬石蜡。石蜡与松香共溶物的脆性比松香低而易于包覆在硝酸铵颗粒外表，同时可减少松香在碾混过程中微细尘粒飞扬现象。

铵松蜡和铵沥蜡炸药的爆炸性能接近于2号岩石硝铵炸药，适用于中硬以上岩石的爆破，它们突出的优点是防潮抗水能力强。

4.1.7.4　黑火药

黑火药是我国四大发明之一，它是由硝酸钾、木炭和硫黄组成的机械混合物。硝酸钾是氧化剂，木炭是可燃剂，硫既是可燃剂，又能使碳与硝酸钾只进行生成二氧化碳的反应，阻碍一氧化碳的生成，改善黑火药的点火性能，而且还起到碳和硝酸钾间的结合剂作用，有利于黑火药的造粒。

黑火药在火和火花的作用下，很容易引起燃烧或爆炸，按其爆炸变化的速度，黑火药属于发射药的类型。黑火药的爆发点为290～310℃；爆炸分解的气体温度为2200～2300℃。在工程爆破中，黑火药一般只用于开采料石和石膏等，大部分黑火药用于制作导火索。

4.1.7.5　液体炸药

液体炸药一般具有流动性良好、高能量密度、使用方便、安全性能好等特点，适合某些特殊应用的需要，至今在我国个别难爆的矿山的爆破作业中长期使用硝酸-硝基苯类液体炸药，爆破效果一直很好。该类炸药主要品种有：

(1)浓硝酸-硝基甲烷、浓硝酸-硝基苯(硝基甲苯)的混合物，如硝酸∶硝基苯 = 72∶28(质量比)混合液体炸药，爆速为7300m/s；

(2)四硝基甲烷-硝基苯(甲苯)混合物，如四硝基甲烷∶硝基苯 =77.5∶22.5(质量比)混合液体炸药，爆速为7700m/s；

(3)高氯酸脲为主要组分的混合液体炸药，如85%高氯酸脲水溶液∶苦味酸 = 95∶5的混合液体炸药，爆速为6520m/s；

(4)氨基酸类混合液体炸药，如三硝基乙基原甲酸酯∶硝基甲烷 =75∶25混合液体炸药，爆速为8060m/s；

(5)以硝酸肼为主要组分的混合液体炸药，如硝酸肼∶肼∶水 =78∶13∶9的混合液体炸药，爆速为8370m/s。

4.1.7.6 低爆速炸药

低爆速炸药系指一类极限爆速较低的炸药。一般地说,低爆速炸药具有较大的极限直径,其极限爆速通常为1500~2000m/s。在工程爆破中,低爆速炸药主要应用于爆炸加工和岩土爆破中的光面爆破和预裂爆破等领域。

A 用于爆炸加工的低爆速炸药

泡沫炸药是以梯恩梯、黑索金、泰安、硝化棉等作为爆炸组分,以高分子塑料做黏结剂,在制备过程中引入化学气泡使其固化后形成泡沫炸药。如此获得多孔性炸药密度为0.08~0.8 g/cm^3,爆速约2000m/s。也可以在猛炸药梯恩梯或黑索金中加入稀释剂,组成系列(如TY和RY系列)低爆速炸药,其极限爆速分别为2400 m/s和2100 m/s。这类炸药主要用于不同金属材料的爆炸焊接。它不仅可以焊接大面积金属平板,而且还可以对金属管道进行外包覆及内包覆焊接,广泛应用于石油、化工等部门。在电铲斗齿等大型钢铸件焊接中通常形成较大的焊接残余应力,此时可沿焊缝敷设RY系列低爆速炸药,引爆后以消除焊缝残余应力,尤其是消除沿厚度方向的残余应力效果更佳。

B 用于岩土爆破的低爆速炸药

在岩土爆破中,低爆速炸药主要应用于光面爆破,预裂爆破和振动敏感区域爆破,澳大利亚Orica公司2000年推出的能量可变的Novalite系列炸药可作为土岩爆破低爆速炸药的一个典型实例。它包括五个品种,其密度变化范围列于表4-8中。

应该说,在不含单质炸药的情况下,将炸药密度调节至0.3g/cm^3,且能保持稳定的爆轰状态,是低密度炸药技术的一个进步。据悉,该系列炸药在软岩爆破中获得了实际应用。特别是在预裂爆破、光面爆破和振动敏感区域爆破中使用获得了良好的爆破效果。

表4-8 Novalite炸药的密度与爆速

产品名称	密度/g·cm^{-3}	爆速/km·s^{-1}	产品名称	密度/g·cm^{-3}	爆速/km·s^{-1}
Novalite 1100	1.1	4.3	Novalite 450	0.45	2.7
Novalite 800	0.80	3.6	Novalite 300	0.30	2.2
Novalite 600	0.60	3.2			

4.2 起爆器材

4.2.1 工业雷管

工程爆破中常用的工业雷管有火雷管、电雷管和非电雷管等。电雷管又有普通电雷管、磁电雷管、数码电子雷管。在普通电雷管中尚有瞬发电雷管、秒与半秒延期电雷管、毫秒延期电雷管等品种。数码电子雷管和磁电雷管是新近发展起来的新品种,代表着当今工业雷管的发展方向。一般来说,工业雷管是爆炸危险品,为保证使用的准确性、多样性和生产运输的安全性,对工业雷管提出了下述两个方面的要求。

4.2.1.1 技术条件方面的要求

在技术条件方面,工业雷管应具备:

(1)足够的灵敏度和起爆能力。工业雷管必须有足够的灵敏度以保证雷管在使用时准确按要求起爆,并保证具有足够的起爆能力以使被引爆的炸药能达到正常的爆轰。

(2)性能均一。雷管的技术参数要求有均一性,以保证使用时的一致性。

(3)延时精度高。能够突破 20～30 段的 25ms 等间隔延时。

(4)制造安全和使用安全。在保证足够的起爆能力的前提下,感度要适宜,以保证制造、装配、运输和使用过程中的安全。

(5)长期贮存的稳定性。雷管生产后不能立即使用,有一个入库、出库、运输、现场使用的过程,在时间和空间上都有一些变化。工业雷管贮存两年以上,应不发生变化和变质现象。

4.2.1.2　生产经济条件方面的要求

在生产经济条件方面,工业雷管应具备:

(1)结构简单,易于大批生产;

(2)制造与使用方便;

(3)原料来源丰富,价格低廉。

4.2.1.3　火雷管

在工业雷管中,火雷管是最简单的一种品种,但又是其他各种雷管的基本部分。火雷管由管壳、起爆药、加强药和加强帽等部分组成,其结构如图 4-1 所示。

A　管壳

管壳通常由金属(铜、铝、铁)、纸或塑料制成圆管状,长 35～41mm,外径 6～8mm,金属管壳一端开口供插入导火索,另一端封闭成窝槽状(聚能穴),起到聚能的作用,如图 4－1(a)所示。纸管壳则为两端开口,先将加强药压制成圆锥形或半球凹穴,再在凹穴表面涂上防潮剂,如图 4－1(b)所示。管壳使雷管各部分连成一个整体,它具有一定的机械强度,可以保护起爆药和加强药不直接受到外部能量的作用,同时又起到封闭作用。

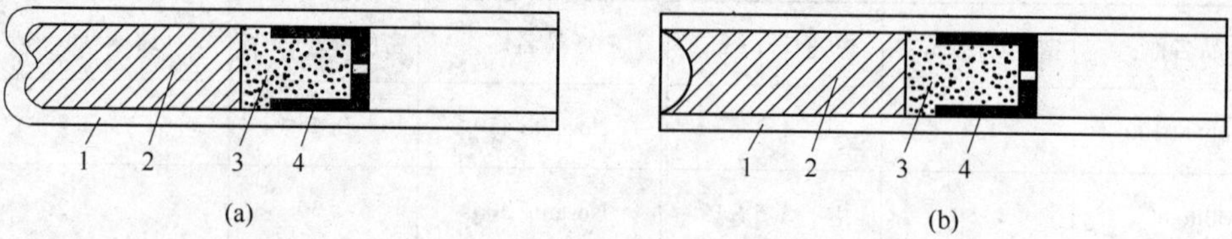

图 4-1　火雷管结构示意图

(a)金属管壳火雷管;(b)纸管壳火雷管

1—管壳;2—加强药;3—起爆药;4—加强帽

B　起爆药

火雷管中的起爆药(也称正起爆药)在导火索火焰作用下,首先起爆。所以其主要特点是感度高。它通常由雷汞、二硝基重氮酚或迭氮化铅制成。

C　加强药

加强药(也称为副起爆药)在起爆药的爆轰作用下起爆,进一步加强了起爆药的爆炸威力。所以它一般比起爆药感度低,但爆炸威力大,通常由黑索金、特屈儿或黑索金-梯恩梯药柱制成。

为了起爆不同感度的工业炸药,工业雷管按其中装药填药量的多少分为 10 个等级。号数越大,起爆力越强。常用的 8 号雷管和 6 号雷管的装药量列于表 4-9 中。

表 4-9 8 号雷管和 6 号雷管装药量

雷管号数	起爆药药量/g			加强药药量/g			
	二硝基重氮酚	雷 汞	迭氮化铅	黑索金（或钝化黑索金）	特屈儿	黑索金梯恩梯	特屈儿梯恩梯
6 号雷管	0.3 ±0.02	0.4 ±0.02	0.1 ±0.02 0.21 ±0.02	0.42 ±0.02	0.42 ±0.02	0.5 ±0.02	
8 号雷管	0.3 ~0.36 ±0.02	0.4 ±0.02	0.1 ±0.02 0.21 ±0.02	0.7 ~0.72 ±0.02	0.7 ~0.72 ±0.02	0.7 ~0.72 ±0.02	0.7 ~0.72 ±0.02

注:火雷管和电雷管均可适用。装二硝基重氮酚的电雷管允许不装加强帽,但需将二硝基重氮酚的用量增加:8 号雷管为 0.35 ~0.42g;6 号雷管为 0.30 ~0.34g;8 号或 6 号雷管各自只用表中起爆药和加强药的一种。

D 加强帽

加强帽是一个中心带小孔的小金属罩,通常用铜皮冲压制成。加强帽的作用为:减少起爆药的暴露面积,增加雷管的安全性;在雷管内形成一个密闭小室,促使起爆药爆炸压力的增长,提高雷管的起爆能力,可以防潮。加强帽中心孔的作用是让导火索产生的火焰穿过此孔直接喷射在起爆药上。中心孔直径为 2mm 左右。为防止杂物、水分的侵入和起爆药的散失,中心孔常垫一小块丝绢以起封闭作用。

火雷管用导火索来引爆,方法简单灵活,主要用于炮眼数较少的浅眼和裸露药包的爆破中。火雷管成本较低,但是禁止在有瓦斯或矿尘爆炸危险的矿井中使用。目前国家爆破器材主管部门已淘汰了火雷管。

4.2.1.4 电雷管

电雷管是用电能引爆的一种起爆器材,电雷管的种类较多,性能复杂。常用的有瞬发电雷管、延期电雷管和特殊电雷管。其中延期电雷管又可分为秒延期电雷管、半秒延期电雷管和毫秒延期电雷管(微差电雷管)。

A 瞬发电雷管

瞬发电雷管也称即发电雷管,它是一种通电即刻爆炸的电雷管。瞬发电雷管的结构如图 4-2 所示。它的装药部分与火雷管相同。不同之处在于其管内装有电点火装置。电点火装置由脚线、桥丝和引火药组成。

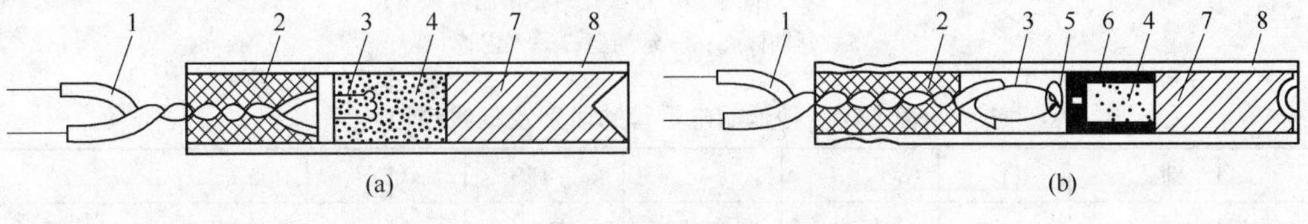

图 4-2 瞬发电雷管的结构示意图

(a)直插式;(b)引火头式

1—脚线;2—封闭塞;3—桥丝;4—起爆药;5—引火头;6—加强帽;7—加强药;8—管壳

(1)脚线。脚线是用来给电雷管内的桥丝输送电流的导线,通常采用铜和铁两种导线,外面用塑料包皮绝缘,长度一般为 2m。脚线要求具有一定的绝缘性和抗拉、抗挠曲和抗折断的能力。

(2)桥丝。桥丝在通电时能灼热,以点燃引火药或引火头。桥丝一般采用康铜或镍铬电阻丝,焊接在两根脚线的端线芯上,直径 0.03 ~0.05mm,长度 4 ~6mm。

(3)引火药。电雷管的引火药一般都是可燃剂和氧化剂的混合物。目前国内使用的引火药成分有三类:第一类是氯酸钾-硫氰酸铅类;第二类是氯酸钾-木炭类;第三类是在第二类的基础上再加上某些氧化剂和可燃剂。

另外,为了固定脚线和封住管口,在管口灌以硫黄或装上塑料塞。若灌以硫黄,为防止硫黄流入管内,还安装了厚纸垫或橡皮圆垫。使用金属管壳时,则在管口装一塑料塞,再用卡钳卡紧,外面涂以不透水的密封胶。

根据电点火装置的不同,瞬发电雷管的结构有两种。图 4-2(a)为直插式。其特点是取消了加强帽,点火装置的桥丝上没有引火药,桥丝直接插入松散的 DDNP(二硝基重氮酚)中,DDNP 起爆药,又是点火药。当电流经脚线传至桥丝时,灼热的桥丝直接引燃 DDNP,并使之爆轰。图 4-2(b)为引火头式,桥丝周围涂有引火药,做成一个圆珠状的引火头。当桥丝通电灼热,引起引火药燃烧,火焰穿过加强帽中心孔,即引起爆药、加强药的爆炸。

B　秒和半秒延期电雷管

结构如图 4-3 所示。电引火元件与起爆药之间的延期装置是用精制导火索段或在延期体壳内压入延期药构成的,延期时间由延期药的装药长度、药量和配比来调节。索式结构的秒或半秒延期雷管的管壳上钻有两个起防潮作用的排气孔,排出延期装置燃烧时产生的气体。起爆过程是:通电后引火头发火,引起延期装置燃烧,延迟一段时间后雷管爆炸。国产秒或半秒延期雷管的延期时间和标志见表 4-10 和表 4-11,主要用于巷道和隧道掘进、采石场采石、土方开挖等爆破作业。

在有瓦斯和煤尘爆炸危险的工作面不准使用秒延期电雷管。

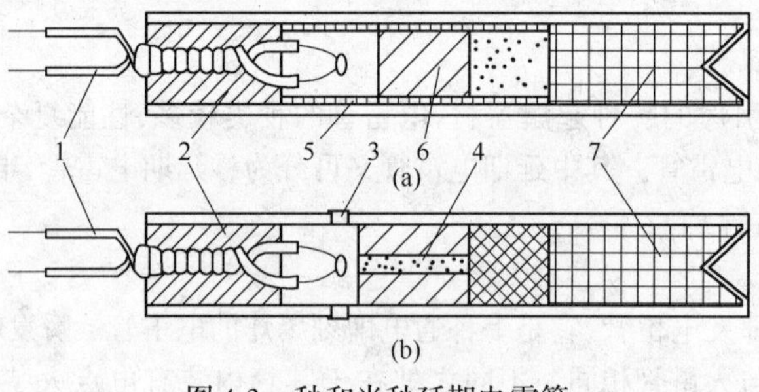

图 4-3　秒和半秒延期电雷管

(a)装配式结构;(b)索式结构

1—脚线;2—封闭塞;3—排气孔;4—精制导火索;

5—延期体壳;6—延期药;7—火雷管

表 4-10　秒延期电雷管的段别及脚线颜色

段　别	1	2	3	4	5	6	7
脚线标志颜色	灰红	灰黄	灰蓝	灰白	绿红	绿黄	绿蓝

表 4-11　国产延期电雷管的段别及其延期时间

段　别	第 1 毫秒系列/ms	第 2 毫秒系列/ms	第 3 毫秒系列/ms	第 4 毫秒系列/ms	1/4 秒系列/s	半秒系列/s	第 1 秒系列/s	第 2 秒系列/s	第 3 秒系列/s
1	0	0	0	0	0	0	0	0	0
2	25	25	25	25	0.25	0.50	1.2	2	1
3	50	50	50	45	0.50	1.00	2.3	4	2

续表 4-11

段别	第1毫秒系列/ms	第2毫秒系列/ms	第3毫秒系列/ms	第4毫秒系列/ms	1/4秒系列/s	半秒系列/s	第1秒系列/s	第2秒系列/s	第3秒系列/s
4	75	75	75	65	0.75	1.50	3.5	6	3
5	110	100	100	85	1.00	2.00	4.8	8	4
6	150	该系列为煤矿许用毫秒延期电雷管系列	128	105	1.25	2.50	6.2	10	5
7	200		157	125	1.50	3.00	7.7		
8	250		190	145		3.50			
9	310		230	165		4.0			
10	380		280	185		4.5			
11	460		340	205					
12	550		410	225					
13	650		480	250					
14	760		550	275					
15	880		625	300					
16	1020		700	330					
17	1200		780	360					
18	1400		860	395					
19	1700		945	430					
20	2000		1035	470					
21			1125	510					
22			1225	550					
23			1350	590					
24			1500	630					
25			1675	670					
26			1875	710					
27			2075	750					
28			2300	800					
29			2550	850					
30			2800	900					
31			3050						

C 毫秒延期电雷管

毫秒延期电雷管简称为毫秒电雷管，它通电后爆炸的延期时间是以毫秒数量级来计量的。毫秒延期电雷管的结构如图 4-4 所示。

毫秒延期电雷管的组成基本上与秒和半秒延期电雷管相同，不同点在于延期装置。毫秒电雷管的延期装置是延期药，常采用硅铁（还原剂）和铅丹（氧化剂）的混合物，并掺入适量的硫化锑，以调节药剂的反应速度。为了便于装置，常用酒精、虫胶等做黏合剂造粒。通过改变延期药

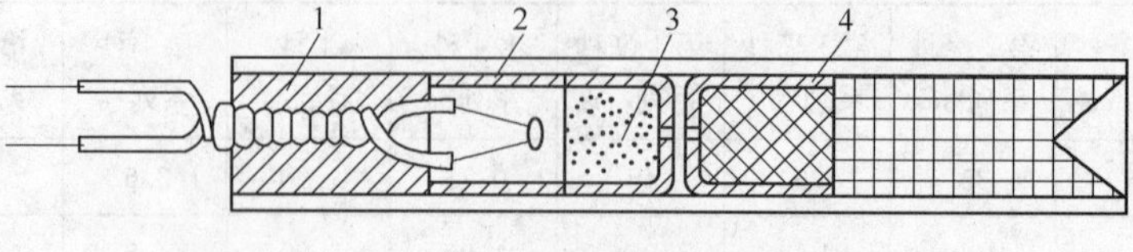

图 4-4　毫秒延期电雷管

1—塑料塞;2—延期内管;3—延期药;4—加强帽

的成分、配比、药量及压药密度可以控制延期时间。毫秒延期药反应时气体生成量很少,反应过程中的压力变化也不大,所以反应速度很稳定,延期时间比较精确。

毫秒电雷管中还装有延期内管,它的作用是固定和保护延期药,并作为延期药反应时气体生成物的容纳室,以保证延期时间压力比较平稳。

目前国产的毫秒电雷管段别及其延期时间列于表 4-11 中。但是,每个工厂可以根据用户的要求,对产品的规格予以变动。因此,在具体使用时,要注意查阅产品说明书。

D　油井电雷管

油井电雷管是油井射孔时不可缺少的起爆器材。它是一种耐压大、耐温好的特制电雷管。WY-2 型油井电雷管适于井温 120℃和压力 34300kPa 以下的油井中,用以起爆无枪身射孔导爆索。WY-1 型有枪身射孔电雷管,铜管壳,适用于 120℃以下使用。

4.2.1.5　数码电子雷管

数码电子雷管的研究始于 20 世纪 80 年代初期,首先由瑞典诺贝尔公司于 1988 年推出,它的出现是起爆器材中最为显著的进展,其本质是用一个集成电路取代普通电雷管中化学延时与电点火元件。集成电路不仅控制延时时间,而且也控制通往雷管引火头的电源,从而最大限度地减少了因引火头能量需求所引起的误差。每只雷管的延期可在 0～100ms 范围内按 ms 量级编程设定,其延期精度可控制在 0.2ms 以内。澳大利亚 Orica 公司、南非 AEL 和 Sasol 公司、瑞典 Nobel 公司和日本旭化成均相继推出了数码电子雷管产品,在工程爆破作业中使用,日本已将该产品编入《爆破手册》中。据称,数码电子雷管起爆系统的高精度与高可靠性,每只电子雷管装入炮孔后其发火时刻设定的灵活性,对静电、射频电和杂散电流的固有安全性,对起爆之前可测控性等等,都是普通电雷管起爆系统所无法比拟的。数码电子雷管照片及其内部构造如图 4-5 所示。

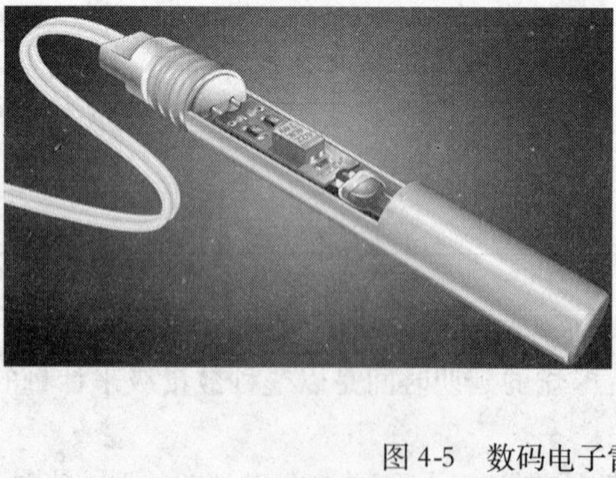

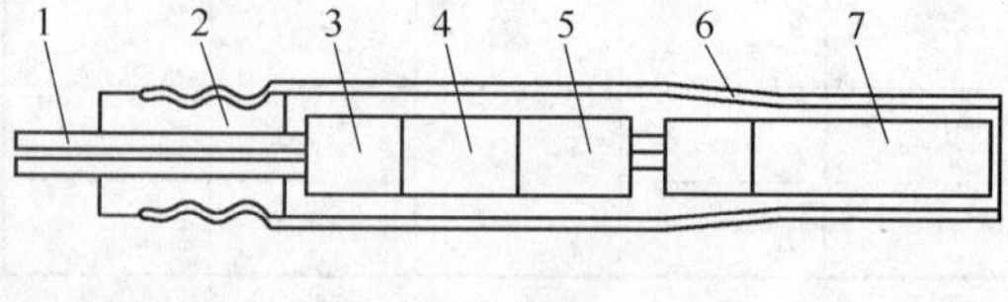

图 4-5　数码电子雷管照片及结构示意图

1—脚线;2—橡胶塞;3—逻辑电容;4—集成电路处理器;

5—点火电容;6—管壳;7—瞬发电雷管

数码电子雷管的性能有：

(1)延期：在 0～25ms 范围内(必要时也可 0～100ms，甚至更宽)，可以 1ms 的间隔根据需要任意设定；

(2)延期精度：±0.2ms；

(3)安全性：必须使用专用的起爆器引爆，可抵御静电、杂散电流、射频电等各种外来电。

尚应指出，由于数码电子雷管是一种新产品，第一次使用该雷管时，要接受制造厂商技术人员的培训。在使用中，当出现不引爆的情况时，由于电容器中可能有残存电荷，需要等待 10min 以上才能处理。

4.2.1.6 导爆管雷管

导爆管雷管是用塑料导爆管引爆，延期时间以秒或毫秒数量级计量的雷管，其结构如图 4-6 所示。它与延期电雷管的区别在于：不用电雷管的电点火装置，而用一个与塑料导爆管相连接的塑料联结套，由塑料导爆管中的爆轰波来点燃延期药。

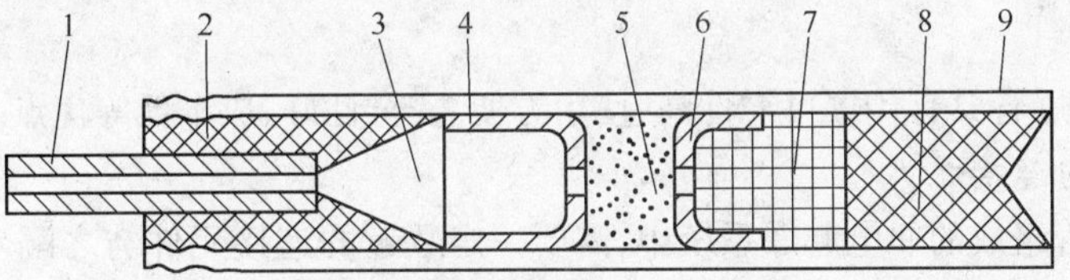

图 4-6 导爆管雷管结构示意图

1—塑料导爆管；2—塑料联结套；3—消爆空腔；4—空信帽；5—延期药；6—加强帽；7—正起爆药 DDNP；8—副起爆药 RDX；9—金属管壳

A 塑料导爆管

a 塑料导爆管的结构及传爆原理

塑料导爆管是一种内壁涂有混合炸药粉末的塑料软管(如图 4-7 所示)，管壁材料是高压聚乙烯，外径为(2.95 ±0.15)mm，内径为(1.40 ±0.10)mm。混合炸药是：91% 的奥克托金或黑索金、9% 的铝粉。装药量为 14～16mg/m。

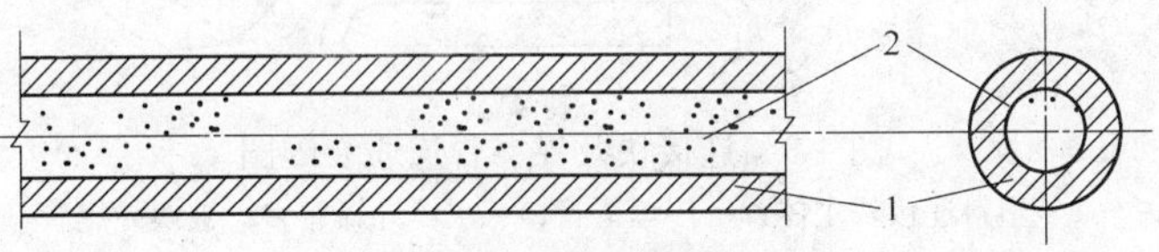

图 4-7 导爆管结构示意图

1—高压聚乙烯塑料管；2—炸药粉末

塑料导爆管用击发元件来起爆。起爆塑料导爆管的击发元件有工业雷管、普通导爆索、击发枪、火帽、电引火头或专用击发笔等。当击发元件作用于塑料导爆管时，所击发起的冲击波在管内传播，管内炸药发生化学反应，形成一种特殊的爆轰。爆轰反应释放出的热量及时不断地补充沿导爆管内传播的爆轰波。从而使爆轰波能以一个恒定的速度传爆。由于导爆管内壁的炸药量很少，形成的爆轰波能量不大，不能直接起爆工业炸药，而只能起爆火雷管或非电延期雷管，然后再由雷管起爆工业炸药。

b 塑料导爆管的性能

(1)起爆感度。火帽、工业雷管、普通导爆索、引火头等一切能够产生冲击波的起爆器材都可以击发塑料导爆管的爆轰，一个8号工业雷管可击发50根以上导爆管。

(2)传爆速度。国产塑料导爆管的传爆速度有(1650 ±50)m/s，(1750 ±50)m/s，(1850 ±50)m/s，(1950 ±50)m/s。

(3)传爆性能。国产塑料导爆管传爆性能良好。一根长达数千米的塑料导爆管，中间不要中继雷管接力，或导爆管内的断药长度不超过15cm时，都可正常传爆。

(4)耐火性能。火焰不能击发导爆管。用火焰点燃单根或成捆导爆管时，它只像塑料一样缓慢地燃烧。

(5)抗冲击性能。一般的机械冲击不能击发塑料导爆管。

(6)抗水性能。将导爆管与金属雷管组合后，具有很好的抗水性能，在水下80m深处放置48h还能正常起爆。若对雷管加以适当的保护措施，还可以在水下135m深处起爆炸药。

(7)抗电性能。塑料导爆管能抗30kV以下的直流电。

(8)破坏性能。塑料导爆管传爆时，不会损坏自身的管壁，对周围环境不会造成破坏。

(9)强度性能。国产塑料导爆管具有一定的抗拉强度，在5~7kg拉力作用下，导爆管不会变细，传爆性能不变。

可见，塑料导爆管具有传爆可靠性高、使用方便、安全性好、成本低等优点。

B　导爆管的连接元件

在塑料导爆管组成的非电起爆系统中，需要一定数量的连接元件与之配套使用。目前连接元件可分成带有传爆雷管和不带传爆雷管两大类。

a　连接块

连接块是一种用于固定击发雷管(或传爆雷管)和被爆导爆管的连通元件。它通常用普通塑料制成(或采用黑胶布绑扎)，其结构如图4-8所示。不同的连接块，一次可传爆的导爆管数目不同。一般可一次传爆8~20根被爆导爆管。

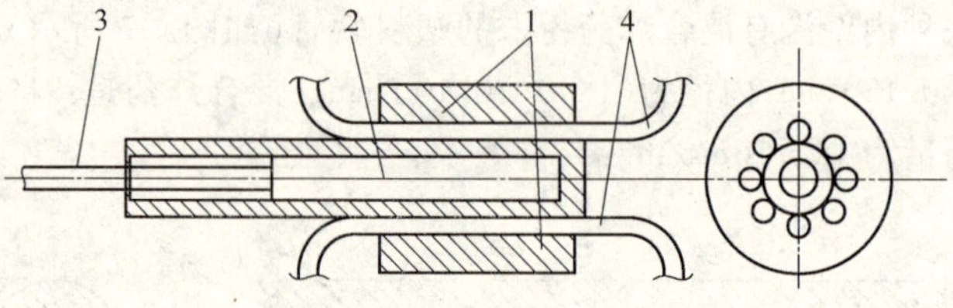

图4-8　连接块及导爆管连通装配图

1—塑料连接块主体；2—传爆雷管；3—主爆导爆管；4—被爆导爆管

主爆导爆管先引爆传爆雷管，传爆雷管爆炸冲击作用于被爆导爆管，使被爆导爆管激发而继续传爆。如果传爆雷管采用延期雷管，那么主爆导爆管的爆轰要经过一定的延期才会激发被爆导爆管。因此采用连接块组成导爆管起爆系统，也可以实现毫秒爆破。

b　反射四通接头

导爆管反射四通接头是一种不带传爆雷管的、直接把主爆导爆管和被爆导爆管连接导爆的元件(见图4-9)，其是采用高压聚乙烯压铸而成。反射四通接头是根据冲击波理论，在理想条件下，反射波波阵面上的压力可以达到入射波波阵面压力的八倍以上，即波经反射后，其波阵面压力急剧升高，与轴向入射分流传爆相比，能量增大。反射四通接头正是利用波(经反射后)反向分流原理制成的。

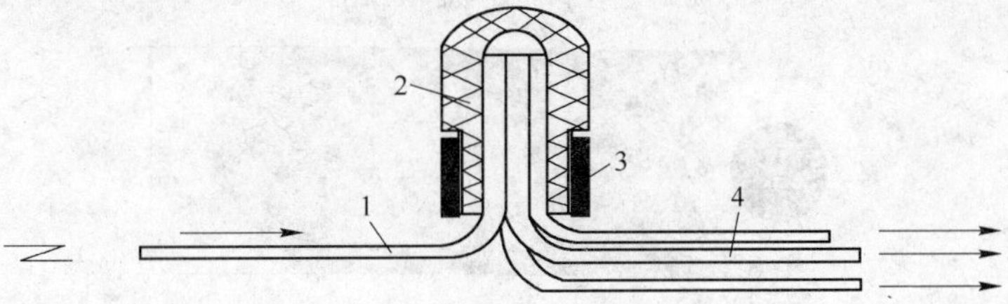

图 4-9 导爆管反射四通接头传爆可靠性测试示意图

1—主爆导爆管;2—反射四通接头;3—封口铁圈(或塑料螺母);4—被爆导爆管

C 导爆管毫秒雷管的段别及延期时间

导爆管毫秒雷管的段别及延期时间如表 4-12 所示。

表 4-12 导爆管毫秒雷管的段别及延期时间

段别	第一系列	第二系列	第三系列	段别	第一系列	第二系列	第三系列
1	0	0	0	16	1020	375	400
2	25	25	25	17	1200	400	450
3	50	50	50	18	1400	425	500
4	75	75	75	19	1700	450	550
5	100	100	110	20	2000	475	600
6	150	125	125	21		500	650
7	200	150	150	22			700
8	250	175	175	23			750
9	310	200	200	24			800
10	380	225	225	25			850
11	460	250	250	26			950
12	550	275	275	27			1050
13	650	300	300	28			1150
14	760	325	325	29			1250
15	880	350	350	30			1350

除了导爆管毫秒雷管外,还有导爆管秒延期雷管、导爆管半秒延期雷管和导爆管 1/4 秒延期雷管等。

4.2.1.7 高精度高强度导爆管雷管

高精度高强度导爆管雷管是近些年生产的并在工程爆破中得到广泛应用的一种新型的导爆管雷管。如澳瑞凯(威海)爆破器材有限公司生产的高精度高强度导爆管雷管产品就是其中的代表性产品。

高精度高强度导爆管雷管可分为孔内导爆管雷管和地表导爆管雷管。其结构:孔内导爆管雷管和地表导爆管雷管均由导爆管和雷管组成。

A 导爆管的结构

地表雷管与孔内雷管的塑料导爆管结构一样,外径均为 3mm,采用复合双层结构,如图 4-10 所示。但塑料组分不一样。地表雷管的导爆管有耐低温型管、标准型管;孔内雷管的导爆管有耐高温和耐油性型管、标准型管。

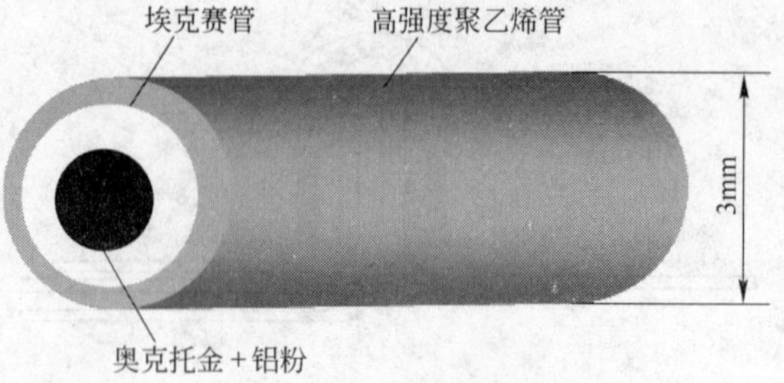

图 4-10　导爆管的结构

B　雷管的结构

孔内雷管是 8 号加强雷管，由加强药（泰安）、起爆药（叠氮化铅）、延期体（主延期体、起始延期体、封头延期体）及隔离帽组成，如图 4-11 所示。孔内导爆管雷管的包装如图 4-12 所示。

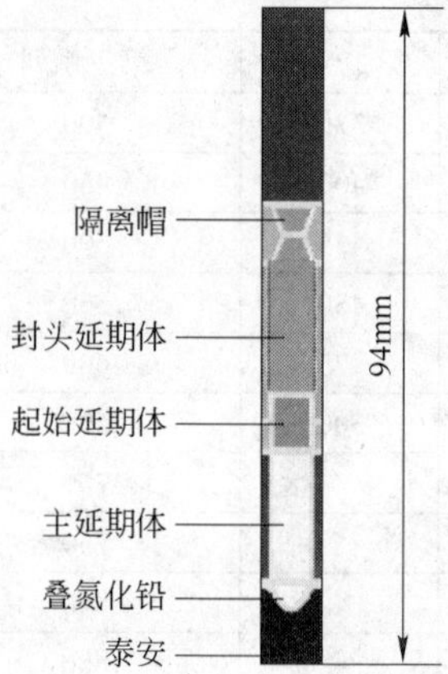

图 4-11　孔内雷管的结构图

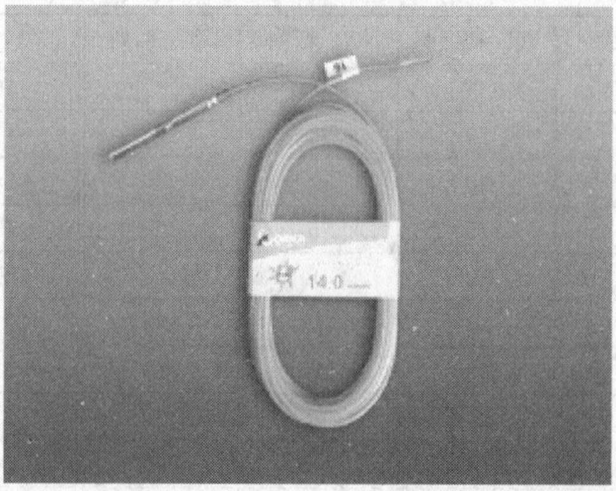

图 4-12　孔内导爆管雷管

地表雷管是 4 号雷管，雷管是由叠氮化铅、主延期体及隔离帽组成，如图 4-13 所示。雷管镶在塑料连接块内，如图 4-14 所示。

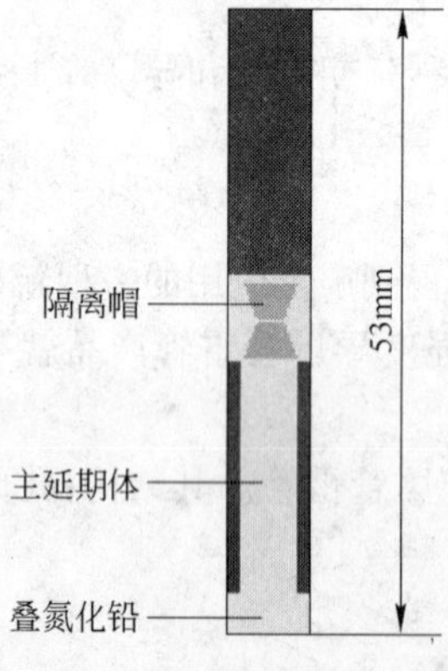

图 4-13　地表雷管的结构图

图 4-14　地表导爆管雷管

C 高精度高强度导爆管毫秒雷管的段别、延期时间及标准长度

高精度高强度导爆管毫秒延期雷管有一系列延期段别,可适用于露天矿、采石场和地下矿的各种爆破作业。

a 孔内导爆管毫秒雷管

孔内导爆管毫秒雷管的段别和标准延期时间如表4-13所示。其导爆管的标准长度有3m、5m、6m、9m、12m、14m、15m、16m、18m和24m(也可按用户要求来定)。

表4-13 孔内导爆管毫秒雷管的段别及标准延期时间

段别	1	2	3	4	5	6	7	8	9	10
延期时间/ms	25	50	75	100	125	150	175	200	225	250
段别	11	12	13	14	15	16	17	18	19	20
延期时间/ms	275	300	325	350	375	400	425	450	475	500

b 地表导爆管毫秒雷管

地表导爆管毫秒雷管作为地表延期系统,用于连接每一个炮孔内的雷管。普遍的连接方式是孔内雷管具有同一延期段别,而地表雷管则起控制起爆顺序的作用。地表导爆管毫秒雷管用塑料连接块的颜色来区分,其段别和标准延期时间见表4-14。其导爆管的标准长度有5m、6m、9m和12m。

表4-14 地表导爆管毫秒雷管的段别、标准延期时间和颜色标志

段别	1	2	3	4	5	6	7	8
延期时间/ms	9	17	25	42	65	100	150	200
连接块颜色	绿色	黄色	红色	白色	蓝色	橙色	橙色	橙色

D 高精度高强度导爆管雷管的性能

高精度高强度导爆管雷管的性能如下:

(1)采用先进的三段延期体技术,确保了延时精确;

(2)不同的延期间隙搭配,确保了逐孔起爆的实现;

(3)可供选择的雷管段别比国内产品多,可满足不同爆破工程不同规模爆破的需要;

(4)导爆管耐高低温可达 -40~80℃;

(5)导爆管耐摩擦、抗冲击,使用过程中不易破损;

(6)抗静电及杂散电流;

(7)导爆管打开后会自然伸直,不缠绕,不打结;

(8)网路连接和检查方便易行。

4.2.2 导火索及点火材料

4.2.2.1 导火索

导火索是点燃火雷管的配套材料,它是以具有一定密度的粉状或粒状黑火药为索芯,外面用棉纱线、塑料或纸条、沥青等材料包缠而成的圆形索状起爆材料。它的用途是:在一定时间内以较为稳定的速度连续将火焰传递给火雷管或黑火药,使它们在火花的作用下爆炸(爆燃)。导火

索在秒延期雷管中还起延期作用。

导火索的性能:工业导火索外观上一般呈白色,其外径为 5.2～5.8mm,药芯直径不小于 2.2mm,药芯药量为 7～8g/m,普通型导火索燃烧速度为 100～125s/m,缓燃型燃速为180～215s/m。为了保证可靠地引爆火雷管,导火索的喷火强度(喷火长度)不小于 40mm。导火索在燃烧过程中不应有断火、透火、外壳燃烧、速燃和爆声等现象。导火索的燃烧速度和燃烧性能是导火索质量的重要指标。导火索还应具有一定的防潮耐水能力:在 1m 深的(20 ±5)℃静水中浸泡 4h 后,其燃速和燃烧性能不应有变化。每盘导火索的长度有 250m 和 100m 两种。在干燥、通风、温度不高于 40℃的库房中贮存时,有效期为 2 年。

普通导火索不能在有瓦斯或矿尘爆炸危险的煤矿或类似场所使用。

4.2.2.2　点火材料

点火材料用来点燃导火索药芯,它包括自制导火索段、点火线、点火棒、点火筒、拉火管等。

4.2.3　导爆索与继爆管

4.2.3.1　导爆索

导爆索是用单质猛炸药黑索金或泰安作为索芯,用棉、麻、纤维及防潮材料包缠成索状的起爆器材。经雷管起爆后,导爆索可直接引爆炸药,也可以作为独立的爆破能源。

根据使用条件和用途的不同,目前国产导爆索主要有五类。

A　普通导爆索

普通导爆索的结构与导火索相似,不同之处在于导爆索的芯药是采用黑索金或泰安制成的,而且在缠包层的最外层涂上红色颜料。目前国产的普通导爆索芯药量为 12～14g/m,爆速不低于 6500m/s。普通导爆索具有一定的防水性能和耐热性能。在 1m 深的 10～25℃水中,浸泡 4h 后,塑料导爆索在水压为 50kPa、水温为 10～25℃的静水中,浸泡 5h,其感度和爆炸性能仍能符合要求,在(50 ±3)℃的条件下保温 6h,其外观和传爆性能不变。

普通导爆索的外径为 5.7～6.2mm,每(50 ±0.5)m 为一卷,有效期一般为 2 年。

普通导爆索在爆轰过程中,产生强烈的火焰,所以只能用于露天爆破和没有瓦斯或矿尘爆炸危险的井下爆破作业。

B　安全导爆索

安全导爆索专供有瓦斯或矿尘爆炸危险的井下爆破作业使用。

安全导爆索与普通导爆索结构上相似,所不同的是在药芯中或缠包层中多加了适量的消焰剂(通常是氯化钠),使安全导爆索爆轰过程中产生的火焰小、温度较低,不会引爆瓦斯或矿尘。

安全导爆索爆速大于 6000m/s,索芯黑索金药量为 12～14g/m,消焰剂药量为 2g/m。

C　油井导爆索

油井导爆索是专门用以引爆油井射孔弹的,其结构同普通导爆索大致相似。为了保证在油井内高温、高压条件下的爆轰性能和起爆能力,油井导爆索增强了塑料涂层并增大了索芯药量和密度。目前国产的油井导爆索主要品种有:有枪身油井导爆索和无枪身油井导爆索。有枪身油井导爆索用于油井、深水井中爆炸作业;无枪身油井导爆索用于油井、深水、高温中的爆破作业。

D　铅锑管导爆索

铅锑管导爆索适用于无枪身射孔,可耐较高井温(260℃)和井压。外观为淡黄色。

E　震源导爆索

震源导爆索分两种:棉线和塑料震源导爆索,外观为红色或用户要求的颜色。每卷长度为

(100 ±1)m。其用于地震勘探震源用。

上述各种品种的导爆索的每米装药量都较大,一般都在10g以上,所以也叫做高能导爆索。用这种导爆索组成的网路起爆时噪声太大,近年来国内外研制出一种每米装药量很少的导爆索,叫做低能导爆索。这种导爆索爆炸所产生的噪声较低,同时由于它的爆速高,克服了导爆管网路起爆时由于打断网路而产生拒爆的缺点。但是它必须与雷管配套使用。

4.2.3.2 继爆管

继爆管是一种专门与导爆索配合使用,具有毫秒延期作用的起爆器材。导爆索与继爆管组合起爆网路,可以借助于继爆管的毫秒延期作用,实施毫秒延期爆破。

A 继爆管的结构和作用原理

继爆管的结构如图4-15所示。它实质上是装有毫秒延期元件的火雷管与消爆管的组合体。较简单的继爆管是单向继爆管,如图4-15(a)所示,当右端的导爆索8起爆后,爆炸冲击波和爆炸气体产物通过消爆管1和大内管2,压力和温度都有所下降,但仍能可靠地点燃延期药4,又不至于直接引爆正起爆药DDNP。通过延期药来引爆正、副起爆药以及左端的导爆索。这样,两根导爆索中间经过一只继爆管的作用,来实现毫秒延期爆破。

继爆管的传爆方向有单向和双向的区别。单向继爆管在使用时,如果首尾连接颠倒,则不能传爆,而双向继爆管没有这样的问题。由图4-15(b)看出,双向继爆管中消爆管的两端都对称装有延期药和起爆药,因此它两个方向均能可靠传爆。

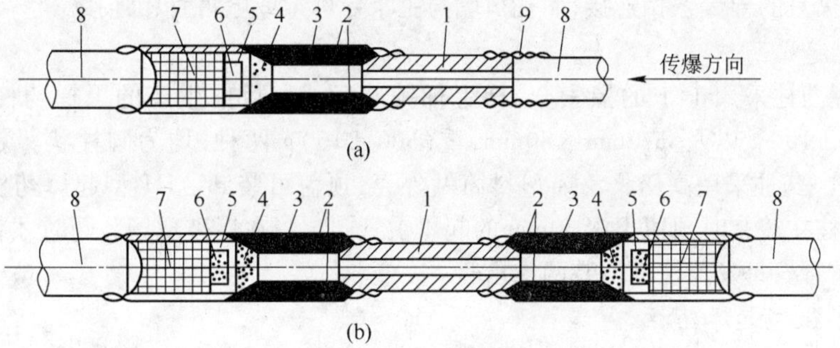

图4-15 继爆管结构示意图

(a)单向继爆管;(b)双向继爆管

1—消爆管;2—大内管;3—外套管;4—延期药;5—加强帽;6—正起爆药DDNP;

7—副起爆药RDX;8—导爆索;9—连接管

B 继爆管的段别和性能

根据延期时间长短,继爆管可分成不同的段别。国产继爆管的各段延期时间列于表4-15。

表4-15 继爆管的延期时间

段别	延期时间/ms		段别	延期时间/ms	
	单向继爆管	双向继爆管		单向继爆管	双向继爆管
1	15 ±6	10 ±3	6	125 ±10	60 ±4
2	30 ±10	20 ±3	7	155 ±15	70 ±4
3	50 ±10	30 ±3	8		80 ±4
4	75 ±15	40 ±4	9		90 ±4
5	100 ±10	50 ±4	10		100 ±4

继爆管的起爆威力不低于 8 号工业雷管。在高温(40 ±2)℃和低温(-40 ±2)℃的条件下试验,继爆管的性能不应有明显的变化。继爆管采取浸蜡等防水措施后,也可用于水中爆破作业。

继爆管具有抵抗杂散电流和静电危险的能力,装药时可以不停电,所以它与导爆索组成的起爆网路在矿山和其他工程爆破中都得到了应用。

4.2.4 起爆药柱

4.2.4.1 露天型起爆药柱(起爆弹)

起爆药柱是用于起爆没有雷管感度的钝感工业炸药的药柱,它本身又用雷管或导爆索引爆。

A ZJ 型中继起爆具

ZJ 型中继起爆具主要由泰安、梯恩梯、导爆索组成,为了使用安全并充分发挥起爆具的起爆性能,采用了嵌装型结构并加大装药密度。起爆具采用纸筒或其他材料制作,内装导爆索以便携带和使用。该起爆具本身可以用导爆索或电雷管起爆,也可用塑料导爆管非电起爆系统起爆。目前有 ZJ-0 型和 ZJ-1 型两种,建议在冬季或低温地区使用 ZJ-1 型中继起爆具。

在露天深孔爆破中,一般每个炮孔放置两个起爆具。底部起爆具位于炮孔装药长度的 1/5 ~1/4处,上部起爆具位于装药长度上端的 1/4 处。若采用孔内导爆索起爆,则导爆索的孔内下端与中继起爆具的导爆索相连接,而孔口端与主干导爆索或电雷管相连接。

B HT 型起爆药柱

HT 型起爆药柱采用 1∶1 的黑索金、梯恩梯铸装而成。目前生产的黑梯药柱有 ϕ60mm × 65mm,重(300 ±10)g 以及 ϕ70mm ×80mm,重(500 ±10)g 两种,均为圆柱状。装药密度均在 1.3g/cm^3 以上。药柱采用高压聚乙烯塑料筒做外壳,顶盖可装卸。HT 型起爆药柱采用分装式结构。起爆药柱在铸装时预留出深 30mm 的起爆雷管孔。只在爆破现场装药时才将起爆药柱盒盖拧下,组装雷管。每发药柱内均装两支雷管。

4.2.4.2 微型起爆药柱

微型起爆药柱是专门为地下矿山的小直径(ϕ25mm,ϕ32mm 等)炮孔爆破作业设计的,一般每支只有 10g 或 5g,甚至更小,通常是用高能塑性炸药制备的。这种微型起爆方式更有利于小直径炮孔内炸药能量的释放,获得良好的爆破效果。这一技术已在美国、加拿大等国的有关地下矿山获得应用,已引起我国起爆器材生产厂和使用矿山的注意。

4.3 爆破器材的贮存与运输

4.3.1 爆破器材的贮存

4.3.1.1 一般规定

关于爆破器材贮存的一般规定如下:

(1)爆破器材应贮存在专用的爆破器材库里;特殊情况下,应经主管部门审核并报当地公安机关批准,方准在库外存放。

(2)爆破器材库的贮存量,应遵守下列规定:

1)地面库单一库房的最大允许存药量,不应超过表 4-16 的规定。

表 4-16　地面单一库房的最大允许存药量

序号	爆破器材名称	单一库房最大允许存药量/t	序号	爆破器材名称	单一库房最大允许存药量/t
1	硝化甘油炸药	20	8	爆炸筒	15
2	黑索金	50	9	导爆索	30
3	梯恩梯	150	10	黑火药、无烟火药	10
4	泰安	50	11	导火索、点火索、点火筒	40
5	黑梯药柱、起爆药柱	50	12	雷管、继爆管、高压油井雷管、导爆管起爆系统	10
6	硝铵类炸药	200			
7	射孔弹	3	13	硝酸铵、硝酸钠	500

注：雷管、导爆索、导火索、点火筒、继爆管及专用爆破器具按其装药量计算存药量。

2）地面总库的总容量：炸药不应超过本单位半年生产用量，起爆器材不应超过1年生产用量；地面分库的总容量：炸药不应超过3个月生产用量，起爆器材不应超过半年生产用量。

3）硐室式库的最大容量不应超过100t；井下只准建分库，库容量不应超过：炸药3昼夜的生产用量；起爆器材10昼夜的生产用量；乡、镇所属以及个体经营的矿场、采石场及岩土工程等使用单位，其集中管理的小型爆破器材库的最大贮存量应不超过1个月的用量，并应符合表4-17的规定。

表 4-17　小型爆破器材库的最大贮存量

爆破器材名称	最大贮存量	爆破器材名称	最大贮存量
硝铵类炸药/kg	3000	导爆索/m	30000
雷管/发	20000	塑料导爆管/m	60000

（3）爆破器材库宜单一品种专库存放。若受条件限制，同库存放不同的爆破器材则应符合表4-18的规定。

表 4-18　爆破器材同库存放的规定

爆破器材名称	雷管类	黑火药	导火索	硝铵类炸药	属 A_1 级单质炸药	属 A_2 级单质炸药	射孔弹类	导爆索类
雷管类	○	×	×	×	×	×	×	×
黑火药	×	○	×	×	×	×	×	×
导火索	×	×	○	○	○	○	○	○
硝铵类炸药	×	×	○	○	○	○	○	○
属 A_1 级单质炸药	×	×	○	○	○	○	○	○
属 A_2 级单质炸药	×	×	○	○	○	○	○	○
射孔弹类	×	×	○	○	○	○	○	○
导爆索类	×	×	○	○	○	○	○	○

注：1. ○表示可同库存放，×表示不应同库存放。

2. 雷管类包括火雷管、电雷管、导爆管雷管。

3. 属 A_1 级单质炸药为黑索金、泰安、奥克托金和以上述单质炸药为主要成分的混合炸药或炸药柱（块）。

4. 属 A_2 级单质炸药为梯恩梯和苦味酸及以梯恩梯为主要成分的混合炸药或炸药柱（块）。

5. 导爆索类包括各种导爆索和以导爆索为主要成分的产品，包括继爆管和爆裂管。

6. 硝铵类炸药，包括以硝酸铵为主要成分的各种民用炸药。

(4)当不同品种的爆破器材同库存放时,单库允许的最大存药量仍应符合表 4-16 的规定;当危险级别相同的爆破器材同库存放时,同库存放的总药量不应超过其中一个品种的单库最大允许存药量;当危险级别不同的爆破器材同库存放时,同库存放的总药量不应超过危险级别最高的品种的单库最大允许存药量。

4.3.1.2 爆破器材的贮存、收发与库房管理

(1)每间库房贮存爆破器材的数量,不应超过库房设计的允许贮存药量。

(2)关于爆破器材的贮存,应将爆破器材码放整齐,不得倾斜,码放高度不宜超过 1.6m;包装箱下应垫有大于 0.1m 的垫木,宜有宽于 0.6m 的安全通道,包装箱与墙距离宜大于 0.4m;存放硝化甘油类炸药、各种雷管箱和继爆管的箱子,应放置在木制货架上,货架高度不宜超过 1.6m。

(3)对新购进的爆破器材,应逐个检查包装情况,并按规定作性能检测;应建立爆破器材收发账、领取和清退制度,定期核对账目,做到账物相符;变质的、过期的和性能不详的爆破器材,不应发放使用;爆破器材应按出厂时间和有效期的先后顺序发放使用;总库区内不准许拆箱发放爆破器材,只准许整箱发放;爆破器材的发放应在单独的发放间里进行。

(4)爆破器材库房的管理,应建立健全严格的责任制、治安保卫制度、防火制度、保密制度等,宜分区分库分品种贮存,分类管理。

库区应昼夜设警卫,加强巡逻,无关人员不得进入库区。进入库区不得带烟火及其他引火物;进入库区不得穿戴钉鞋和易产生静电的衣服。不得使用能产生火花的工具开启炸药雷管箱;库区不得存放与管理无关的工具和杂物。

库区的消防设备、通讯设备、警报装置和防雷装置,应定期检查。

库房应整洁、防潮和通风良好,杜绝鼠害。经常测定库房的温度和湿度,发现硝化甘油类炸药渗油、冻结和硝铵类炸药吸潮结块,应及时处理。

4.3.1.3 临时性爆破器材库和临时性存放爆破器材

(1)临时性爆破器材库,应设置在不受山洪、滑坡和危石等威胁的地方。允许利用结构坚固但不住人的各种房屋、土窑和车棚等作为临时性爆破器材库。

(2)临时性爆破器材库房宜为单层结构,库房地面应平整无缝;墙、地板、屋顶和门为木结构的,应涂防火漆;窗、门应为有一层外包铁皮的板窗、门;宜设简易围墙或铁刺网,其高度不小于 2m。库内应有足够的消防器材;库内应设置独立的发放间,面积不小于 $9m^2$;应设独立的雷管库房。临时性爆破器材库的最大贮存量为:炸药 10t,雷管 20000 发,导爆索 10000m。

(3)不超过 6 个月的野外流动性爆破作业,用安装有特制车厢的汽车存放爆破器材时,爆破器材存放量不应超过车辆额定载重的 2/3;在经过核准的专用车同时装有炸药与雷管时,雷管不得超过 2000 发和相应的导火索与导爆索;不应将特制车厢做成挂车形式。

特制车厢应是外包铝板或铁皮的木车厢,车厢前壁和侧壁应开有 0.3m × 0.3m 的铁栅通风孔,后部应开设有外包铝板或铁皮的木门,门应上锁,整个车厢外表应涂防火漆,并设有危险标志;宜在车厢内的右前角设置一个能固定的专门存放雷管的木箱,木箱里面应衬软垫,箱应上锁。

车辆停放位置,应确保爆破作业点、有人建筑物、重要构筑物和主要设备的安全;白天、夜晚均有人警卫;加工起爆管和检测电雷管电阻,应在离危险车辆 50m 以外的地方进行。

(4)用船存放爆破器材时,船上严禁烟火,并应备有足够的消防器材。存放爆破器材的船只,应停泊在航线以外的安全地点。距码头、建筑物、其他船只和爆破作业地点不应小于 250m;船靠岸时,岸上 50m 以内不准无关人员进入;海上不应使用非机动船存放爆破器材。

存放爆破器材的船舱,应用移动式蓄电池提灯或安全手电筒照明;爆破器材的存放量不应超过2t,存放爆破器材的框架应设凸缘,装爆破器材的箱(袋)应固定牢固。船上应设有单独的炸药舱和雷管舱,各舱应有单独的出入口并与机舱和热源隔离。

(5)作业地点只应存放当班或本次爆破工程作业所需的爆破器材,应有专人看管;拆除爆破和地震勘探及油气井爆破时,不应将爆破器材散堆在地,雷管应放在外包铁皮的木箱里,箱应加锁。

(6)经单位安全保卫部门和当地公安机关批准,爆破器材可临时露天存放,但应选择在安全地方,悬挂醒目标志,昼夜有人巡逻警卫;炸药与雷管其间距离应不小于25m;爆破器材应堆放在垫木上,不应直接堆放在地;在爆破器材堆上,应覆盖帆布或搭简易帐篷;存放场周边50m范围内严禁烟火。

4.3.2 爆破器材的运输

4.3.2.1 一般规定

本书只涉及爆破器材生产企业外部运输爆破器材的相关规定。

(1)爆破器材运输车(船)应符合国家有关运输安全的技术要求;结构可靠,机械电器性能良好;具有防盗、防火、防热、防雨、防潮和防静电等安全性能。

(2)装卸爆破器材时,应认真检查运输工具的完好状况,清除运输工具内的一切杂物;装卸爆破器材的地点,应远离人口稠密区,并设明显的标志,白天应悬挂红旗和警标,夜晚应有足够的照明并悬挂红灯;有专人在场监督,设置警卫,无关人员不允许在场。

爆破器材和其他货物不应混装,雷管等起爆器材,不应与炸药同时同地进行装卸;装卸搬运应轻拿轻放,装好、码平、卡牢、捆紧,不得摩擦、撞击、抛掷、翻滚、侧置及倒置爆破器材。装卸爆破器材时应做到不超高、不超宽、不超载;用起重机装卸爆破器材时,一次起吊重量不应超过设备能力的50%;分层装载爆破器材时,不应站在下层箱(袋)上装载另一层,雷管或硝化甘油类炸药分层装载时不应超过2层。

遇暴风雨或雷雨时,应停止装卸。

(3)爆破器材从生产厂运出或从总库向分库运送时,包装箱(袋)及铅封应保持完整无损;同车(船)运输两种以上爆破器材时,应遵守表4-18的规定;在特殊情况下,经爆破工作领导人批准,起爆器材与炸药可以同车(船)装运,但数量不应超过:炸药1000kg,雷管1000发,导爆索2000m,导火索2000m。雷管应装在专用的保险箱里,箱子内壁应衬有软垫,箱子应紧固于运输工具的前部。炸药箱(袋)不应放在装雷管的保险箱上。

待运雷管箱未装满雷管时,其空隙部分应用不产生静电的柔软材料塞满。

装卸和运输爆破器材时,不应携带烟火和发火物品。

(4)车(船)运输爆破器材时,应用帆布覆盖,按指定路线行驶,并设明显的标志;押运人员应熟悉所运爆破器材性能,非押运人员不应乘坐。

中途停留时,应有专人看管,不准吸烟、用火,开车(船)前应检查码放和捆绑有无异常;不准在人员聚集的地点、交叉路口、桥梁上(下)及火源附近停留。

车(船)完成运输后应打扫干净,清出的药粉、药渣应运至指定地点,定期进行销毁。

4.3.2.2 铁路运输

装有爆破器材的车厢不应溜放,应与其他线路隔开,专线停放,通往该线路的转辙器应锁住,车辆应锲牢,其前后50m处应设危险标志;装有爆破器材的车厢与机车之间,炸药车厢与起爆器材车厢之间,应用1节以上未装有爆破器材的车厢隔开;机车体停放位置与最近的爆破器材库房的距离，不应小于 50m。

车辆运行的速度，在矿区内不应超过 30km/h，在厂区内不应超过 15km/h，在库区内不应超过 10km/h。

4.3.2.3　水路运输

水路运输爆破器材时，不应用筏类工具运输爆破器材；船上有足够的消防器材；船头和船尾设危险标志，夜间及雾天设红色安全灯；遇浓雾及大风浪应停航；停泊地点距岸上建筑物不小于 250m。

运输爆破器材的机动船，装爆破器材的船舱不应有电源；底板和舱壁应无缝隙，舱口应关严；与机舱相邻的船舱隔墙，应采取隔热措施；对邻近的蒸汽管路进行可靠的隔热。

4.3.2.4　道路运输

用汽车运输爆破器材，应由熟悉爆破器材性能、具有安全驾驶经验的司机驾驶；车厢的黑色金属部分应用木板或胶皮衬垫，能见度良好时车速应符合所行驶道路规定的车速下限，天气不好时速度酌减；在平坦道路上行驶时，前后两部汽车距离不应小于 50m，上山或下山不小于 300m。车上应配备灭火器材，并按规定配挂明显的危险标志；在高速公路上运输爆破器材，应按国家的有关规定执行。

公路运输爆破器材途中避免停留住宿，禁止在居民点、行人稠密的闹市区、名胜古迹、风景游览区、重要建筑设施等附近停留。确需停留住宿必须报告住宿地公安机关。

4.3.2.5　航空运输

用飞机运输爆破器材，应严格遵守国际民航组织理事会批准和发布的《航空运输危险品安全运输的技术指令》及国家有关航空运输危险品的规定。

4.3.2.6　往爆破作业地点运输爆破器材

(1)在竖井、斜井运输爆破器材时，应事先通知卷扬司机和信号工；在上下班或人员集中的时间内，不应运输爆破器材；除爆破人员和信号工外，其他人员不应与爆破器材同罐乘坐；用罐笼运输硝铵类炸药，装载高度不应超过车厢边缘；运输硝化甘油类炸药或雷管，不应超过两层，层间应铺软垫；用罐笼运输硝化甘油类炸药或雷管时，升降速度不应超过 2m/s；用吊桶或斜坡卷扬运输爆破器材时，速度不应超过 1m/s；运输电雷管时应采用绝缘措施；爆破器材不应在井口房或井底车场停留。

(2)用矿用机车运输爆破器材时，列车前后设“危险”标志；采用封闭型的专用车厢，车内应铺软垫，运行速度不超过 2m/s；在装爆破器材的车厢与机车之间，以及装炸药的车厢与装起爆器材的车厢之间，应用空车厢隔开；运输电雷管时，应采取可靠的绝缘措施；用架线式电力机车运输，在装卸爆破器材时，机车应断电。

(3)在斜坡道上用汽车运输爆破器材时，汽车行驶速度不超过 10km/h；不应在上、下班或人员集中时运输；车头、车尾应分别安装特制的蓄电池红灯作为危险标志；应在道路中间行驶，会车让车时应靠边停车。

(4)不应一人同时携带雷管和炸药；雷管和炸药应分别放在专用背包(木箱)内，不应放在衣袋里；领到爆破器材后，应直接送到爆破地点，不应乱丢乱放；不应提前班次领取爆破器材，不应携带爆破器材在人群聚集的地方停留；一人一次运送的爆破器材数量不超过：雷管，5000 发；拆箱(袋)运搬炸药，20kg；背运原包装炸药 1 箱(袋)；挑运原包装炸药 2 箱(袋)。

用手推车运输爆破器材时，载重量不应超过 300kg，运输过程中应采取防滑、防摩擦和防止产生火花等安全措施。

4.4 爆破器材的检验与销毁

4.4.1 爆破器材的检验

爆破器材检验是一项很重要的工作,因为爆破器材性能、制造质量好坏,直接影响爆破效果和爆破安全,影响爆破企业的经济效益。爆破器材检验包括三方面的内容,即包装检查、外观检查和性能检验。包装检查应逐箱(袋)进行,外观检查和性能检验抽样进行。爆破器材的外观检查应由保管员负责定期抽样检查;爆破器材的爆炸性能检验,由爆破工程技术人员负责,并在安全的地方进行。

4.4.1.1 新入库爆破器材的包装检查

对新入库的爆破器材,应逐箱(袋)检查包装情况,查看包装有无破损,封缄是否完整。品名、数量、出厂日期、工作牌号的字迹是否清楚,雷管管壳上编号字迹是否清晰,包装内是否有浸湿和渗油痕迹等。对超过贮存期、出厂日期不明和质量可疑的爆破器材,必须进行严格的检验,以确定是否能用。

4.4.1.2 贮存和使用中爆破器材的外观检查及性能检验

A 炸药检验

(1)外观检查。药包外表应无破损、无渗油、无孔洞、无杂物和药物包内炸药无结块。

(2)性能检验。包括炸药的做功能力(通常做爆破漏斗试验)、猛度、殉爆距离、爆速检验等。

B 导火索检验

(1)外观检查。表面要均匀,索头封有防潮剂,表面棉线同时断线不超过2根,无折伤、变形、霉斑、油污,剪断处无散头。

(2)燃速和燃烧时间检验。在每盘导火索两端索头剪去5cm后,再剪取1m长导火索各10根,分别点燃其一端,用秒表记录燃烧时间,并观察其燃烧情况。合格的普通导火索的燃烧时间为100~125s/m,缓燃导火索为180~215s/m。燃烧过程中不得有断火、透火、外壳燃烧和爆声。

(3)喷火强度试验。剪取各长20cm的导火索段,将两根导火索段插入直径为7cm的玻璃管中,端部间距为4cm。点燃其中1根,当燃烧终了时产生的喷火能将另一根点燃为合格,共试验10次。

C 导爆索检验

(1)外观检查。涂料或塑料厚度要均匀,无严重折伤,外层线同时断线不超过2根,无油渍、污垢,塑料层无气泡、孔眼和裂纹,索头有防潮帽或涂防潮剂。

(2)性能试验。性能试验包括起爆性能试验、传爆性能试验、铅板测爆速和浸水浸油试验。

D 雷管检验

(1)外观检查。管壳表面不允许有裂缝、严重的砂眼、管体锈蚀、纸层开裂、排气孔露孔、浮药、底部残缺,卡铁箍的纸雷管无卡箍或卡箍开裂,封口塞松动或过高、过低等缺陷。电雷管的脚线必须是两种颜色,不允许有绝缘皮破损和影响性能的芯线锈蚀。

(2)性能检验:

1)电阻值检验。外表检验合格后,抽样用专用电桥逐个测雷管的电阻值,符合产品说明书规定的误差范围内的值视为合格。

2)最大安全电流。通恒定直流电流0.20A,5min内电雷管不爆炸。

3)单发发火电流。对普通电雷管通以恒定直流电,其发火电流的上限不应大于0.45A。

4)铅板穿孔试验。8号雷管应炸穿5mm厚铅板,6号雷管应炸穿4mm厚铅板,穿孔直径应不小于雷管外径。

5）串联起爆电流。20 发普通电雷管串联，通 1.2A 恒定直流电流应全爆。

6）延期时间。用 DT-1 型时间间隔测量仪、DT-1 型电雷管特性测量仪、BQ-Ⅱ型综合参数测试仪、爆速仪、毫秒雷管计时仪等抽样检验延迟时间，符合说明书提供的误差范围者视为合格。

4.4.2 爆破器材的销毁

爆破器材管理不当、贮存条件不好或贮存时间过长等原因导致爆破器材性能经检验不合格或失效变质时，必须及时予以销毁。在处理盲炮后，也应将残余的爆破器材收集起来，及时销毁。爆破器材的销毁工作是与生产和使用密切相关的一个重要环节。为使销毁工作安全顺利进行，必须妥善选择场地，选择正确的销毁方法，严格遵守爆破器材销毁的安全技术规程。

4.4.2.1 爆破器材销毁的一般规定

表 4-19 列举了常用爆破器材常见变质情况。

表 4-19 常用爆破器材常见变质情况

名 称	变质失效现象	贮存方面的原因
火雷管	出现穿孔小，半爆甚至拒爆，加强帽松动	严重受潮，管体膨胀
电雷管	出现穿孔小 全电阻普遍增大，串联不串爆 出现大量拒爆，雷管不导通 封口塞脱落 延期秒量普遍不准	严重受潮 桥丝和脚线锈蚀 受潮、贮存期过长，桥丝锈断 管体受潮膨胀 雷管受潮、贮存期过长
导火索	外观有严重折损、变形、发霉、油污 不易着火，爆速不准	保管不善 严重受潮或受潮后自行干燥
导爆索	外观有严重折损、变形、发霉、油污 爆轰中断，爆速降低	保管不善 严重受潮或曾经在高温下存放过
导爆管	管壁折损、破洞 爆速或起爆感度降低	保管不善 严重受潮或超过贮存期
非含水硝铵炸药	严重硬化 药卷变软滴水	吸潮、库房温度变化大 严重吸潮
硝化甘油炸药	渗油 严重老化	贮存温度高、时间长 贮存时间长
水胶炸药	凝胶变成糊状或出水	保管不善或超过贮存期
乳化炸药	有硬块或成分分离、破乳发生	通风不良、超过贮存期等

（1）经过检验，确认失效及不符合技术条件要求或国家标准的爆破器材，都应销毁或再加工。

乡镇管辖的小型采矿场、采石场或小型爆破企业，对不合格的爆破器材，不应自行销毁或自行加工利用，应退回原发放单位按相关规定进行销毁或再加工。

（2）对不能继续使用的剩余包装材料（箱、袋、盒和纸张）经过仔细检查，确认没有雷管和残药时，可用焚烧法销毁；包装过硝化甘油类炸药有渗油痕迹的药箱（袋、盒），应予以销毁。

（3）销毁爆破器材时，必须登记造册并编写书面报告；报告中应说明被销毁的爆破器材的名称、数量、销毁原因、销毁方法、销毁时间和地点，报上级主管部门批准。爆破器材的销毁工作应根据单位总工程师或爆破工作领导人的书面批示进行。

(4)销毁爆破器材,不应在夜间、雨天、雾天和3级风以上的天气里进行;销毁工作不应单人进行,操作人员应是专职人员并经过专门技术培训;不应在阳光下曝晒爆破器材。

(5)销毁爆破器材后应有2名以上销毁人员签名,并建立台账及档案;应对销毁现场进行仔细检查,如果发现有残存爆破器材,应收集起来,进行销毁。爆破器材的销毁场地应选在安全偏僻地带,距周围建筑物不应小于200m,距铁路、公路不应小于50m。

4.4.2.2　爆破器材的销毁方法

销毁爆破器材,可采用爆炸法、焚烧法、溶解法和化学分解法。各种销毁方法的适用范围如表4-20所示。

表4-20　爆破器材各种销毁方法的适用范围

销毁方法	适用范围	销毁方法	适用范围
爆炸法	能完全爆炸的爆破器材	溶解法	能溶解于水或其他溶剂而使其失去爆炸性能的爆破器材
焚烧法	没有爆炸性或已失去爆炸性,燃烧时不会爆轰的爆破器材	化学分解法	能为化学药品分解而失去爆炸性能的爆破器材

(1)用爆破法或焚烧法销毁爆破器材,必须清除销毁场所周围半径50m范围内的易燃物、杂草和碎石;应有坚固的掩蔽体。掩蔽体至爆破器材销毁场所的距离,由设计确定。在没有人工或自然掩蔽体的情况下,起爆前或点燃后,参加爆破器材销毁的人员应远离危险区,此距离由设计确定;如果把拟全部销毁的爆破器材一次运到销毁地点,而又分批进行销毁,则应将待销毁的爆破器材放置在销毁场所上风向的掩蔽体后面;引爆或点火前应发出声响警告信号;在野外销毁时还应在销毁场地四周安排警戒人员,控制所有可能进入的通道,不准非操作人员和车辆进入。

(2)用爆破法销毁爆破器材时应按销毁设计书进行,设计书由单位主要负责人批准并报当地公安机关备案;只有确认雷管、导爆索、继爆管、起爆药柱、射孔弹、爆破筒和炸药能完全爆炸时,才能允许用爆破法进行销毁。用爆破法销毁爆破器材应分段爆破,单响销毁量不得超过20kg并应避免彼此间发生殉爆;应采用电雷管、导爆索或导爆管起爆。在特殊情况下,可以用火雷管起爆。

导火索必须有足够的长度,以确保全部从事销毁工作的人员能撤到安全地点,并将其拉直,覆盖砂土,以避免卷曲。雷管和继爆管应包装好后埋入土中销毁;销毁爆破筒、射孔弹、起爆药柱和爆炸危险的废弹壳,只准在2m以上的坑或废巷道内进行并应在其上覆盖一层松土;销毁爆破器材的起爆药包应用合格的爆破器材制作;销毁传爆性能不好的炸药,可以增加起爆能的方法起爆。

(3)对燃烧不会引起爆炸的爆破器材,可用焚烧法进行销毁,焚烧前,必须仔细检查,严防其中混有雷管和其他起爆材料。不同品种的爆破器材不应一起焚烧;应将待焚烧的爆破器材放在燃料堆上,每个燃料堆允许烧毁的爆破器材不应超过10kg,药卷在燃料堆上应排列成行、互不接触。

不应用焚烧法销毁雷管、继爆管、起爆药柱、射孔弹和爆破筒。待焚烧的有烟或无烟火药,不应成箱成堆进行焚烧,应散放成长条状,其厚度不得大于10cm,条间距离不得小于5m,各条宽度不得大于30cm,同时点燃的条数不得多于3条。焚烧火药,应严防静电、电击引起火药燃烧。不应将爆破器材装在容器里燃烧。

点火前,应从下风向敷设点火索和引爆物,只有在一切准备工作做完和全体工作人员撤至安全区后,才能点火。燃料堆应具有足够的燃料,在焚烧过程中不准添加燃料。

只有确认燃料堆已完全熄灭,才准走进焚烧场地进行检查;发现未完全燃烧的爆破器材,应将其从中取出,另行焚烧。焚烧场地完全冷却后,才准开始焚烧下一批爆破器材。焚烧场地可用水冷却或用土掩埋,在确认无法再燃烧时,才允许撤离场地。

(4)不抗水的硝铵类炸药和黑火药可用溶解法销毁。在容器中溶解销毁爆破器材时,对不溶解的残渣应收集在一起,再用焚烧法或爆炸法销毁。不应直接将爆破器材丢入河塘江湖及下水道中溶解销毁,以防造成污染。

(5)化学分解法适于处理数量较少、并能为化学药品所分解的爆破器材,从而消除爆破器材(起爆药和炸药)的爆炸性能。该方法的特点是费时少,操作比较安全。

1)化学分解法销毁火炸药安全事项有:

①必须根据所销毁炸药的性质,选择适合的销毁液。如雷汞禁用硫酸,与硫酸作用会发生爆炸;叠氮化铅禁用浓硝酸和浓硫酸处理。

②控制反应速度。销毁浓度越大,分解反应速度越快,放热效应则越大,就容易转化为爆炸反应。必须少量地向销毁液中投入废药或含药废液,并且一面投入一面搅拌,以防反应过热。

③化学分解法销毁时,必须将少量废药倒入大量销毁液中,而不能将少量销毁液倒入大量的废药中。这样可避免销毁时发生事故和防止销毁不完全而留下隐患。

④销毁液必须保证有足够的过量,防止废药反应不完全。

⑤销毁时要有良好的散热条件,防止反应热不易散失而发生爆炸。

2)各种常见废弃火炸药的化学分解销毁方法有:

①雷汞。用化学分解法销毁雷汞,常用的方法有两种,即硫代硫酸钠法和硫化钠法。

硫代硫酸钠法:对于没有回收价值的数量较少的雷汞,可用20%或25%的硫代硫酸钠($Na_2S_2O_3$)溶液销毁。即将雷汞充分浸湿后,在不断搅拌的情况下,分次加入到20%或25%的硫代硫酸钠溶液中,使其全部溶解以达到将雷汞销毁的目的。

当销毁的雷汞数量较大时,必须考虑汞的回收问题。即按如上步骤使雷汞全部溶解后,再慢慢加入经稀释的硫酸(浓硫酸用4倍水稀释)使其成为酸性。静放5h,此时有黑色沉淀物硫化汞(HgS)生成。取出沉淀再与生石灰(CaO)混匀加热。汞蒸气经冷凝后可回收。

硫化钠法:硫化钠(Na_2S)本身具有强碱性。利用雷汞与硫化钠作用可生成硫化汞沉淀来达到销毁雷汞的目的。

雷酸($HONC$)在酸性介质中,可继续分解成二氧化碳和氨。

如销毁雷汞的数量较多,需要考虑回收汞时,则如上所述,可将硫化汞与氧化钙混匀加热,使汞蒸气冷凝即可。

另外,还可利用强碱能使雷汞分解的性质及其在以水为介质的情况下,硫化氢(H_2S)能与雷汞作用来销毁少量雷汞。

②氮化铅。可以利用稀硝酸分解氮化铅并使它失去爆炸能力的性质来销毁氮化铅。

由于生成的叠氮酸(HN_3)有毒和爆炸性,因此,在加稀硝酸前应加入一定量的亚硝酸钠和水溶液,以便与硝酸作用生成不稳定的亚硝酸。亚硝酸分解生成的氧化氮(NO),可与叠氮酸作用生成游离的氮气(N_2)放出,从而消除了叠氮酸的毒性。

为检查销毁是否彻底,可以用黄色的三氯化铁溶液检查N_3离子的存在情况,如溶液由黄色变红,则说明试剂中的Fe^{3+}离子与N_3离子作用生成了氮化铁($Fe(N_3)_3$),而仍有N_3离子存在证明销毁得不彻底,还需要再补加亚硝酸钠饱和溶液和稀硝酸继续销毁。

还可以用10%的苛性钠（NaOH）冷溶液，处理（经16h）的方法来销毁氮化铅。

③特屈儿。用化学分解法销毁少量特屈儿时，可将它缓慢地加入到浓度为13%的硫化钠（Na_2S）水溶液中，均匀搅拌即可进行销毁。

④TNT。可用硫化钠或亚硫酸钠处理，硫化物是TNT的有效化学试剂，可使TNT去除率达100%，但去除效率取决于硫化物的浓度和pH值，最佳反应条件是硫化物与TNT的摩尔比大于10∶1及pH≥8。

⑤RDX。硫化物对RDX的去除效率较低，但在pH≥10的条件下，可用20份5%氢氧化钠溶液将其煮沸分解，通过与氢氧化钠进行水解反应可以去除RDX，氢氧化钠与RDX的摩尔比大于1时对水解最为有效。即还原和水解的联合反应比单一反应处理RDX效果要好。

⑥硝化甘油。在搅拌下，将其缓慢加入至10倍量的18%的硫化钠溶液中即可销毁。

本章小结

本章主要介绍了常用炸药和起爆器材的分类、主要成分、性能、使用条件和安全规定。其学习要点如下：

（1）了解各类炸药和起爆器材的分类、特点、性能和应用；熟悉爆破器材的储存、运输、性能检验和销毁方法。

（2）掌握工业炸药的主要成分硝酸铵的物理、化学性质和爆炸性能；掌握火雷管以及由它衍生出来的各类常用雷管的结构、性能和作用；能区分导火索、导爆索、导爆管的不同结构、性能和用途。

（3）重点掌握铵锑炸药、铵油炸药、乳化炸药的类型、主要成分、爆炸性能和应用条件；重点掌握电雷管、普通导爆管雷管和高精度高强度导爆管雷管种类、特点、性能和应用条件。

复习思考题

4-1　起爆药与猛炸药有什么区别？
4-2　按使用条件工业炸药分为哪几类？
4-3　硝酸铵的主要性质有哪些，防止其吸湿结块应采取什么措施？
4-4　试述2号岩石铵梯炸药的成分和各组分在炸药中所起的作用。
4-5　什么是铵油炸药、重铵油炸药、乳化炸药？说明各自适用条件。
4-6　煤矿许用炸药有什么特点，在什么情况下必须使用煤矿许用炸药？
4-7　试述乳化炸药的主要组分和特点。
4-8　绘制出毫秒电雷管的平面剖视图，并注明各部分名称及作用。
4-9　何为数码电子雷管、高精度高强度导爆管雷管？
4-10　塑料导爆管的作用是什么，起爆导爆管的击发元件有哪些？
4-11　试述导爆索和导爆管的异同点。
4-12　爆破器材销毁有哪几种方法？
4-13　雷管、铵油炸药、导爆索、乳化炸药、铵梯炸药、重铵油炸药、TNT等各适用什么方法销毁？

5 常用起爆方法

爆破工程是通过工业炸药的爆炸实施的。在爆破工程中，引爆药包中的工业炸药有两种方法：一种是通过雷管的爆炸起爆工业炸药，另一种是用导爆索爆炸产生的能量去引爆工业炸药，而导爆索本身需要先用雷管将其引爆。

按雷管的点燃方法不同，起爆方法包括火雷管起爆法、电雷管起爆法、导爆管雷管起爆法。无线起爆法包括电磁波起爆法和水下声波起爆法，它们利用比较复杂的起爆装置，可以远距离控制引爆电雷管，仍属于电雷管起爆法。与电力起爆法对应，一般将导火索起爆法、导爆管起爆法和导爆索起爆法称为非电起爆法。

5.1 火雷管起爆法

火雷管起爆法是利用导火索传递火焰引爆雷管再起爆炸药的一种方法，又称火花起爆法。火花起爆法出现时间最早，也是一种操作与技术最为简便的起爆法。由于其他先进起爆方法相继产生，其应用范围日益缩小，并显现其落后性。但是，火花起爆法因费用较低，在我国使用仍然很多，尤其在乡镇的采石场和某些小型隧洞开挖中使用更多。由于其安全性较差，目前，火花起爆法已被淘汰。

火花起爆材料由导火索、火雷管和点火材料三部分组成。

导火索起爆时，宜采用一次点火法点火，并遵守下列规定：

(1)信号管和计时导火索的长度不得超过该次被点导火索中最短导火索长度的1/3。

(2)应采用导火索或专用点火器材点火，不应脚踩和挤压已点燃的导火索。

(3)单人点火时，一人连续点火的根数(或分组一次点火的组数)，地下爆破不得超过5根(组)，露天爆破不得超过10根(组)。导火索长度应保证点完导火索后，人员能撤至安全地点，但不得短于1.2m。

(4)多人点火(或连续点燃多根导火索)时，应指定其中一人为组长，负责协调点火工作，掌握信号管或计时导火索的燃烧情况，信号管响后或计时导火索燃烧完毕，无论导火索点完与否，均应及时发出撤至安全地点的命令。

(5)在下列情况下不应采用导火索起爆：

1)硐室爆破、城镇浅孔爆破、拆除爆破、深孔爆破、水下爆破；

2)竖井、倾角大于30°的斜井和天井工作面；

3)有瓦斯和煤尘爆炸危险的环境；

4)借助于长梯子、绳索和台架才能点火的工作面以及较难撤至安全地点的爆破工作面。

导火索起爆法的特点有：

(1)优点：操作简单，能抗杂散电流，不需网路计算，费用较低，适用于二次爆破、浅眼爆破和零星分散的小型爆破。

(2)缺点：可靠性较低，易出现盲炮，作业危险性较大，导火索起爆法无法可靠地实施延时爆破，无法用仪表检查爆破前的准备工作，对于规模较大的爆破工程难以取得良好的爆破效果。

5.2　电力起爆法

电力起爆法就是利用电能引爆电雷管进而激发炸药爆炸的方法。构成电力起爆法的器材有电雷管、导线、起爆电源和测量仪表。

5.2.1　电雷管的性能参数

电雷管的性能参数是国家制定与爆破相关的法规、标准,生产厂家进行质量检验,用户进行验收,爆破工程技术人员进行电爆网路设计、选用起爆电源和检测仪表的重要依据。电雷管的性能参数主要有电雷管电阻、最高安全电流、最低准爆电流、串联准爆电流等。

5.2.1.1　电雷管电阻

电雷管在电流作用下爆炸是由于电流通过桥丝使其发热,灼热的桥丝点燃引火头,从而导致起爆炸药爆炸。根据焦耳-楞次定律,电流通过灼热的桥丝产生的热量与桥丝的电阻值、电流强度和通电时间有关,计算公式为:

$$Q = I^2 Rt \tag{5-1}$$

式中　Q——电流通过桥丝放出的热量,J;

I——电流强度,A;

R——桥丝电阻值,Ω;

t——桥丝通电时间,s。

从式(5-1)可以看出,当 I 和 t 为定值时,若 R 不同,则所放出的热量不一样。如果在电雷管组成的起爆网路中,有某一发电雷管的电阻过大,它可能过早点燃起爆药,早爆的雷管会造成起爆网路失效;电阻小的雷管发热量不够,来不及点燃引火头,雷管出现拒爆。因此《爆破安全规程》(GB 6722—2003)规定:同一爆破网路应使用同厂、同批、同型号电雷管;电雷管的电阻值差不得大于产品说明书的规定。尽量选用电阻值相差小的雷管。康铜桥丝电雷管的电阻值差不得超过0.3Ω,镍铬桥丝电雷管的电阻值差不得超过0.8Ω。

电雷管的电阻值是指桥丝电阻与脚线电阻之和,又称电雷管的全电阻。2m长铁脚线电雷管的全电阻不大于6.3Ω,上下限差值不大于2.0Ω;当采用铜脚线时,其全电阻不大于4.0Ω,上下限差值不大于1.0Ω。

在使用电雷管之前,要用爆破专用电表逐个测定每个电雷管的阻值,剔除断路、短路和阻值异常的电雷管。测量电雷管的电阻值,只准使用规定的专用爆破电桥。爆破电桥的工作电流应小于30mA。

5.2.1.2　最高安全电流

最高安全电流指给单发电雷管通恒定直流电5min,20发测试电雷管均不会起爆的最大电流值。国家标准规定,电雷管的安全电流不小于0.18A。

最高安全电流是电雷管对电流安全的一个指标。在设计爆破专用仪表时,最高安全电流是选择仪表输出电流的依据。为确保安全,《爆破安全规程》(GB 6722—2003)规定:电爆网路的导通和电阻值检查,应使用专用导通器和爆破电桥,专用爆破电桥的工作电流应小于30mA;爆破作业场地的杂散电流值不得超过30mA。

5.2.1.3　最低准爆电流

给单发电雷管通恒定直流电5min,能把20发测试雷管全起爆的最低电流,称为电雷管的最低准爆电流。

国家标准规定,电雷管的最低准爆电流不大于0.45A。最低准爆电流的数值是通过采用数理统计的方法进行试验和数据处理而得到的，是可靠引爆单发电雷管的最小准爆电流。

5.2.1.4　串联准爆电流

在一批电雷管中，单独对每个雷管通以最小发火电流，它将逐个全部爆炸。如果将同一批雷管的若干个串联起来，通过调整电源电压使流过网路的电流恰好等于最小发火电流，结果会发现并不是所有串联着的雷管都能爆炸，总会有一些雷管不爆炸。串联的雷管数目越多，这种不爆的雷管（俗称"丢炮"）也越多。如果将这些丢炮再逐个通入最小发火电流，则它们又单独地都爆炸了。

产生上述现象的原因在于电雷管电学性质的不均匀性。就是说，即使是同一批合格产品，由于桥丝电阻、桥丝焊接质量及引火药的物理状态存在着一定的差异，各雷管之间的各项电学特性参数值都不可能完全一样，因而表现为对电具有不同的敏感度。在串联情况下，当电流通过时，总是最敏感的雷管先得到足够的电能而爆炸，造成串联网路断路。此时，敏感度较低的一些雷管还没有获得足够的能量来点燃引火药，但由于网路已断，这些雷管因不能继续获得电能而形成丢炮被遗留下来。

试验表明，通过串联网路的电流越大，丢炮就越少，当电流增大至某一数值时，就不再有丢炮。能使规定发数的串联电雷管全部起爆的规定恒定直流电流称为串联准爆电流。《工业电雷管》（GB 8031—87）规定，串联连接的20发电雷管通以1.2A恒定直流电流，应全部爆炸。其中的1.2A恒定直流电流就是国家标准规定的串联准爆电流，它是选用起爆电源以及进行电爆网路设计的重要依据。

《爆破安全规程》（GB 6722—2003）规定，起爆电源功率应保证全部电雷管准爆；流经每个雷管的电流应满足：一般爆破，交流电不小于2.5A，直流电不小于2A；硐室爆破，交流电不小于4A，直流电不小于2.5A。

5.2.2　电雷管的性能试验

电雷管在出厂前要经过一系列的参数测定和性能试验。参数测定包括电阻、单发发火电流和延期时间等的测定。性能试验包括安全电流试验、串联准爆电流试验、振动试验、铅板试验和封口牢固性试验，对于煤矿许用电雷管还必须通过可燃气安全度试验。这里只简单介绍铅板试验。

铅板试验是用以判断雷管起爆能力的一种试验方法，试验装置如图5-1所示。试验时，将测试雷管直立在直径为30～40mm的铅板中央，引爆雷管后，8号雷管应炸穿5mm厚铅板，6号雷管应炸穿4mm厚铅板。穿孔直径不应小于雷管外径。

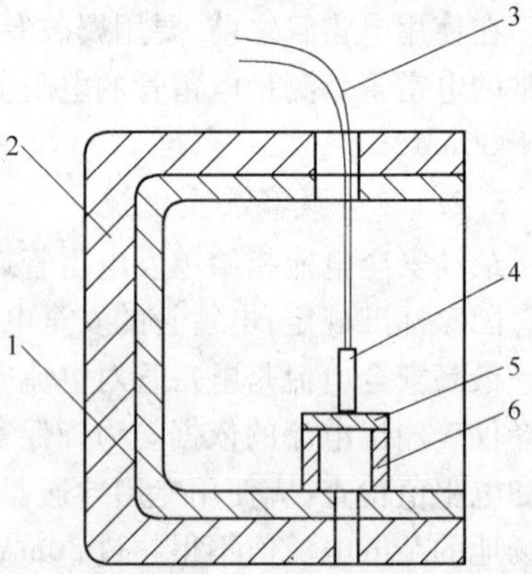

图5-1　雷管铅板试验装置

1—铅衬；2—防爆箱；3—雷管脚线；4—雷管；5—铅板；6—钢管

5.2.3　起爆电源

照明电、动力电和发爆器是常用的起爆电源。干电池、蓄电池也可作为少量电雷管的起爆电源。

5.2.3.1　照明电和动力电

220V照明电和380V动力电作为起爆电源，特别适合于大量电雷管的并联、串并联爆破网路。

用动力电源或照明电源起爆时，必须在安全地点设置两个双刀双掷刀闸，分别作为电源开关和放炮开关。

电源刀闸开关合上后,必须有指示灯发亮表示电源接通。放炮刀闸电源线应与电源开关刀闸的刀闸引线接通,放炮刀闸引线应与放炮母线接通。除放炮合闸外,平时放炮刀闸应放在另一掷处,并使网路形成闭合状态,以防止外部电流进入雷管。

5.2.3.2 发爆器

发爆器又称起爆器、放炮器。发爆器能够提供给爆破网路的电流较小,一般适用于电雷管的串联网路。由于它具有使用简单、质量轻、便于携带的优点,在小规模的爆破工程中得到广泛的使用。目前使用的发爆器绝大多数是电容式发爆器,分为矿用防爆型(适用于具有瓦斯与煤尘爆炸危险的环境)和非防爆型两种类型。

国产发爆器的型号很多,但工作原理基本相同。任何一种型号的发爆器,它所能引爆的电雷管最大数量是一定的,而且网路中电雷管的连接方式不同,发爆器所能引爆的雷管数量也不同。一般情况下,单发全并联时,发爆器所能引爆的电雷管数量最少。随着使用年限的增加,发爆器中电容器的充放电能力逐渐下降,发爆器的引爆能力也会逐渐低于额定引爆能力。定期对电容式发爆器进行充放电操作,可以减缓发爆器起爆能力下降的趋势。

5.2.4 电爆网路

5.2.4.1 电爆网路的基本形式

电爆网路由电雷管、端线、区域线、主线、电源开关和插座等构成。用来接长雷管脚线的导线称为端线。连接端线和主线的导线称为区域线。主线是指区域线与爆破电源之间的连接导线。电爆网路有多种网路连接形式。在爆破工程中常用的有串联、并串联、串并联和并串并联四种。

(1)串联电爆网路。将电雷管的脚线依次连接成串,再与电源相连就构成了串联电路(见图5-2),其特点是操作简单,检查容易,要求电源功率小,特别适合于电容式起爆器。若采用工频交流电(220V 或 380V)起爆,由于必须保证流经每个电雷管的电流不小于2.5A(硐室爆破为4A,下同),其一次起爆电雷管数有限。在串联网路中,只要有一发电雷管桥丝断路就会造成整个网路拒爆。

(2)并串联电爆网路。一般采用2发电雷管并联成一组后再接成串联网路(见图5-3)。这种网路在每个起爆点采用2发电雷管,增加了每个起爆点的准爆率和起爆能,是爆破工程中以导爆管网路为主、以简单的电爆网路击发起爆导爆管网路所组成的混合起爆网路中最常用的形式。这种网路适合于电容式起爆器或工频交流电;网路中一发电雷管桥丝断路不影响网路其他雷管的起爆。

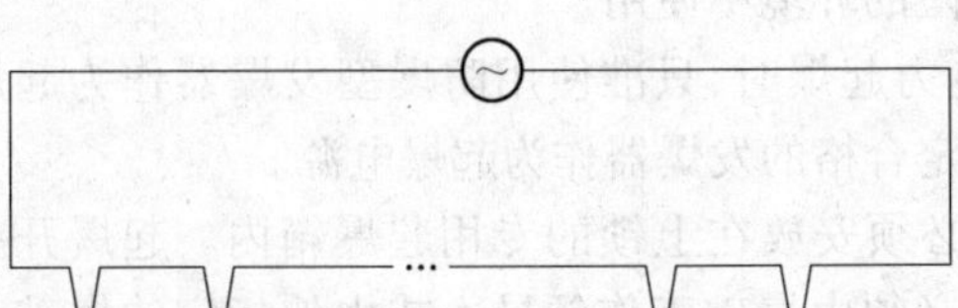

图5-2 串联电爆网路示意图

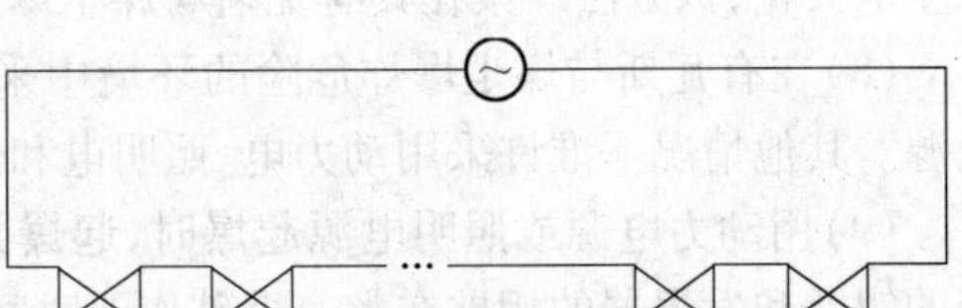

图5-3 并串联电爆网路示意图

(3)串并联电爆网路。将电雷管分成若干组,每组电雷管串联成一条支路,然后将各条支路并联起来组成网路(见图5-4)。这种网路适用于电压低、功率大的工频交流电,在地下深孔爆破中常使用。网路设计时要求各条支路的电阻值平衡,并保证每个支路通过的电流大于2.5A。

(4)并串并联电爆网路。将上两种电爆网路结合在一起,即串并联网路中每一条支路采用并串联连接方式(见图5-5)。这种网路在每个起爆点采用2发电雷管,增加了每个起爆点的准爆率和起爆能。这种网路适用于电压低、功率大的工频交流电。网路设计时要求各条支路的电阻值平衡,并保证每个支路通过的电流大于2.5A。

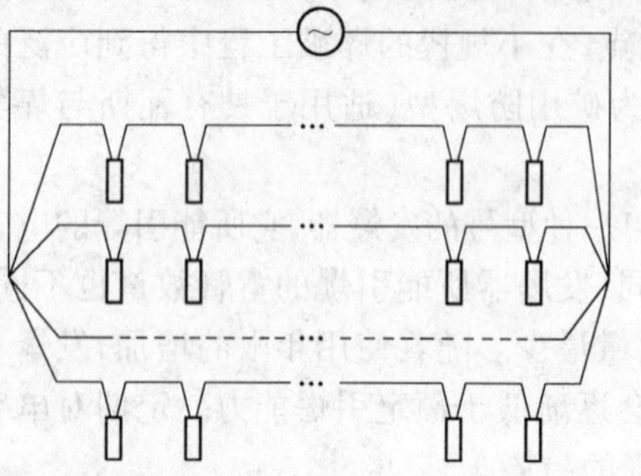

图5-4　串并联电爆网路示意图

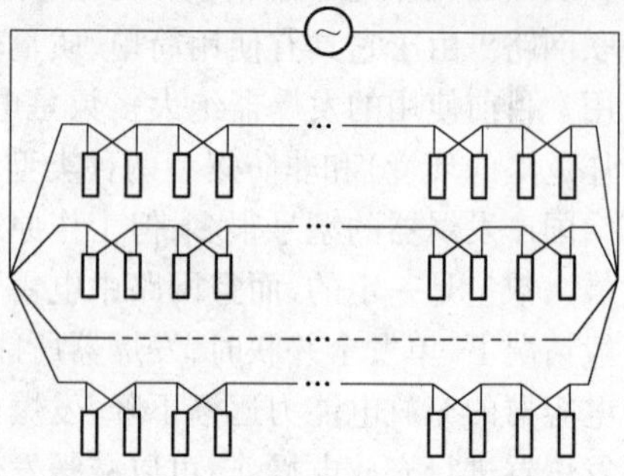

图5-5　并串并联电爆网路示意图

5.2.4.2　敷设电爆网路时应注意的问题

敷设电爆网路时应注意:

(1)电爆网路不应使用裸露导线,不得利用铁轨、钢管、钢丝作爆破线路,爆破网路应与大地绝缘,电爆网路与电源之间宜设置中间开关。

(2)电爆网路的导通和电阻值检查,应使用专用导通器和爆破电桥,专用爆破电桥的工作电流应小于30mA。爆破电桥等电气仪表应每月检查一次。

(3)爆破作业场地的杂散电流值大于30mA时,禁止采用普通电雷管。

(4)雷雨天不应采用电爆网路。

(5)起爆网路的连接,应在工作面的全部炮孔(或药室)装填完毕,无关人员全部撤至安全地点之后,由工作面向起爆站依次进行。

(6)爆破主线与起爆电源或发爆器连接之前,必须测全线路的总电阻值。总电阻值应与实际计算值符合(允许误差±5%)。若不符合,禁止连接。

(7)如果发爆器限时电路发生故障,发爆器放电不彻底,则在发爆器与电爆网路连接瞬间极易发生早爆事故。国内已发生过多起此类事故。因此,在将发爆器与电爆网路连接之前,应使用金属导线将发爆器的两个接线端子短接,将发爆器内残余电荷释放掉。考虑到放电操作过程会产生电火花,该方法严禁在具有瓦斯与煤尘爆炸危险的环境中使用。

(8)在有瓦斯与煤尘爆炸危险的环境中采用电力起爆时,只准使用防爆型发爆器作为起爆电源。其他情况下准许采用动力电、照明电和经鉴定合格的发爆器作为起爆电源。

(9)用动力电源或照明电源起爆时,起爆开关必须安放在上锁的专用起爆箱内。起爆开关箱的钥匙和发爆器的钥匙在整个爆破作业时间里,必须由爆破工作领导人或由他指定的爆破员严加保管,不得交给他人。

(10)各种发爆器和用于检测电雷管及爆破网路电阻的爆破专用电表等电气仪表,每月以及大爆破前均应检查一次,电容式发爆器至少每月赋能一次。

5.2.5　电力起爆法的特点

电力起爆法是爆破工程中应用最广泛的一种起爆方法,具有以下优点:

(1)可以随时用爆破专用仪表检查电爆网路的连接质量;

(2)操作人员可以在远离爆区的安全地带起爆装药;

(3)可以同时起爆大量电雷管;

(4)可以准确地控制装药的起爆时间和延期时间;

(5)在具有瓦斯与煤尘爆炸危险的环境中,它是目前唯一能采用的起爆方法。

电力起爆法有以下缺点:

(1)起爆大量的雷管时,必须进行电爆网路的设计和计算,需要专用的起爆电源。

(2)在杂散电流、静电、雷电、射频辐射的作用下,存在发生意外早爆事故的隐患。

(3)操作和检查复杂,装起爆药包之前需切断一定范围内的电源。

5.3 导爆索起爆法

导爆索起爆法是利用导爆索爆炸的能量引爆炸药的一种方法。

导爆索可单独组成起爆网路,也可与继爆管组成毫秒微差起爆网路,也可与毫秒电雷管或导爆管毫秒雷管组成毫秒微差起爆网路。

5.3.1 导爆索连接方式

在导爆索爆破网路中,主导爆索与支导爆索或索段与索段的连接方法有搭接、水手接、套接及三角形连接等方式(见图5-6)。搭接时,两根导爆索重叠的长度不得小于15cm,支导爆索传爆方向与主导爆索传爆方向的夹角不得大于90°(见图5-7)。连接导爆索中间不应出现打结或打圈;交叉敷设时,应在两根交叉导爆索之间设置厚度不小于10cm的木质垫块。硐室爆破时,导爆索与铵油炸药接触的地方应采取防渗油措施或采用塑料被覆导爆索。

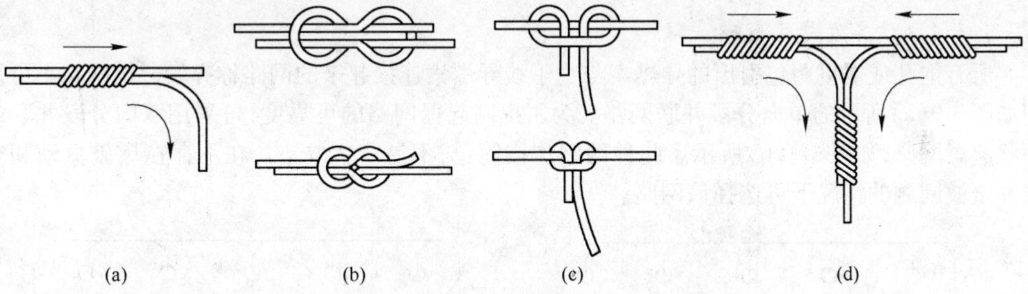

图5-6 导爆索连接方式

(a)搭接;(b)水手接;(c)套接;(d)三角形连接

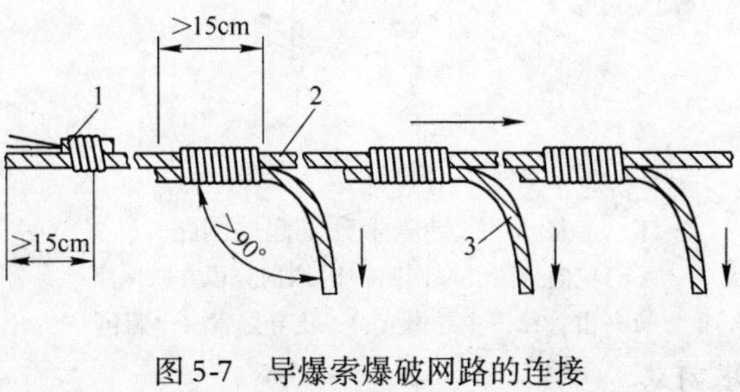

图5-7 导爆索爆破网路的连接

1—雷管;2—主导爆索;3—支导爆索

5.3.2　导爆索与炸药连接

导爆索与炸药连接有两种常用方式:炮孔内连接及硐室内连接。

炮孔内连接是将导爆索插入袋装药包内与药袋捆扎结实后送入炮孔内,也可将导爆索沿药袋兜底弯曲包扎结实后送入孔底,如图5-8(a)和(b)所示。对于大药包或硐室爆破,为提高导爆索起爆炸药的威力,常在插入炸药的一端打几个结或弯折两三次后捆成一个结(见图5-8(c))。

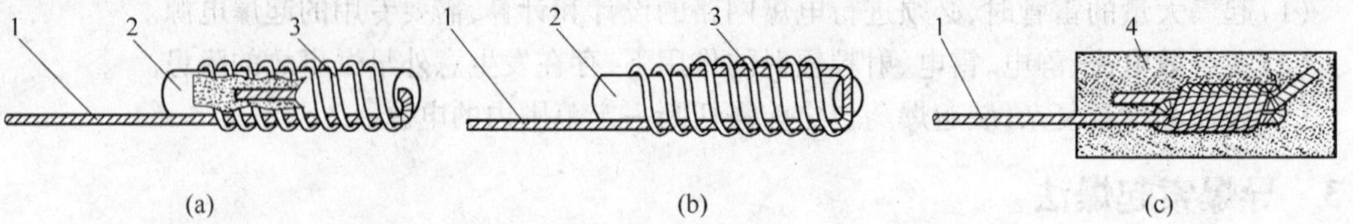

图5-8　导爆索与炸药的连接

1—导爆索;2—药卷;3—胶布;4—起爆体

5.3.3　导爆索的引爆

导爆索可由炸药、火雷管、电雷管或导爆管雷管引爆。当用雷管引爆时,雷管聚能穴应朝向导爆索传爆方向。起爆导爆索的雷管应绑扎在距导爆索端部15cm以远的位置(见图5-7)。

5.3.4　导爆索起爆网路

导爆索起爆网路由起爆雷管、主导爆索、支导爆索、继爆管(或导爆管雷管)组成,分为齐发起爆网路和毫秒起爆网路两种。导爆索起爆网路形式比较简单,没有复杂计算,只需合理安排起爆顺序即可。

5.3.4.1　齐发起爆网路

所有炮孔或硐室药包引出的导爆索与主干线导爆索连接起来的网路称齐发起爆网路。可采用如图5-9(a)所示的单向分段并联网路。为了提高起爆网路的可靠度,可采用双向分段并联或环状起爆网路,如图5-9(b)所示。此种网路连接简单,不易产生差错。在不存在爆破振动和空气冲击波问题的情况下可选择该网路。

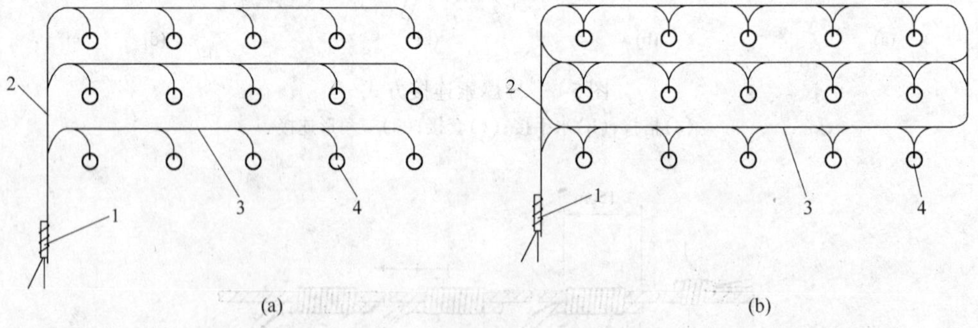

图5-9　导爆索齐发起爆网路

(a)单向分段并联网路;(b)双向分段并联网路

1—雷管;2—主导爆索;3—支导爆索;4—药包

5.3.4.2　毫秒起爆网路

当采用毫秒继爆管(或导爆管毫秒雷管)加导爆索网路形式时,可以实现毫秒爆破。采用单向继爆管时,应避免接错方向。主导爆索应同继爆管上的导爆索搭接在一起,被动导爆索应同继爆管的尾部雷管搭接在一起,以保证能顺利传爆。根据爆破工程要求和条件,网路形式有孔间毫秒延迟、排间毫秒延迟、孔间或排间交错延迟等各种形式的毫秒爆破。

图 5-10 所示为最简单的排间毫秒延迟起爆网路。

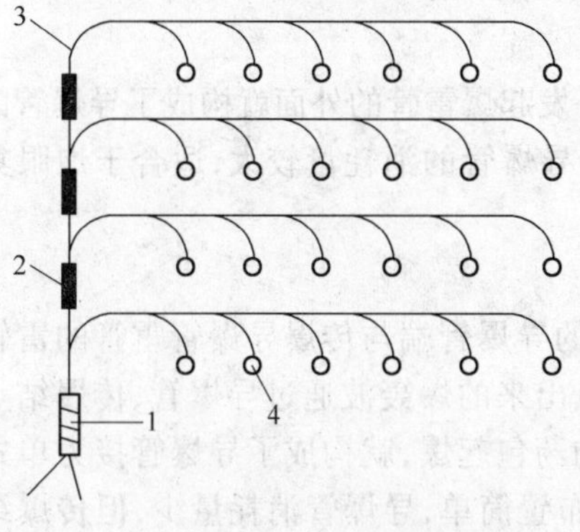

图 5-10 导爆索排间毫秒延迟起爆网路

1—雷管;2—继爆管;3—导爆索;4—药包

5.3.5 导爆索起爆法的特点

导爆索起爆法适用于深孔爆破、硐室爆破和光面或预裂爆破,其优点是:

(1)操作技术简单,与电雷管起爆方法相比,准备工作量少;

(2)安全性较高,一般不受外来电的影响,除非雷电直接击中导爆索;

(3)导爆索的爆速较高,有利于提高被起爆炸药传爆的稳定性;

(4)可以使成组炮孔或药室同时起爆,而且同时起爆的炮孔数不受限制。

导爆索起爆法的缺点是:成本较高;在起爆以前,不能用仪表检查起爆网路的质量;在露天爆破时,噪声较大;导爆索爆破网路不适应城市控制爆破。

5.4 塑料导爆管起爆系统

以塑料导爆管为传爆元件,并与起爆元件、连接元件及末端工作元件等构成的起爆系统称为塑料导爆管起爆系统,简称导爆管起爆系统。导爆管起爆系统是 20 世纪 70 年代发展起来的一种新型起爆系统,它和火雷管起爆方法、导爆索起爆方法统称为非电起爆方法。

5.4.1 导爆管起爆系统组成

导爆管起爆系统由起爆(击发)元件、传爆元件、末端工作元件三部分组成。

5.4.1.1 起爆元件

能引爆导爆管的器材,统称为起爆元件。起爆元件的种类很多,主要有击发枪、击发笔、导爆索、工业雷管等。

(1)用雷管起爆导爆管时,单发 8 号雷管可引爆 50 余根的导爆管,但为了起爆可靠,一般不宜超过 20 根,而且应将这些导爆管均匀分布在雷管周围用胶布等捆绑扎紧;

(2)用导爆索起爆时,将导爆管(一般不宜超过 6 根)紧紧绑扎在导爆索上,绑扎段长度不小于 0.1m,导爆管与导爆索的传爆方向的夹角在 25°~90°之间。当将导爆管(每束不宜超过 6 根)垂直对称捆扎在导爆索上,其连接方式较可靠。

5.4.1.2 传爆元件

传爆元件的作用是将上一段导爆管中产生的爆轰波传递至下一段导爆管。常用的传爆元件有连接块(或用黑胶布)、反射四通接头和导爆管雷管。其中导爆管雷管既是上一段导爆管的末端工作元件,又是下一段导爆管的起爆元件。

5.4.1.3 末端工作元件

末端工作元件是指用来起爆工业炸药爆炸的导爆管雷管。导爆管雷管的品种有导爆管毫秒雷管、导爆管半秒延期雷管和导爆管秒延期雷管等。其长度据需要有 3m、5m、7m、10m、12m、18m、20m 等。

5.4.2　导爆管起爆网路基本形式

导爆管起爆网路的形式多种多样,下面列举一些基本的形式。

5.4.2.1　导爆管簇联网路

将若干个导爆管雷管的导爆管末端用胶布捆绑在一发起爆雷管的外面就构成了导爆管的簇联爆破网路,如图 5-11(a)所示。簇联网路简单实用,但导爆管的消耗量较大,适合于炮眼集中且数目不多的爆破工程。

5.4.2.2　导爆管接力单式起爆网路

孔外采用单发导爆管雷管传爆,被传爆导爆管雷管的导爆管端与传爆导爆管雷管的雷管端依次成串相连,每个连接点组成一个传爆结点,由击发点出来的爆轰波通过导爆管、传爆结点逐级传递下去并引爆装在药包中的导爆管雷管使网路中的药包起爆,就构成了导爆管接力单式起爆网路,如图 5-11(b)所示。导爆管接力单式起爆网路布置简单,导爆管消耗量少,但传爆结点多,只要有一个传爆结点拒爆,整个网路就会在此中断传爆,其传爆的可靠性较低。

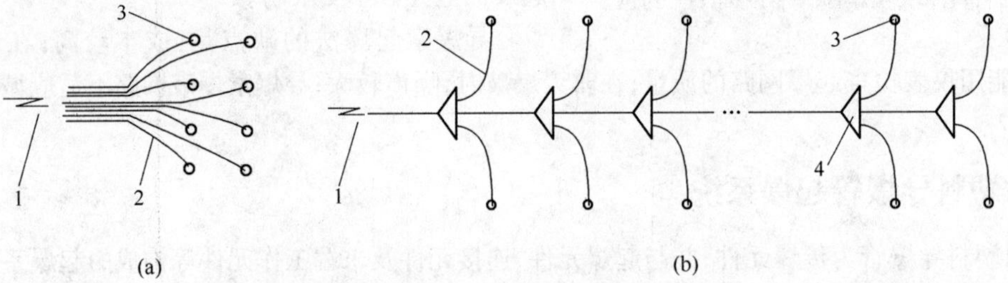

图 5-11　导爆管簇联(a)和导爆管接力单式起爆网路(b)示意图

1—击发点;2—孔内导爆管雷管;3—炮孔(药包);4—传爆结点

5.4.2.3　导爆管接力单复式起爆网路

为提高传爆的可靠性,经常在每个炮孔(药包)内布置两发雷管,从每个炮孔(药包)内各取一发雷管分别组成两套起爆网路,这两套起爆网路组合在一起就构成了导爆管接力单复式起爆网路,如图 5-12 所示。

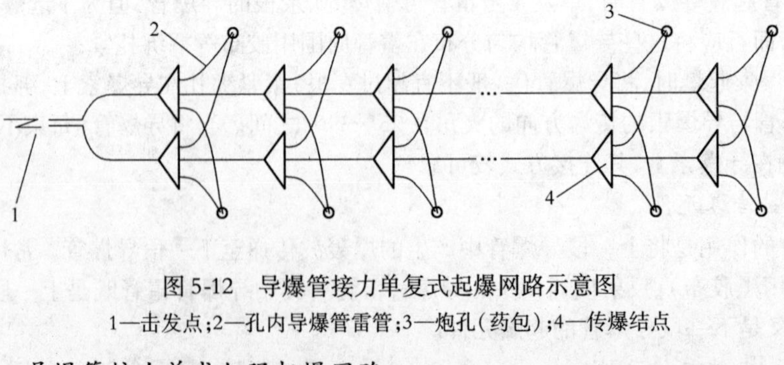

图 5-12　导爆管接力单复式起爆网路示意图

1—击发点;2—孔内导爆管雷管;3—炮孔(药包);4—传爆结点

5.4.2.4　导爆管接力单式加强起爆网路

导爆管接力单式加强起爆网路形式与导爆管接力单复式起爆网路所用导爆管雷管的数量相

同,其不同的是将孔外两发传爆雷管并联在一起,如图5-13所示。

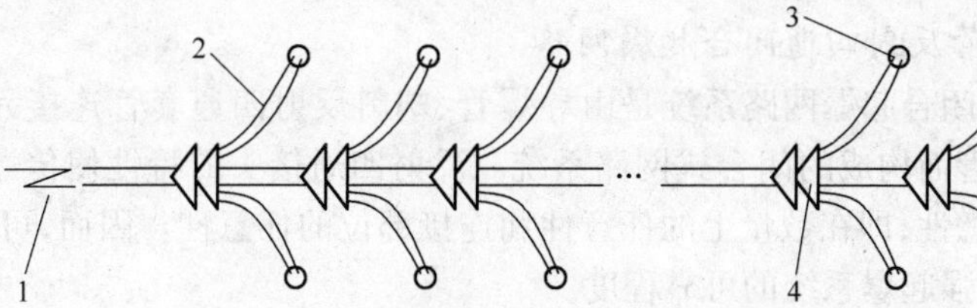

图5-13 导爆管接力单式加强起爆网路示意图

1—击发点;2—孔内导爆管雷管;3—炮孔(药包);4—传爆结点

5.4.2.5 导爆管接力不对称复式单侧再生起爆网路

该起爆网路在导爆管接力单复式起爆网路的基础上,增加1发传爆导爆管雷管将其交替同时连接在复式网路对应的传爆结点上,其作用是在传爆的过程中的某一支路失效时,起到重新激活的作用,从而构成了导爆管接力不对称复式单侧再生起爆网路,如图5-14所示。

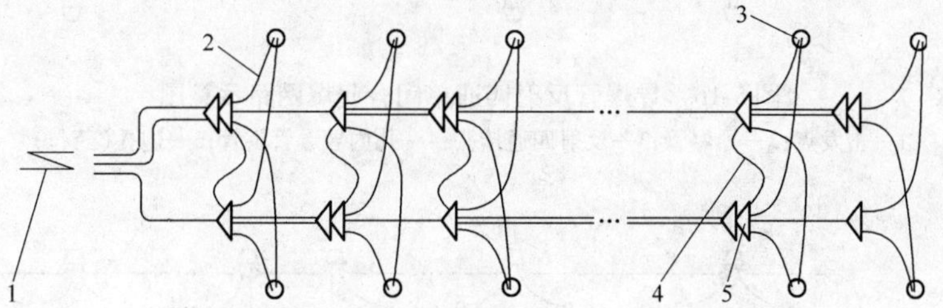

图5-14 导爆管接力不对称复式单侧再生起爆网路示意图

1—击发点;2—孔内导爆管雷管;3—炮孔(药包);4—外交替传爆雷管;5—传爆结点

5.4.2.6 导爆管接力复式交叉起爆网路

在导爆管接力单复式起爆网路的基础上,增加2发导爆管雷管传爆,并将其分别交叉连接形成导爆管接力复式交叉起爆网路,如图5-15所示。

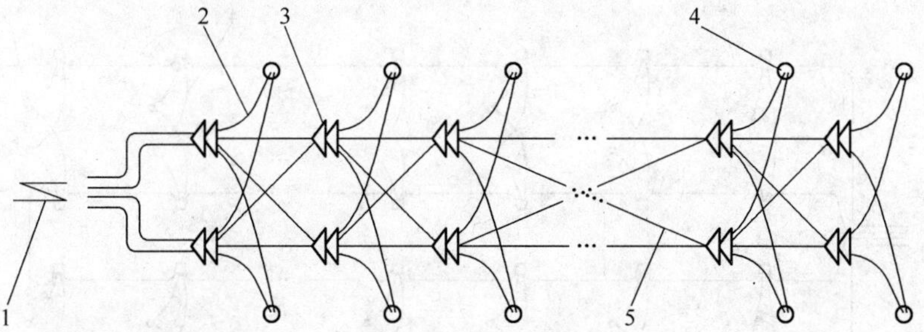

图5-15 导爆管接力复式交叉起爆网路示意图

1—击发点;2—孔内导爆管雷管;3—传爆结点;4—炮孔(药包);5—孔外交叉传爆雷管

在上述五种导爆管接力式起爆网路的基本形式中,经可靠性的理论分析可知,起爆网路系统的可靠性程度依次为:导爆管接力复式交叉起爆网路 > 导爆管接力不对称复式单侧再生起爆网

路 > 导爆管接力单式加强起爆网路 > 导爆管接力单复式起爆网路 > 导爆管接力单式起爆网路。工程中可根据起爆规模的大小和对起爆网路可靠性的不同要求来设计、选择。

5. 4. 2. 7　导爆管反射四通闭合起爆网路

导爆管反射四通闭合起爆网路系统是由导爆管、塑料反射四通套管连接元件(简称反射四通接头)和导爆管雷管而构成的闭合式网路系统。反射四通接头的特性使传爆导爆管(形成的通道)的连接具有任意性,即在数量上的任意性和连接部位的任意性。因而,可以用增加通道的数量和采用复式来加强起爆系统的可靠程度。

利用导爆管和反射四通接头,按一定设计规则,通过连接技巧,可将其整个网路连接成多种形式的闭合网路。图 5-16、图 5-17 和图 5-18 为导爆管闭合网路的几种基本形式的示意图。

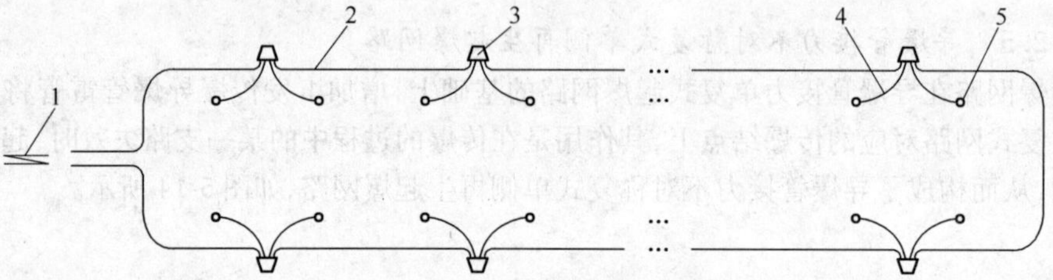

图 5-16　导爆管反射四通单闭合起爆网路示意图

1—击发点;2—导爆管;3—反射四通接头;4—孔内导爆管雷管;5—炮孔(药包)

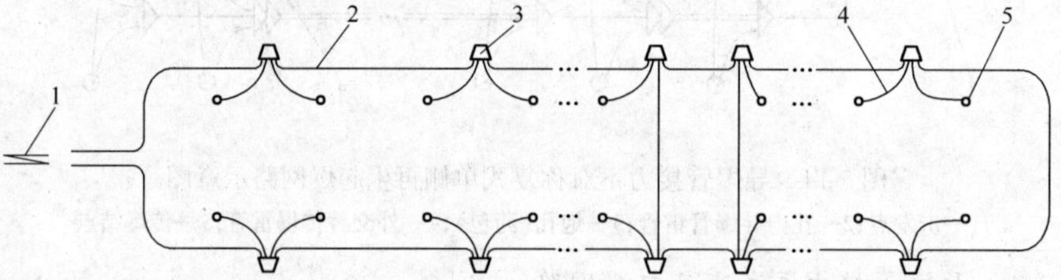

图 5-17　导爆管反射四通多闭合起爆网路示意图

1—击发点;2—导爆管;3—反射四通接头;4—孔内导爆管雷管;5—炮孔(药包)

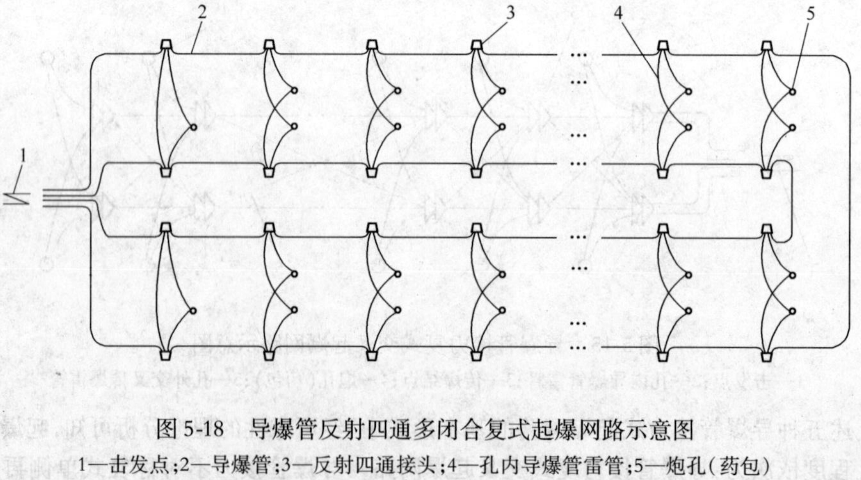

图 5-18　导爆管反射四通多闭合复式起爆网路示意图

1—击发点;2—导爆管;3—反射四通接头;4—孔内导爆管雷管;5—炮孔(药包)

导爆管反射四通闭合起爆网路的主要特点如下：

(1)整个网路可形成网状多通道传爆方向四通八达，个别组合雷管或局部导爆管的缺陷不影响整个网路的准爆性；

(2)对于每个起爆雷管，至少保证有两个方向传递爆轰波，可以起到双保险作用；

(3)网路中只要一个点能击发即可引爆整个网路；

(4)网路连接操作简单，检查方便，传爆可靠性较高；

(5)起爆雷管不受限制，可以把封闭网路无限扩展，然后单点或多点击发，可起爆整个网路。

5.4.3 敷设导爆管爆破网路时应注意的问题

敷设导爆管爆破网路时应注意：

(1)导爆管一旦被截断，端头一定要密封，以防止受潮、进水及其他小颗粒堵塞管腔。可用火柴烧熔导爆管端头，然后用手捏紧即可。再使用时，把端头剪去约10cm，以防止端头密封不严受潮失效。

(2)导爆管需接长时，首先将导爆管密封头剪掉，然后将两根导爆管插入塑料套管中同心相对，并在套管外用胶布绑紧。

(3)导爆管、导爆管雷管在使用前必须进行认真的外观检查。发现导爆管破裂、折断、压扁、变形或管腔存留异物，均应剪断去掉，然后用套管对接。如果导爆管雷管的卡口塞处导爆管松动，则会造成起爆不可靠，延时时间不准确，应将其作为废品处理。

(4)导爆管网路中不得有死结，孔内不得有接头，孔外传爆雷管之间应留有足够的间距。

(5)为了防止雷管聚能穴产生的高速聚能射流提前切断尚未传爆的导爆管，可将起爆雷管或传爆雷管反向布置，即将雷管聚能穴指向与导爆管的传爆方向相反的方向。需要指出的是，从起爆和传爆强度的角度考虑，正向布置起爆雷管比反向布置更合理。如果正向布置起爆雷管，必须采取防止聚能穴炸断导爆管的有效措施，如采用岩渣或砂土覆盖等。

(6)安装传爆雷管和起爆雷管之前，应停止爆破区域一切与网路敷设无关的施工作业，无关人员必须撤离爆破区域，以防止意外触发起爆雷管或传爆雷管引起早爆。

5.4.4 导爆管起爆系统的特点

导爆管起爆系统具有如下优点：

(1)不受杂散电流及各种感应电流的影响，适合于杂散电流较大的露天或地下矿山爆破作业；

(2)起爆网路的设计、操作简便，不需进行网路计算；

(3)作为主要耗材的导爆管为非危险品，储运方便、安全，且成本较低；

(4)可以一次起爆大量的炮孔或药包，且微差段数不受限制，既可用于小型爆破，也适用于大型的深孔爆破、硐室爆破。

导爆管起爆系统尚具有以下不足：

(1)导爆管雷管及起爆网路无法用仪表进行检查，只能凭外观检查网路的质量情况；

(2)不能在具有瓦斯与煤尘爆炸危险的环境中使用；

(3)在高寒地区，塑料导爆管硬化会恶化其传爆性能。

5.5 新型起爆方法

为了消除传统起爆器材的一些缺陷，适应特殊爆破环境的需求，近年来国内外研制成功了很多新型的起爆器材，从而产生了新型的起爆方法。下面主要介绍高精度高强度导爆管起爆系统和数码雷管起爆系统。

5.5.1　高精度高强度导爆管起爆系统

高精度高强度导爆管起爆系统与前所述的塑料导爆管起爆系统的基本原理相同,所不同的是采用了高精度高强度导爆管雷管,并通过其孔内导爆管雷管和地表导爆管雷管不同段别的合理组合和连接技巧,以实现高精度逐孔和技术所要求的不同起爆顺序的毫秒爆破。下面以澳瑞凯爆破器材有限公司生产的高精度高强度导爆管雷管产品为例,来介绍该起爆系统的设计方法与施工技术。

5.5.1.1　*起爆网路设计顺序*

设计起爆网路时,首先应准备现场爆区的炮孔布置平面图,要求其炮孔的相对位置要准确,并按以下顺序进行:选择起爆点→确定传爆方向→确定控制排→确定雁行列→确定排及列的地表延期时间→选取孔内导爆管雷管和地表导爆管雷管段别(见图 5-19)。在选取雷管段别时,一般采取“孔内同段,地表分段”,地表导爆管雷管段别视地质情况和设计要求而定;如图 5-19 中孔内导爆管雷管均为 400ms,地表控制排和雁行列的传爆导爆管雷管分别采用 17ms 和 42ms。

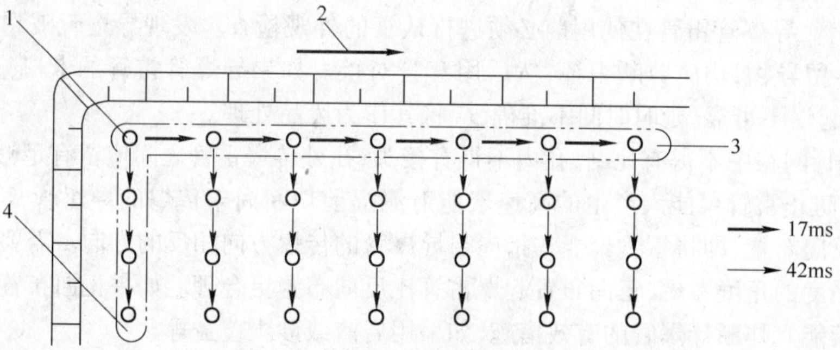

图 5-19　起爆网路设计顺序示意图

1—起爆点;2—传爆方向;3—控制排;4—雁行列

5.5.1.2　*地表延期雷管连接顺序及方法*

地表延期雷管的分发应在炮孔装药填塞完毕后,爆破技术员根据爆破设计图分发地表雷管;地表雷管放在炮孔孔口附近;在地表管未分发完之前,不能开始地表网路的连接。

地表延期雷管连接顺序是从后往前,即从最后一个炮孔开始逐炮孔逐雁行列连接到控制排所对应的炮孔,再由控制排的最后一个炮孔逐炮孔连接至起爆点,如图 5-20 所示。

连接地表网路时,地表延期雷管连接块的开口应向上并与导爆管夹角垂直连接,其两端(各相距 30cm)用石块压住,如图 5-21 所示。

网路连接完毕后,由爆破技术员根据爆破设计图,先雁行列,后控制排依次对网路进行检查,确认无误后,再进行下一步的起爆工作。

5.5.2　数码雷管起爆系统

数码雷管起爆系统的主要元件是数码雷管,又称电子雷管,其利用可以精确定时的电子元件取代电子雷管中的延期药,并在此基础上添加了一些提高使用灵活性的现场编程功能、提高雷管可靠性的在线检测功能和防静电、防射频电等安全保护功能。

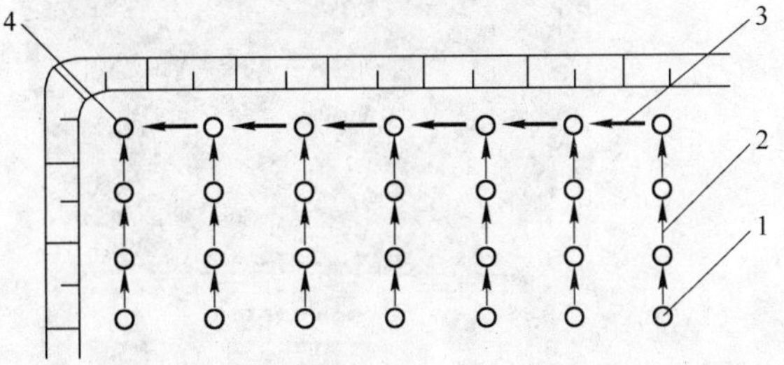

图 5-20　地表延期雷管连接顺序示意图

1—最后一个炮孔;2—雁行列;3—控制排;4—起爆点

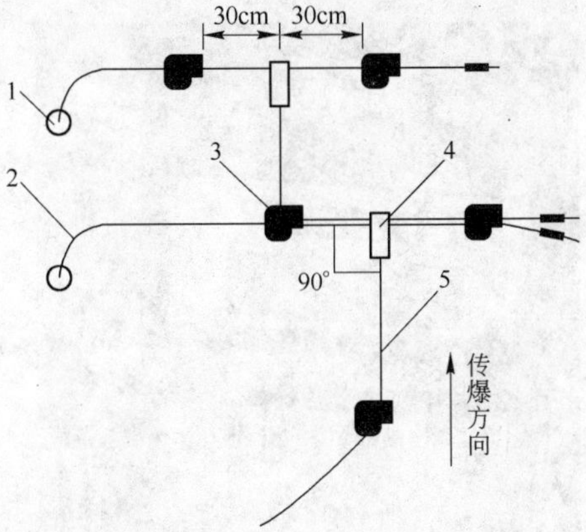

图 5-21　地表网路的连接示意图

1—炮孔;2—孔内导爆管雷管;3—石块;
4—连接块;5—地表延期雷管

数码雷管起爆系统由可编码的数码雷管、编码器和起爆器三部分组成。

(1)数码雷管。数码雷管延期时间可设定为 1～15000ms,并且可以按 1ms 时间间隔递增(其性能详见前章所述)。

(2)编码器。编码器专用于联网期间为数码雷管设定延期时间和功能测试,能够读取和储存唯一的雷管识别码和必需的延期时间。

(3)发爆器。发爆器用于最终的系统测试和点火。

下面以澳瑞凯公司生产的 i－konTM 数码雷管起爆系统为例,介绍该起爆系统的一些性能及技术。

i－konTM 数码雷管是完全可编程的,有一个数字化的延时芯片,一旦点火信号发出,它就可以独立工作。雷管内部有一个保护装置,可以高度可靠地保护雷管不被杂散电流、过载电压、静电和电磁辐射干扰。

雷管尾部的连接器可直接扣在导线上,从而通过连接器内的一对铜脚线将雷管与导线连接起来,编码器与导线连接,可对雷管设定延期时间和测试。

由于每一发雷管都是连通的,数码雷管编码器可以检测雷管性能,读取雷管识别码,然后连同延期时间一起写入内存。用户可以回顾存储的延期时间列表,并重新编辑设定的延期时间。

数码雷管编码器具有内在安全性的、手持式的编码和测试装置,可以检测雷管功能,读取雷管识别码,然后连同延期时间一起写入内存。数码雷管依靠数据信号记忆延期,雷管延期时间一旦设置后,雷管与主线的并联连接顺序可以任意调换,而且起爆信号发出后数码雷管脚线及网路主线的破坏对雷管的准爆与延时精度是没有影响的。每个 i－konTM 编码器可编码并储存 200 发数码雷管(见图 5-22)。

i－konTM 数码雷管起爆器 Blaster 400(或 1600),可分别连接 2(或 8)个编码器,起爆能力分别是 400(或 1600)发数码雷管。如果采用两个 Blaster1600 型起爆器,则起爆能力可增至 3200 发数码雷管(见图 5-23)。

数码雷管起爆系统与常规雷管起爆法相比,具有许多无可比拟的优点:数码雷管抗水、抗压性能好;雷管的起爆时间设置灵活,爆破现场可根据需要在 0～15000ms 内任意设置和调整;雷管延期时间长且误差小;雷管位置和工作状态可反复检查;现场网路连接安全简便等。但在实践中也发现, 数码雷管起爆系统存在不能对未在编码器中登录而又连接在起爆网路中的雷管进行检

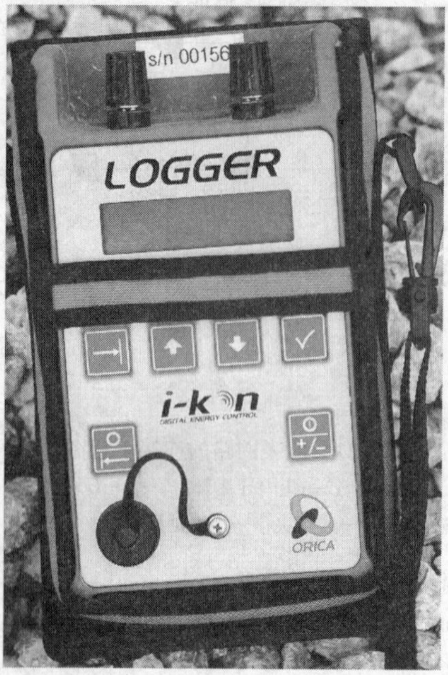

图 5-22　i－konTM 编码器

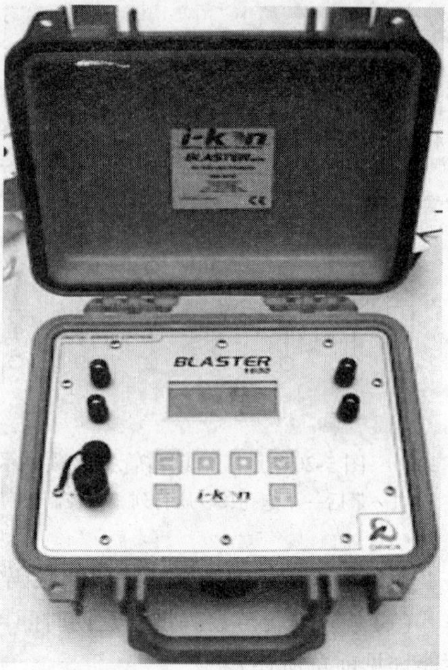

图 5-23　i－konTM 起爆器

测的漏洞，今后需加以改进。

数码雷管起爆系统代表了工程爆破向数字化发展的一个方向，值得在振动控制要求严格、起爆段间时差要求精确、起爆延续时间长等复杂条件下的工程爆破中推广使用。

5.6　混合网路起爆法

工程爆破中为了提高起爆系统的准爆率和安全性，考虑到各种起爆材料的不同性能，经常将两种以上不同的起爆方法组合使用，形成一种准爆程度较高的混合网路。这种网路有两种以上起爆器材混合使用，有的形成两套网路。混合网路常用的有三种形式：电-导爆管混合网路；导爆索-导爆管混合网路和电-导爆索混合网路。有时也将电雷管、导爆管雷管和导爆索三者同时采用。

总之，在掌握各种起爆器材的性能和起爆网路使用特点的基础上，根据不同工程的特点和要求，可以组合出各种各具特色的混合起爆网路。

本章小结

本章介绍了常用起爆方法基本原理、起爆网路设计和施工技术，是全书的重要学习内容之一。其学习要点如下：

（1）了解起爆方法的分类，了解火雷管起爆法和数码雷管起爆系统所用器材和施工工艺；了解各类起爆法的施工技术、应用范围。

（2）掌握导爆索起爆法和导爆索的连接技术和网路布置。

（3）重点掌握电雷管起爆法、普通导爆管雷管起爆法和高精度高强度导爆管雷管起爆法，应具有毫秒网路设计与各种电爆网路的计算能力，这也是本章的难点。

（4）学习本章应开设电雷管参数测试、电爆网路设计计算与敷设、导爆管毫秒爆破网路设计与敷设的实验项目。

复习思考题

5-1 何为最高安全电流,《爆破安全规程》(GB 6722—2003)中对其规定值是多少,其实际意义是什么?

5-2 成组电雷管起爆时,其准爆电流是如何规定的?

5-3 在本章图 5-2、图 5-3 的电爆网路中,若已知电雷管数量分别为 10 发和 20 发,电雷管电阻 $r=4\Omega$,主线电阻 $R_1=5\Omega$,支线电阻 $R_2=3\Omega$,求为保证准爆,起爆网路的起爆电源各应满足什么要求?

5-4 某露天采场电爆网路,采用 380V 交流电,设网路电雷管电阻 $r=4\Omega$,主线电阻 $R_1=3.5\Omega$,支线电阻 $R_2=2\Omega$,则网路分别为串联、并联和混联时,各能可靠起爆的雷管最大数目是多少?

5-5 导爆索连接方式有哪几种方法,连接时应注意什么？起爆导爆索的雷管与导爆索应如何连接?

5-6 导爆索起爆法有哪些特点?

5-7 试分别采用毫秒电雷管、导爆管毫秒雷管与导爆索组合进行多排孔排间毫秒爆破起爆网路设计(已知:$\Delta t=50$ms,共 3 排炮孔),并画出起爆网路示意图。

5-8 导爆管起爆系统有哪些特点?

5-9 有两排炮孔,每排有 6 个孔,采用对角斜线毫秒起爆(已知:$\Delta t=25$ms),试采用普通塑料导爆管起爆网路设计,并画出起爆网路示意图。

5-10 已知某爆区有 4 排炮孔,每排有 8 个孔,采用澳瑞凯高精度高强度导爆管雷管设计起爆网路;又知孔内采用 16 段导爆管雷管,地表控制排和雁行列分别采用 2 段和 4 段导爆管雷管连接,试画出其起爆网路图,标明该爆区各孔的起爆顺序。

5-11 i－konTM 数码雷管起爆系统由哪几部分组成?

6 岩石爆破基本原理

岩石爆破破碎理论主要揭示炸药在岩石中爆炸造成岩石破碎的规律。为简化起见，在下面的理论论述中，假定岩石是均匀介质，并且基于一个自由面条件下单个集中药包的爆破破岩过程，并在此基础上将其理论推广应用到其他条件下。

岩石爆破破坏是一个高温、高压、高速的瞬态过程，在几十微秒到几毫秒内即完成。这使得研究岩石爆破破碎机理变得困难，所提出的各种破岩理论目前还只能算是假说。

6.1 岩石爆破破坏基本理论

岩石爆破破坏机理，依据其基本观点，可归结为三种。

(1)膨胀作用理论。该理论认为炸药爆炸引起岩石破坏，主要是高温高压气体产物对岩石膨胀做功的结果。爆生气体膨胀造成岩石质点的径向位移，由于药包距自由面(岩石与空气的分界面)的距离在各个方向上不一样，质点位移所受的阻力就不同，自由面垂线方向阻力最小，岩石质点位移速度最高。正是由于相邻岩石质点移动速度不同，岩石中产生了剪切应力，一旦剪切应力大于岩石的抗剪强度，岩石即发生剪切破坏。其后，破碎的岩石又在爆生气体膨胀推动下沿径向抛出，形成一倒锥形的爆破漏斗坑(见图 6-1)。

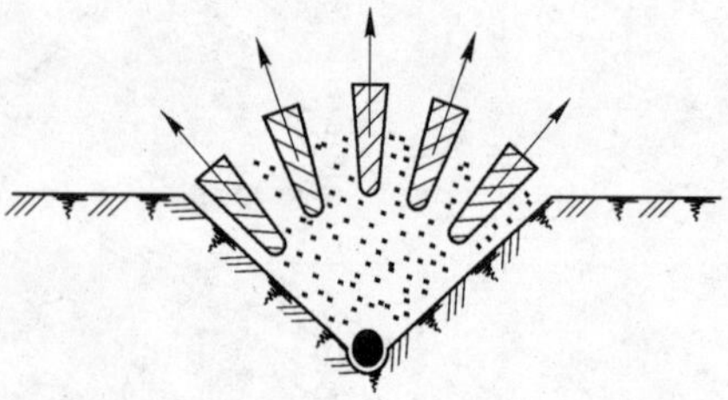

图 6-1　爆炸生成气体产物的膨胀作用

该理论的试验基础是早期用黑火药对岩石进行爆破漏斗试验中所发现的均匀分布的、朝向自由面方向发展的辐射裂隙。这种理论称为静作用理论。

(2)爆炸应力波反射拉伸作用理论。这种理论认为岩石的破坏主要是由于岩石中爆炸应力波在自由面反射后形成反射拉伸波的作用，岩石中的拉应力大于其抗拉强度而产生的，岩石是被拉断的(见图 6-2)。

当炸药在岩石中爆轰时，生成的高温、高压和高速的冲击波猛烈冲击周围的岩石，在岩石中引起强烈的应力波，它的强度大大超过了岩石的动抗压强度，因此引起周围岩石的过度破碎。压缩应力波通过粉碎圈以后继续往外传播，但是它的强度

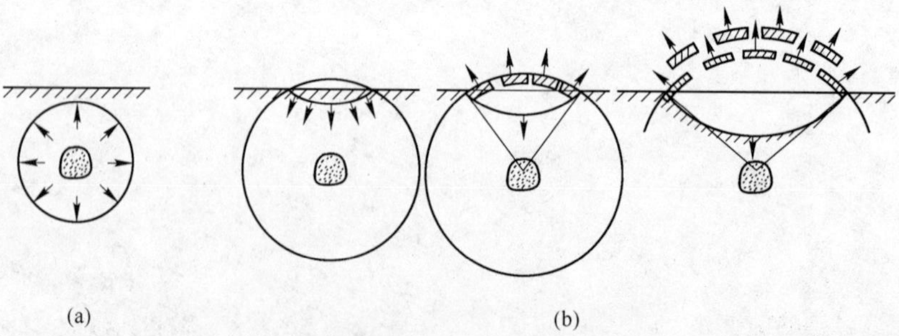

图 6-2　反射拉伸应力波破坏作用
(a)入射压力波波前；(b)反射拉伸应力波波前

已大大下降到不能直接引起岩石的破碎,如图 6-2(a)所示。当它达到自由面时,压缩应力波从自由面反射成拉伸应力波,虽然此时波强度已很低,但是岩石的抗拉强度大大低于抗压强度,所以仍足以将岩石拉断。这种破裂方式也称"片落",如图 6-2(b)所示。随着反射波往里传播,"片落"继续发生,一直将漏斗范围内的岩石完全拉裂为止。因此岩石破碎的主要部分是入射波和反射波作用的结果,爆炸气体的作用只限于岩石的辅助破碎和破裂岩石的抛掷。

该理论的试验基础是岩石杆件的爆破试验(也称为霍普金森杆件试验)和板件爆破试验。杆件爆破试验是用长条岩石杆件,在一端安置炸药爆炸,则靠炸药一端的岩石被炸碎,而另一端岩石也被拉断成许多块,杆件中间部分没有明显破坏,如图 6-3 所示。板件爆破试验是在松香平板模型的中心钻一小孔,插入雷管引爆,除平板中心形成和装药的内部作用相同的破坏外,在平板的边缘部分形成了由自由面向中心发展的拉裂区,如图 6-4 所示。这些试验说明了拉伸波对岩石的破坏作用。这种理论称为动作用理论。

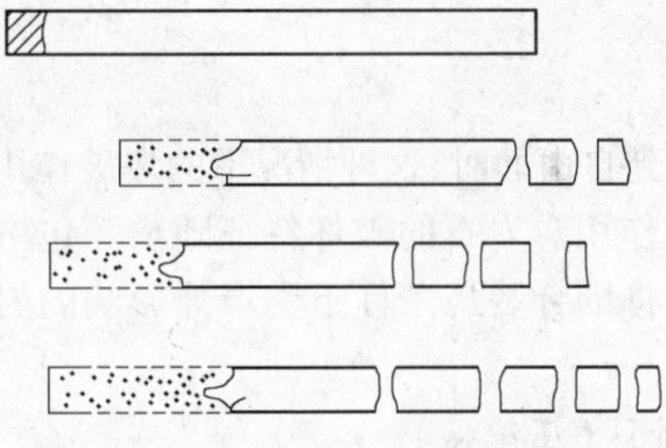

图 6-3　岩石杆件的爆破(霍普金森效应)试验

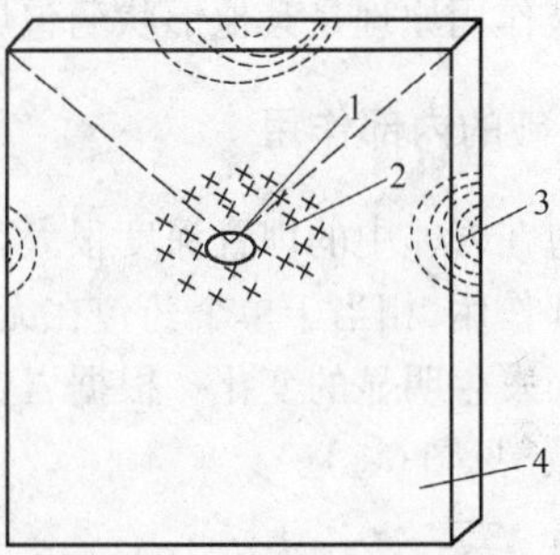

图 6-4　板件爆破试验

1—装药孔;2—破碎区;3—拉裂区;4—振动区

在具有一定厚度的水泥板上放置药包进行爆破时,水泥板的另一面(自由面)将被崩坏而脱落,而水泥板的中间层反而没有受到破坏(见图 6-5)。水泥板的破坏过程与前述岩石杆件相似。

(3)爆生气体和应力波综合作用理论。该理论认为,在实际爆破中,爆生气体膨胀和爆炸应力波都对岩石破坏起作用,不能绝对分开,而应是两种作用综合的结果,因而加强了岩石破碎效果。比如冲击波对岩石的破碎,作用时间短,而爆生气体的作用时间长,爆生气体的膨胀,促进了裂隙的发展;同样,反射拉伸波也同样加强了径向裂隙的扩展。

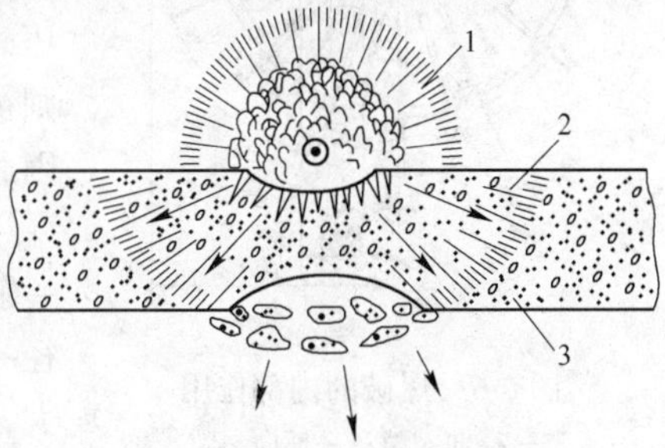

图 6-5　水泥板的爆轰破坏

1—空气冲击波波阵面;2—水泥板中冲击波波阵面;3—水泥板

至于哪一种作用是主要作用,应根据不同的情况来确定。黑火药爆破岩石,几乎不存在动作用。而猛炸药爆破时又很难说是气体膨胀起主要作用,因为往往猛炸药的爆容比硝铵类混合炸药的爆容要低。岩石性质不同,情况也不同。经验表明:对松软的塑性土壤,波阻抗很低,应力波衰减很大,这类岩土的破坏主要靠爆生气体的膨胀作用。而对致密坚硬的高波阻抗岩石,应主要靠爆炸应力波的作用,才能获得较好的爆破效果。

这种理论的实质可以认为是:岩体内最初裂隙的形成是由冲击波或应力波造成的,随后爆生气体渗入裂隙并在准静态压力作用下,使应力波形成的裂隙进一步扩展。爆生气体膨胀的准静态能量,是破碎岩石的主要能源。冲击波或应力波的动态能量与岩石特性和装药条件等因素有关。哈努卡耶夫认为,岩石波阻抗不同,破坏时所需应力波峰值不同,岩石波阻抗高时,要求高的应力波峰值,此时冲击波或应力的作用就显得重要。他把岩石按波阻抗值分为三类:

第一类岩石属于高阻抗岩石。其波阻抗为15~25MPa·s/m。这类岩石的破坏,主要取决于应力波,包括入射波和反射波;

第二类岩石属于中阻抗岩石。其波阻抗为5~15MPa·s/m。这类岩石的破坏,主要是入射应力波和爆生气体综合作用的结果;

第三类岩石属于低阻抗岩石。其波阻抗小于5MPa·s/m。这类岩石的破坏,以爆生气体形成的破坏为主。

6.2 单个药包爆破作用

为了分析岩体的爆破破碎机理,通常将装药简化为在一个自由面条件下的球形药包。球形药包的爆破作用原理是其他形状药包爆破作用原理的基础。

6.2.1 爆破的内部作用

当药包在岩体中的埋置深度很大,其爆破作用达不到自由面时,这种情况下的爆破作用称为爆破的内部作用,相当于单个药包在无限介质中的爆破作用。岩石的破坏特征随离药包中心距离的变化而发生明显的变化。根据岩石的破坏特征,可将耦合装药条件下受爆炸影响的岩石分为三个区域(见图6-6)。

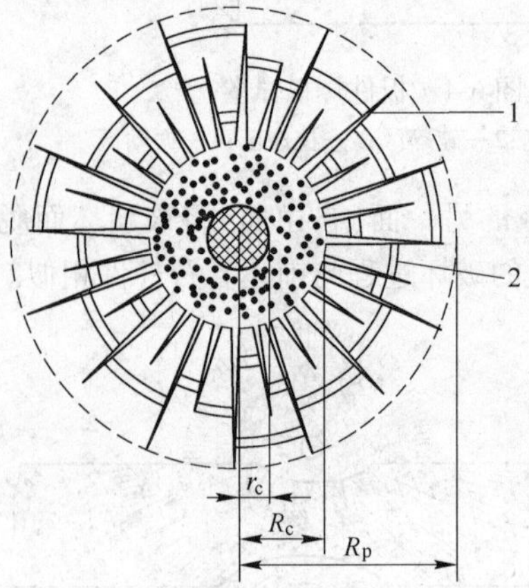

图6-6　爆破的内部作用

1—径向裂隙;2—环向裂隙

(r_c 为药包半径,m;R_c 为粉碎区半径,m;R_p 为破裂区半径,m)

6.2.1.1　粉碎区(压缩区)

这个区是指直接与药包接触的岩石。当密封在岩体中的药包爆炸时,爆炸压力在数微秒内就能迅速上升到几千甚至几万兆帕,并在此瞬间急剧冲击药包周围的岩石,在岩石中激发出冲击波,其强度远远超过了岩石的动抗压强度。此时,大多数在冲击载荷作用下呈现明显脆性的坚硬岩石则被压碎,可压缩性比较大的软岩(如塑性岩石、土壤和页岩等)则被压缩成压缩空洞,并且在空洞表层形成坚实的压实层。因此,粉碎区又叫压缩区,如图6-6所示。

一些学者的理论研究表明:对于球形装药,粉碎区半径一般是药包半径的1.28~1.75倍;对于柱形装药,粉碎区半径一般是药包半径的1.65~3.05倍。虽然粉碎区的范围不大,但由于岩石遭到强烈粉碎,能量消耗却很大,又使岩石过度粉碎,因此爆破岩石时应尽量避免形成压碎区。

6.2.1.2　裂隙区(破裂区)

当冲击波通过粉碎区以后,继续向外层岩石中传播。随着冲击波传播范围的扩大,岩石单位面积的能流密度降低,冲击波衰减为压缩应力波。其强度已低于岩石的动抗压强度,不能直接压碎岩石。但是,它可使粉碎区外层的岩石遭到强烈的径向压缩,使岩石的质点产生径向位移,因而导致外围岩石层中产生径向扩张和切向拉伸应变,如图6-7所示。如果这种切向拉伸应变产生的拉应力超过了岩石的动抗拉强度的话,那么在外围的岩石层中就会产生径向裂隙。当这种切向伴生拉伸应力小到低于岩石的动抗拉伸强度时,裂隙便停止向前发展。随着压缩应力波的进一步扩展和产生径向裂隙做功,其药包为中心的压力急剧下降,先前受到径向压缩的岩石能量快速释放,岩石变形回弹,因而又形成卸载波,卸载波产生与压缩应力波作用方向相反的向心拉伸应力。使岩石质点产生反向的径向移动,当径向拉伸应力超过岩石的动抗拉强度时,在岩石中便会出现环向的裂隙。图 6-8 是径向裂隙和环向裂隙的形成原理示意图。径向裂隙和环向裂隙的相互交错,将该区中的岩石割裂成块,此区域也称破裂区。

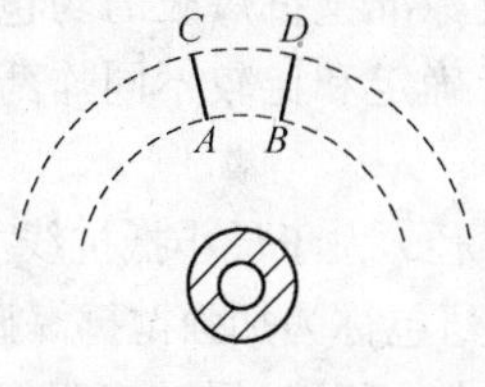

图 6-7 径向压缩引起的切向拉伸

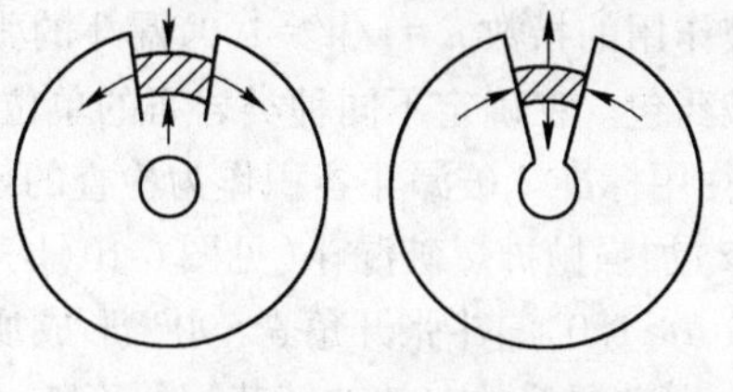

图 6-8 径向裂隙和环向裂隙的形成原理

一般来说,岩体内最初形成的裂隙是由应力波造成的,随后爆炸气体渗入裂隙起着气楔作用,并在静压作用下,使应力波形成的裂隙进一步扩大。

6.2.1.3 弹性振动区

破裂区以外的岩石中,由于应力波引起的应力状态和爆轰气体压力建立起的准静应力场均不足以使岩石破坏,只能引起岩石质点作弹性震动,直到弹性振动波的能量被岩石完全吸收为止,这个区域叫弹性振动区或地震区。在振动区,由于地震波的作用,有可能引起地面或地下建筑物的破裂、倒塌,或导致路堑边坡滑坡,隧道冒顶、片帮等灾害。

6.2.2 爆破漏斗

当单个药包在岩体中的埋置深度不大时,可以观察到自由面上出现了岩体开裂、鼓起或抛掷现象。这种情况下的爆破作用称为爆破的外部作用,其特点是在自由面上形成了一个倒圆锥形爆坑,这个坑称为爆破漏斗。

6.2.2.1 爆破漏斗的几何要素

置于自由面下一定距离的球形药包爆炸后,形成爆破漏斗的几何参数如图 6-9 所示。

(1)自由面:被爆破的岩石与空气接触的面称为自由面,又称临空面,如图 6-9 中的 AB 面;

(2)最小抵抗线 W:自药包重心到最近自由面的最短距离,即表示爆破时岩石抵抗破坏能力最小的方向,因此,最小抵抗线是爆破作用和岩石移动的主导方向;

(3)爆破漏斗半径 r:爆破漏斗的底圆半径;

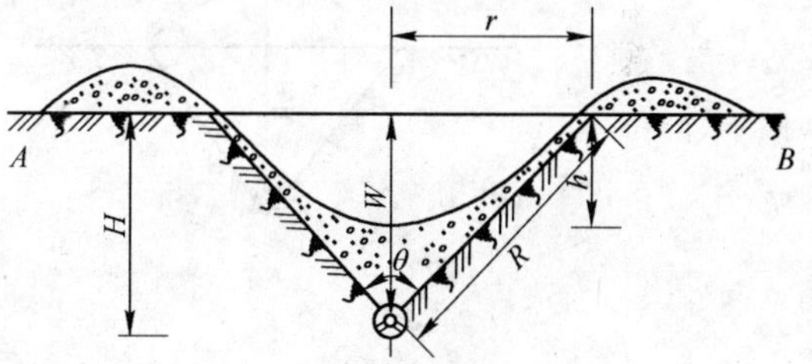

图 6-9 爆破漏斗图

(4)爆破作用半径 R:药包重心到爆破漏斗底圆圆周上任一点的距离,简称破裂半径;

(5)爆破漏斗深度 H:自爆破漏斗尖顶至自由面的最短距离;

(6)爆破漏斗的可见深度 h:自爆破漏斗中岩堆表面最低洼点到自由面的最短距离;

(7)爆破漏斗张开角 θ:爆破漏斗的顶角。

此外,在爆破工程中,还有一个经常使用的指数,称为爆破作用指数 n。它是爆破漏斗半径 r 和最小抵抗线 W 的比值,即:

$$n=\frac{r}{W} \tag{6-1}$$

n 值的变化实质上是爆破效果的改变,直接影响到爆破漏斗的大小、岩石破碎程度和抛掷效果。

6.2.2.2 爆破漏斗的基本形式

根据爆破作用指数 n 值的不同，爆破漏斗有以下四种基本形式（见图 6-10）：

（1）标准抛掷爆破漏斗（见图 6-10（a））。这种爆破漏斗的漏斗半径 r 与最小抵抗线 W 相等，即爆破作用的指数 $n=r/W=1.0$，漏斗的张开角 $\theta=90°$。形成标准抛掷爆破的药包称为标准抛掷爆破药包。在确定不同种类岩石的单位炸药消耗量时，或者确定和比较不同炸药的爆炸性能时，往往用标准爆破漏斗容积作为检查的依据。

（2）加强抛掷爆破漏斗（见图 6-10（b））。这种爆破漏斗半径 r 大于最小抵抗线 W，即爆破作用指数 $n>1.0$，漏斗张开角 $\theta>90°$，形成加强抛掷爆破漏斗的药包称为加强抛掷爆破药包。当 $n>3$ 时，爆破漏斗的有效破坏范围并不随 n 值的增加而明显增大。所以，爆破工程中加强抛掷爆破作用指数为 $1<n<3$。一般情况下，$n=1.2\sim2.5$。

（3）减弱抛掷爆破漏斗（也称加强松动爆破）（见图 6-10（c））。这种爆破漏斗半径 r 小于最小抵抗线 W，即爆破作用指数 $0.75<n<1$，漏斗张开角 $\theta<90°$。形成减弱抛掷爆破漏斗的药包称为减弱抛掷爆破或加强松动爆破药包，它是井巷掘进常用的爆破漏斗形式。

（4）松动爆破漏斗（见图 6-10（d））。药包爆破后只使岩石破裂，几乎没有抛掷作用，从外表看，不形成可见的爆破漏斗。此时的爆破作用指数 n 小于或等于 0.75。又可细分为标准松动爆破、加强和减弱松动爆破。松动爆破时采用的药量一般较小，因此，爆破时所产生的碎石飞散距离也较小。常用于井下和露天的矿石回采作业以及药壶爆破。

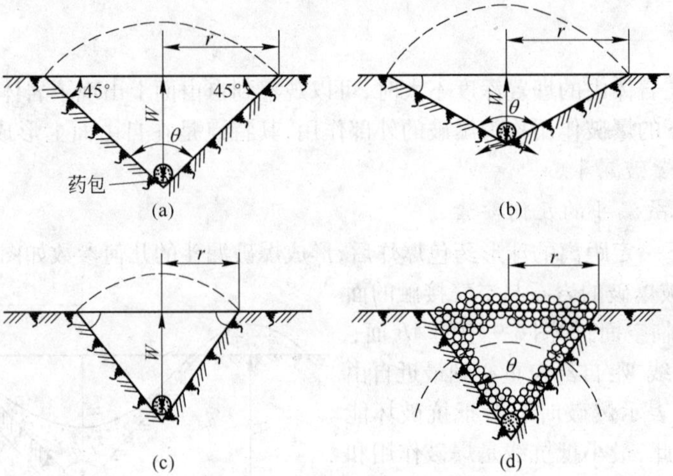

图 6-10 各种爆破漏斗
（a）标准抛掷爆破漏斗；（b）加强抛掷爆破漏斗；（c）减弱抛掷爆破漏斗；（d）松动爆破漏斗

6.3 装药量计算原理

目前，在岩土工程爆破中，精确计算装药量的问题尚未得到十分圆满的解决。工程技术人员更多的是在各种经验公式的基础上，结合实践经验确定装药量。其中，体积公式是装药量计算中最为常用的一种经验公式。

6.3.1 体积公式的计算原理

在一定的炸药和岩石条件下，爆落的土石方体积与所用的装药量成正比。这就是体积公式的计算原理。体积公式的形式为：

$$Q = KV \tag{6-2}$$

式中 Q——装药量,kg;

K——单位体积岩石用药量,kg/m³;

V——被爆落岩石的体积,m³。

6.3.2 集中药包装药量计算

6.3.2.1 集中药包标准抛掷爆破

如果药包是集中药包,按照前面的定义,标准抛掷爆破时爆破作用指数 n 的值为 1,即:

$$r = W$$

所以,爆破漏斗体积的大小为:

$$V = \frac{\pi r^2}{3} W \approx W^3 \tag{6-3}$$

标准抛掷爆破的装药量可以认为是:

$$Q_{标} = KW^3 \tag{6-4}$$

式中 W——最小抵抗线。

6.3.2.2 集中药包非标准抛掷爆破

集中药包非标准抛掷爆破装药量计算公式为:

$$Q = f(n) \cdot k_b \cdot W^3 \tag{6-5}$$

式中 k_b——标准抛掷爆破单位体积岩石的炸药消耗量,kg/m³。

针对其爆破作用指数函数 $f(n)$ 的确定问题,我国工程界应用较为广泛的是前苏联学者鲍列斯阔夫提出的经验公式:

$$f(n) = 0.4 + 0.6n^3 \tag{6-6}$$

鲍列斯阔夫公式适用于抛掷爆破装药量的计算。将式(6-6)代入式(6-5),得到集中药包抛掷爆破装药量的计算通式:

$$Q_p = (0.4 + 0.6n^3) k_b W^3 \tag{6-7}$$

应用式(6-7)计算加强抛掷爆破的装药量时,结果与实际情况比较接近。但是,当最小抵抗线 W 大于 25m 时,用式(6-7)计算出来的装药量偏小,应乘以修正系数 φ:

$$Q_p = (0.4 + 0.6n^3) \varphi k_b W^3 \qquad \varphi = \begin{cases} 1 & W \leqslant 25\text{m} \\ \sqrt{W/25} & W > 25\text{m} \end{cases} \tag{6-8}$$

6.3.2.3 集中药包松动爆破的装药量

集中药包松动爆破的装药量可按式(6-9)计算:

$$Q_s = k_s W^3 \tag{6-9}$$

式中 Q_s——集中药包形成松动爆破的装药量,kg;

k_s——集中药包形成松动爆破的单位体积岩石的炸药消耗量,一般称为松动爆破的单位用药量系数,kg/m³。

工程经验表明,k_s 与 k_b 之间存在以下关系:

$$k_s = f(n) \cdot k_b = \left(\frac{1}{3} \sim \frac{1}{2}\right) k_b \tag{6-10}$$

即集中药包松动爆破的单位用药量约为标准抛掷爆破单位用药量的三分之一到二分之一。松动爆破的装药量公式可以表示为:

$$Q_s = (0.33 \sim 0.5) k_b W^3 \tag{6-11}$$

6.3.3　延长药包药量计算

延长药包是在工程爆破中应用最为广泛的药包。如炮眼爆破法和深孔爆破法中使用的柱状药包以及硐室爆破法中使用的条形药包都属于延长药包。延长药包装药量的计算将在后续所对应的章节中讲述。

6.3.4　单位炸药消耗量

要达到一定的工程目的,在对特定岩性的岩石进行爆破时,爆破每单位体积的岩石和所需要的炸药量是一个定值。选择和确定合理的单位炸药消耗量,是爆破工程技术的关键。

需要强调的符号含义是:k_b 是指单个集中药包形成标准抛掷爆破漏斗($n=1$)时,爆破每 $1m^3$ 岩石或土壤所消耗的 2 号岩石铵梯炸药的质量,称作标准抛掷爆破单位用药量系数,简称标准单位用药量系数;k_s 则是指单个集中药包形成松动爆破漏斗时(一般 $n<0.75$),爆破每 $1m^3$ 岩石或土壤所消耗的 2 号岩石铵梯炸药的质量,称作松动爆破单位用药量系数。

k_b 与 k_s 相对于同类岩石来讲,存在式(6-10)的关系。因此,工程实际中常先选择 k_b 值再决定 k_s 的值。

选择 k_b 或 k_s 时,应考虑多方面的影响因素来加以确定,主要有以下几个途径:

(1)查表。对于普通的岩土爆破工程,k_b 和 k_s 的值可由相关表格中查出。值得注意的是大多数表都是对 2 号岩石铵梯炸药而言的,使用其他炸药时应乘以炸药换算系数 e(见表 6-1)。

表 6-1　常用炸药的换算系数 e 值

炸药名称	换算系数 e	炸药名称	换算系数 e
2 号岩石铵梯炸药	1.0	1 号岩石水胶炸药	0.75～1.0
2 号露天铵梯炸药	1.28～1.5	2 号岩石水胶炸药	1.0～1.23
2 号煤矿许用铵梯炸药	1.20～1.28	一、二级煤矿许用水胶炸药	1.2～1.45
4 号抗水岩石铵梯炸药	0.85～0.88	1 号岩石乳化炸药	0.75～1.0
梯恩梯	0.75～0.94	2 号岩石乳化炸药	1.0～1.23
铵油炸药	1.0～1.33	一、二级煤矿许用乳化炸药	1.2～1.45
铵松蜡炸药	1～1.05	胶质硝化甘油炸药	0.8～0.89

(2)采用工程类比的方法,参照条件相近工程的单位用药量系数确定 k_b 或 k_s 的值。在工程实际中,用这个途径更为现实、可靠。

(3)采用标准抛掷爆破漏斗试验确定 k_b。理论上讲,形成标准抛掷爆破漏斗的装药量 Q 与其所爆落的岩体体积之比即为 k_b 的值。但是,在试验中恰好爆成一个标准抛掷爆破漏斗是很困难的,因此,在试验中常根据式(6-12)计算 k_b 的值,即:

$$k_b = \frac{Q}{(0.4+0.6n^3)W^3} \tag{6-12}$$

试验时,应选择平坦地形,地质条件要与爆区一样,选取的最小抵抗线 W 一般取 3～5m,采用集中药包。根据最小抵抗线 W、装药量 Q 以及爆后实测的爆破漏斗底圆半径 r,计算 n 值并由式(6-12)计算 k_b 值。试验应进行 3 次以上,并根据各次的试验结果选取接近标准抛掷爆破漏斗的装药量。试验是繁复的,但对于一些重大的工程是必不可少的。

需要指出的是,k_b 和 k_s 都只是单个集中药包爆破时装药量与所爆落岩体体积之间的一个关系系数。当群药包共同作用时,群药包的总装药量与群药包一次爆落的岩体总体积的比值称为单位耗药量,简称炸药单耗,用字母 q 来表示,即:

$$q=\frac{\sum Q}{\sum V} \tag{6-13}$$

式中 q——单位耗药量,kg/m^3;

$\sum Q$——群药包总装药量,kg;

$\sum V$——群药包一次爆落的岩体总体积,m^3。

一般只有在单个集中药包爆破时,k_b 或 k_s 才与 q 相等。在群药包爆破设计中,k_b 和 k_s 只用来计算单个药包的装药量。单位耗药量也是一个经济指标,可用来衡量爆破工程的经济效益,是爆破工程预算的重要指标之一。

在工程爆破的设计和施工过程中,为了选择与岩石性质相匹配的炸药,有时需要将一种炸药的用量换算成另外一种炸药的用量。工程上常用炸药换算系数 e 来表示炸药之间的当量换算关系。关于炸药换算系数 e 的确定方法,习惯上以 2 号岩石铵梯炸药作为标准炸药,规定 2 号岩石铵梯炸药的 $e=1$,并以 2 号岩石铵梯炸药的做功能力 320mL 或猛度 12mm 作为标准,其他炸药品种根据式(6-14)和式(6-15)求算 e 值。也可以根据两式的平均值求算 e 值,即 $e=\frac{e_b+e_m}{2}$。常用炸药的换算系数 e 值列于表 6-1 中。事实上,用做功能力和猛度两个指标确定炸药的换算系数具有一定的局限性,必要时,可以通过爆破漏斗试验法确定 e 值。

$$e_b=\frac{320}{\text{所换算炸药的做功能力值}} \tag{6-14}$$

或

$$e_m=\frac{12}{\text{所换算炸药的猛度值}} \tag{6-15}$$

6.4 影响爆破作用的主要因素

影响爆破效果的因素很多,归结起来主要有炸药性能、地质条件、炸药与岩石的相关因素、爆破工艺等方面。

6.4.1 炸药性能对爆效的影响

炸药的密度、爆热、爆速、威力和猛度等性能指标,反映了炸药爆炸时的做功能力,直接影响炸药的爆炸效果。增大炸药的密度和爆热,可以提高单位体积炸药的能量密度,同时提高炸药的爆速、猛度和做功能力。但是品种、型号一定的工业炸药其各项性能指标均应符合相应的国家标准或行业标准。作为工业炸药的用户,工程爆破领域的技术人员一般不能变动这些性能指标。因此,根据爆破对象的性质,合理选择炸药品种并采取适宜的装药结构,从而提高炸药能量的有效利用率,是改善爆破效果的有效途径。爆速是炸药本身影响其能量有效利用的一个重要性能指标。不同爆速的炸药在岩体内爆炸激起的冲击波和应力波的参数不同,从而对岩石爆破作用及其效果有着明显的影响。

6.4.2 地质条件对爆效的影响

6.4.2.1 自由面对爆效的影响

自由面的作用归纳起来有以下三点:

(1)反射应力波。当爆炸应力波遇到自由面时发生反射,压缩应力波变为拉伸波,引起岩石的片落和径向裂隙的延伸。

(2)改变岩石应力状态及强度极限。在无限介质中,岩石处于三向应力状态,而自由面附近的岩石则处于单向或双向应力状态。故自由面附近的岩石强度接近岩石单轴抗拉或抗压强度,比在无限介质中承受爆破作用时相应的强度有所减少,是其几分之一甚至十几分之一。

(3)自由面是最小抵抗线方向,应力波抵达自由面后,在自由面附近的介质运动因阻力减小而加速,随后而到的爆炸气体进一步向自由面方向运动,岩石形成鼓包,最后破碎、抛掷。

自由面存在有利于岩石破碎。其中,自由面的大小和数目对爆破作用效果的影响更为明显。自由面小和自由面的个数少,爆破作用受到的夹制作用大,爆破困难;单位炸药消耗量增高。

6.4.2.2　断层对爆效的影响

实践证明,在药包爆破作用范围内的断层或大裂隙能影响爆破漏斗的大小和形状,从而减少或增加爆破方量,使爆破不能达到预定的抛掷效果甚至引起爆破安全事故。因此,在布置药包时,应查明爆区断层的性质、产状和分布情况,以便结合工程要求尽可能避免其影响。

6.4.2.3　溶洞对爆效的影响

在岩溶地区进行大爆破时,地下溶洞对爆破效果的影响不容忽视。溶洞能改变最小抵抗线的大小和方向,从而影响爆破的抛掷方向和抛掷方量。爆区内小而分散的溶洞和溶蚀沟缝,能吸收爆炸能量或造成爆破漏气,致使爆破不匀,产生大块。溶洞还可以诱发冲炮、塌方和陷落,严重时会造成爆破安全事故。对于深孔爆破,地下溶洞会使炮孔容药量突然增大,产生异常抛掷和飞石。

6.4.3　炸药与岩石匹配关系对爆效的影响

岩石(或其他介质)的密度同岩石(或其他介质)纵波速度的乘积,称为该岩石(或介质)的波阻抗。它的物理意义是:在岩石(或其他介质)中引起扰动使质点产生单位振动速度所必需的应力。波阻抗大,产生单位振动速度所需的应力就大;反之,波阻抗小,产生单位振动速度所需的应力就小。因此,波阻抗反映了岩石(或其他介质)对波传播的阻尼作用。炸药的密度与其爆速的乘积称为炸药的波阻抗。

实验表明,炸药或凿岩机钎杆的波阻抗值同岩石的波阻抗值越接近,炸药或钎杆传给岩石的能量就越多,在岩石中所引起的破碎程度也越大。从能量观点来看,为提高炸药能量的有效利用率,炸药的波阻抗应尽可能与所爆破岩石的波阻抗相匹配。因此,岩石的波阻抗越高,所选用炸药的密度和爆速应越大。

6.4.4　施工方法对爆效的影响

6.4.4.1　装药结构

装药在炮孔(眼)内的安置方式称为装药结构,它是影响爆破效果的重要因素。最常采用的装药结构形式有:

(1)耦合装药。炸药直径与炮孔直径相同,药包与炮孔壁之间不留间隙。

(2)不耦合装药。炸药直径小于炮孔直径,药包与炮孔壁之间留有间隙。

(3)连续装药。炸药在炮孔内连续装填,不留间隔。

(4)间隔装药。炸药在炮孔内分段装填,装药之间由炮泥、木垫或空气柱隔开。

各种装药结构如图6-11所示。

药包与孔壁的不耦合程度常用不耦合系数 R_d 来表示,即炮孔直径 d 与药包直径 d_c 的比值:

$$R_d=\frac{d}{d_e} \tag{6-16}$$

从式(6-16)中看出，当 $R_d=1$ 时，药包与孔壁完全耦合；当 $R_d>1$ 时，药包与孔壁不耦合，这表明药包与孔壁间存在着空气间隙，由于炸药与岩石的波阻抗均为空气波阻抗的 10^4 倍，在不耦合情况下爆炸能从炸药传播到空气，再由空气传播到岩石的过程中严重衰减。只要药包和孔壁之间存在空气间隙，这种损失就不可避免。

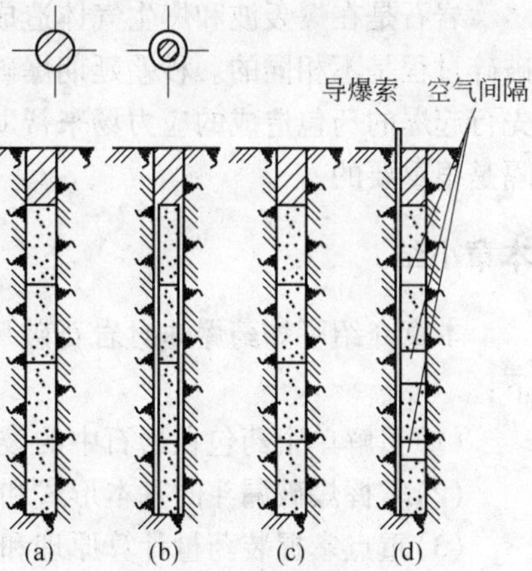

图 6-11 装药结构
(a)耦合装药；(b)不耦合装药；
(c)连续装药；(d)间隔装药

6.4.4.2 炮孔堵塞

工程爆破中，一般都要对炮孔进行堵塞。用来封闭炮孔的材料统称为炮泥。用炮泥堵塞炮孔可以达到以下目的：

(1)保证炸药充分反应，使之放出最大热量和减少有毒气体生成量。

(2)降低爆生气体逸出自由面的温度和压力，提高炸药的热效率，使更多的热量转变为机械功。

(3)在有瓦斯的工作面内，除降低爆炸气体逸出自由面的温度和压力外，炮泥还起着阻止灼热固体颗粒(例如雷管壳碎片等)从炮孔内飞出的作用，提高爆破安全性。

6.4.4.3 起爆方法

装药采用雷管起爆时，雷管所在位置称为起爆点。浅眼爆破中起爆点通常是一个，但当装药长度很大时，也可设多个起爆点，或沿装药全长敷设导爆索起爆(相当于无穷多个起爆点)。

(1)正向起爆与反向起爆。单点起爆时，若起爆点置于装药顶端(靠近炮孔口的装药端)，爆轰波传向孔底，这种起爆方式称为正向起爆；若起爆点置于装药底端，爆轰波传向孔口则为反向起爆；若起爆点位于装药长度中间，雷管聚能穴朝向孔底，则称双向起爆或中间起爆。

起爆点位置和爆轰方向也是影响岩石爆破作用和爆破效果的重要因素。试验结果表明，反向起爆优于正向起爆，表现在：炮孔利用率随起爆点移向装药底部而增加，增加程度与岩石性质、炸药性质和炮孔深度有关；单位体积装药量相同时，反向起爆能减少大块率等。

需要说明，无论是正向起爆，还是反向起爆，岩石内的应力分布都是很不均匀的，但若相邻炮孔分别采用正、反起爆，将能改善这种状况。

若采用多点起爆，由于爆轰波发生相互碰撞，可以增大爆炸应力波的参数，包括峰值应力、应力波作用时间及其冲量，从而能够提高岩石的破碎度，但起爆点数目超过 4 个以上时，冲量和破碎度不再明显增加。目前，因没有实现多点起爆的完善方法，故在大多数情况下，仍是采用单点起爆。

(2)导爆索并敷起爆。并敷装药是两种固有爆速不同的爆炸材料并排敷设的一种装药结构。比如在光面爆破、预裂爆破、石材开采生产爆破和中深孔爆破中，经常采用导爆索沿柱状炸药轴向并敷的装药结构。

6.4.4.4 起爆顺序

在成组药包爆破时，各个药包起爆的先后顺序是重要的。先起爆的药包将一部分岩石炸碎并抛移一定距离，为后续起爆的药包创造了新的自由面。如果由于起爆器材质量的疵病或者施工中的错误搞乱了起爆顺序，就很可能造成整个爆破的失败。每一个药包的最小抵抗线都是经过计算或预估的，应同它的药量相适应；如果有一个或几个药包未起爆，则势必使后续药包爆破时的实际最小抵抗线增大；而过大的最小抵抗线往往造成“冲天炮”之类的事故。

岩石是在爆轰波和爆生气体造成的应力场作用下破碎的，因此，齐发爆破和延期爆破的岩石破碎过程是不相同的。秒差延期爆破实际上是单发爆破的简单相加。微差爆破则不然，它利用先行起爆的药包造成的应力场来帮助后续起爆药包破碎岩石，因此，各个药包之间起爆的时间间隔是很重要的。

本章小结

本章介绍了炸药爆炸对岩石破坏的规律，这是爆破工程的理论基础部分，其学习的要点如下：

(1) 了解单个药包在岩石中的破坏作用过程和理论；了解爆破漏斗的几何要素影响。

(2) 掌握爆破漏斗的基本形式和影响爆破作用的主要因素。

(3) 重点掌握装药量计算原理和单位炸药消耗量的确定方法。

复习思考题

6-1　名词解释：延长药包、自由面、不耦合装药、不耦合系数、间隔装药、正向起爆、反向起爆。

6-2　什么是爆破漏斗？画图说明爆破漏斗的几何要素及含义。

6-3　爆破漏斗有哪几种基本形式，其依据是什么？

6-4　体积公式的计算原理的含义是什么？

6-5　什么是单位装药消耗量，其选取的主要方法有哪些？

6-6　一埋置深度为 4m 的药包，爆破后得到直径是 10m 的爆破漏斗。试求：(1) 爆破作用指数，指出属何类型的爆破，如果炸药单耗为 1.5g/m^3 时爆破药量应为多少？(2) 如果漏斗直径不变，要求实现减弱抛掷爆破，其深度如何调整？

7 露天矿台阶爆破

台阶爆破是工作面以台阶形式推进的爆破方法，按孔径、孔深的不同，分为深孔台阶爆破和浅孔台阶爆破。通常，将孔径大于50mm、孔深大于5m的钻孔称为深孔，反之，则称为浅孔。

7.1 露天矿深孔台阶爆破

露天深孔台阶爆破广泛地用于矿山、铁路、公路和水利等工程。据统计，我国近年来露天开采的产量比重：铁矿石占90%，有色金属矿石占52%，化工原料占70.7%，建筑材料近100%。

随着深孔钻机和装运设备的不断改进，爆破技术的不断完善和爆破器材的日益发展，深孔爆破的优越性更加明显。主要表现在：

(1)大型设备的采用，尤其是牙轮钻机、大型电铲、电动轮汽车的配套使用，大大提高了开采强度和矿石产量；

(2)深孔爆破有利于使用先进的爆破技术，例如毫秒爆破、宽孔距小抵抗线爆破、预裂爆破等技术的广泛应用，显著地改善了破碎质量，降低了爆破的有害效应；

(3)提高了钻孔延米爆破量，降低了采矿(石)的综合成本等技术经济指标。

7.1.1 台阶要素

深孔爆破的台阶要素如图7-1所示。H为台阶高度，W_d为前排钻孔的底盘抵抗线，L为钻孔深度，l_1为装药长度，l_2为堵塞长度，h为超深，α为台阶坡面角，a为孔距，b为排距，B为在台阶面上从钻孔中心至坡顶线的安全距离。为了达到良好的爆破效果，必须正确确定上述各项台阶要素。

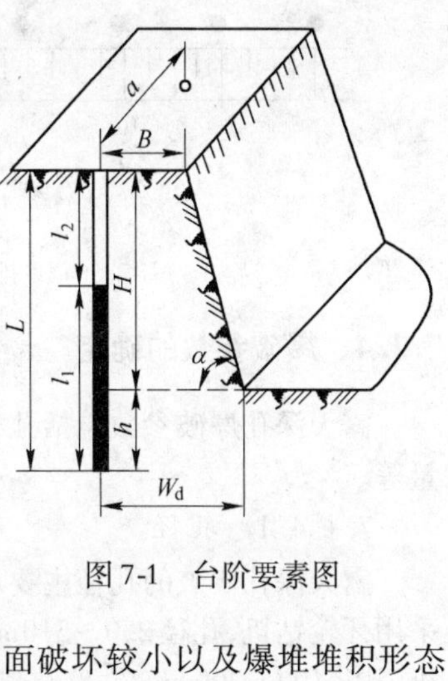

图7-1 台阶要素图

7.1.2 钻孔形式

露天深孔爆破的钻孔形式一般分为垂直钻孔和倾斜钻孔两种(图7-2)。只在个别情况下采用水平钻孔。

施工中到底采用哪一种钻孔形式，应根据钻机型号、岩石性质、边坡稳定性要求以及岩块破碎程度等综合考虑。一般来讲，倾斜钻孔的优点是抵抗线分布比较均匀，爆破不易产生大块和残留根底，台阶比较稳固，台阶坡面易于保持，对下一台阶坡面破坏较小以及爆堆堆积形态较好。但钻凿斜孔的技术操作比较复杂，装药过程中易发生堵孔。

7.1.3 布孔方式

布孔方式有单排布孔和多排布孔两种，但一般很少用单排孔。多排布孔又分为方形、矩形和三角形(梅花形)三种，如图7-3所示。方形布孔具有相等的孔间距和抵抗线，各排中对应炮孔呈竖直线排列；矩形布孔的抵抗线比孔间距小，各排中对应炮孔同样呈竖直线排列；三角形布孔时

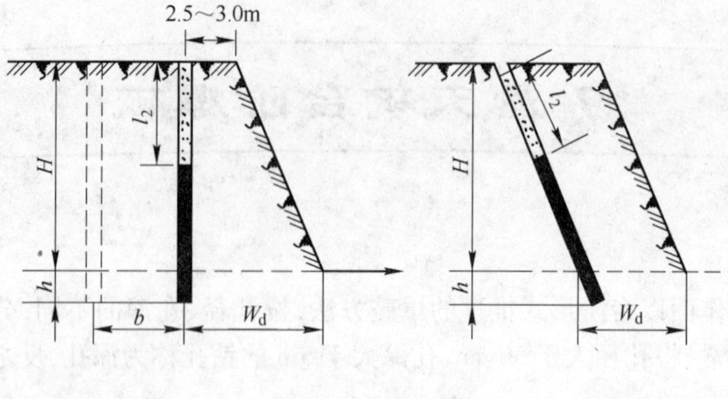

图 7-2　钻孔形式

H—台阶高度；h—超深；W_d—底盘抵抗线；l_2—堵塞长度；b—排距

可以取抵抗线和孔间距相等，也可以取抵抗线小于孔间距，后者更为常用。为使爆区两端的边界获得均匀整齐的岩石面，三角形排列常常需要补孔。从能量均匀分布的观点看，以等边三角形布孔较为理想。

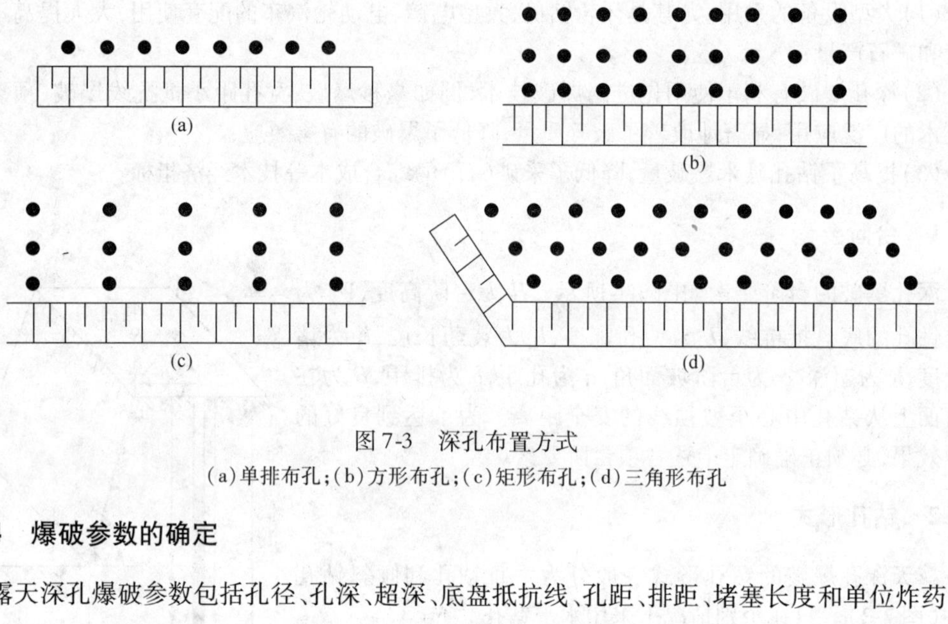

图 7-3　深孔布置方式

(a)单排布孔；(b)方形布孔；(c)矩形布孔；(d)三角形布孔

7.1.4　爆破参数的确定

露天深孔爆破参数包括孔径、孔深、超深、底盘抵抗线、孔距、排距、堵塞长度和单位炸药消耗量等。

7.1.4.1　孔径

露天深孔爆破的孔径主要取决于钻机类型、台阶高度和岩石性质。我国大型金属露天矿多采用牙轮钻机，孔径 250～310mm；中小型金属露天矿以及化工、建材等非金属矿山则采用潜孔钻机，孔径100～200mm；铁路、公路路基土石方开挖常用的钻孔机械，其孔径为 76～170mm 不等。一般来说，钻机选型确定后，其钻孔直径就已确定下来。国内常用的深孔直径有 76～80mm、100mm、150mm、170mm、200mm、250mm、310mm 几种。

7.1.4.2　孔深与超深

孔深是由台阶高度和超深确定的。

台阶高度的确定应考虑为钻孔、爆破和铲装创造安全和高效率的作业条件，它主要取决于挖掘机的铲斗容积和矿岩开挖技术条件。目前，我国深孔爆破的台阶高度为 H =10～15m。

超深 h 是指钻孔超出台阶底盘标高的那一段孔深,其作用是降低装药中心的位置,以便有效地克服台阶底部阻力,避免或减少留根底,以形成平整的底部平盘。

根据实践经验,超深可按下列公式确定:

$$h=(0.15\sim0.35)W_{\mathrm{d}} \tag{7-1}$$

$$h=(0.12\sim0.25)H \tag{7-2}$$

$$h=(8\sim12)d \tag{7-3}$$

式中 d——炮孔直径,m;

其余符号同前。

式(7-1)~式(7-3)中,岩石松软时,h 取小值;岩石坚硬时,h 取大值。对于要求特别保护的底板,超深取负值。

国内矿山的超深值一般为0.5~3.6m,后排孔的超深值一般比前排的小0.5m。

垂直深孔孔深
$$L=H+h \tag{7-4}$$

倾斜深孔孔深
$$L=H/\sin\alpha+h \tag{7-5}$$

7.1.4.3 底盘抵抗线

底盘抵抗线是指由第一排孔中心至台阶坡脚的最短距离。采用过大的底盘抵抗线会导致根底多,大块率高,后冲作用大;采用过小的底盘抵抗线则不仅浪费炸药,增大钻孔工作量,而且易产生飞石危害。底盘抵抗线的大小与钻孔直径、炸药做功能力、岩石可爆性、台阶高度和坡面角等因素有关,在设计中可用类似条件下的经验公式来计算,并在实践中不断加以调整,以达到最佳效果。

(1)根据钻孔作业的安全条件:

$$W_{\mathrm{d}}\geqslant H\cot\alpha+B \tag{7-6}$$

式中 W_{d}——底盘抵抗线,m;

α——台阶坡面角,一般为60°~75°;

H——台阶高度,m;

B——钻孔中心至坡顶线的安全距离,对大型钻机,$B\geqslant2.5\sim3.0$m。

(2)按台阶高度和孔径计算:

$$W_{\mathrm{d}}=(0.6\sim0.9)H \tag{7-7}$$

$$W_{\mathrm{d}}=kd \tag{7-8}$$

式中 k——系数,见表7-1;

d——炮孔直径,m。

表7-1 k 值范围

装药直径/mm	清砟爆破 k 值	压砟爆破 k 值	装药直径/mm	清砟爆破 k 值	压砟爆破 k 值
200	30~35	22.5~37.5	310	35.5~41.9	19.4~30.6
250	24~48	20~48			

(3)按每孔装药量应等于爆破岩石体积所需药量原理:

$$W_{\mathrm{d}}=d\sqrt{\frac{0.785L\tau\Delta}{qHm}} \tag{7-9}$$

式中 d——炮孔直径,m;

τ——装药系数,一般取 $\tau=0.35\sim0.65$;

Δ——装药密度，2 号岩石炸药 $\Delta=900\sim950\text{kg/m}^3$、铵油炸药 $\Delta=900\text{kg/m}^3$、乳化炸药 $\Delta=1100\sim1200\text{kg/m}^3$；

q——单位炸药消耗量，kg/m^3；

m——炮孔密集系数（即孔距与排距之比），一般 $m=1.2\sim1.5$。

以上说明，底盘抵抗线受许多因素影响，变动范围较大。除了要考虑上述因素外，控制坡面角也是调整底盘抵抗线的有效途径。

7.1.4.4　孔距和排距

孔距（a）是指同一排深孔中相邻两钻孔中心线间的距离。孔距按式（7-10）计算：

$$a=mW_{\text{d}} \tag{7-10}$$

式中　m——炮孔密集系数。

炮孔密集系数 m 值通常大于 1.0。在宽孔距小抵抗线爆破中则为 3～4 或更大。但是第一排孔应选用较小的密集系数，以克服底盘的阻力。

排距（b）是指多排孔爆破时，相邻两排钻孔间的距离，它与孔网布置和起爆顺序等因素有关。计算方法如下：

（1）采用等边三角形布孔时，排距与孔距的关系为：

$$b=a\cdot\sin60°=0.866a \tag{7-11}$$

式中　b——排距，m；

a——孔距，m。

（2）多排孔爆破时，孔距和排距是一个相关的参数。在给定的孔径条件下，每个孔都有一个合理的负担面积（S），即：

$$S=ab$$

或

$$b=(S/m)^{1/2} \tag{7-12}$$

式中符号含义同前。

式（7-12）表明，当合理的钻孔负担面积 S 和炮孔密集系数 m 已知时，即可求出排距 b。

7.1.4.5　堵塞长度

确定合理的堵塞长度并保证其质量，对改善爆破效果和提高炸药能量利用率有着重要作用。堵塞长度过短将产生较强的冲击波、噪声和飞石危害；反之将会降低延米爆破量，增加钻孔费用，并使台阶上部岩石破碎不佳。

堵塞长度（l_2）按下列公式确定：

$$l_2\geqslant0.75W_{\text{d}} \tag{7-13}$$

或

$$l_2=(20\sim40)d \tag{7-14}$$

式中　d——炮孔直径，mm。

应该指出的是堵塞长度与堵塞质量、堵塞材料密切相关。堵塞质量好和堵塞物的密度大也可减小堵塞长度。堵塞料多为就地取材，用钻孔时排出的岩粉或选矿厂的尾砂。矿山大孔径深孔的堵塞长度一般为 5～8m，当采用尾砂堵塞时，也可减少到 4～5m。

7.1.4.6　单位炸药消耗量

影响单位炸药消耗量的主要因素有岩石的可爆性、炸药特性、自由面条件、起爆方式和块度要求。因此，选取合理的单位炸药消耗量（q）往往需要通过多次试验或长期生产实践来验证。各种爆破工程都有根据自身生产经验总结出来的合理炸药单耗值。例如，冶金矿山单耗一般在 0.1～0.35kg/t 之间。对于水利水电工程的岸坡开挖、铁路和公路的路基开挖等，为了将部分岩石向坡下抛出，也可将炸药单耗增加 10%～30%。在设计中可以参照类似矿岩条件下的实际单耗值选取,也可以按表 7-2 选取。该表数据以 2 号岩石铵梯炸药为标准。

表 7-2 单位炸药消耗量 q 值

岩石坚固性系数 f	0.8~2	3~4	5	6	8	10	12	14	16	20
q/kg · m^{-3}	0.40	0.43	0.46	0.50	0.53	0.56	0.60	0.64	0.67	0.70

7.1.4.7 每孔装药量

单排孔爆破或多排孔爆破的第一排孔的每孔装药量按下式计算:

$$Q = qaW_{d}H \tag{7-15}$$

式中 q——单位炸药消耗量,kg/m^3;

a——孔距,m;

W_d——底盘抵抗线,m;

H——台阶高度,m。

多排孔爆破时,从第二排孔起,以后各排孔的每孔装药量按式(7-16)计算:

$$Q = kqabH \tag{7-16}$$

式中 k——考虑受前面各排孔的矿岩阻力作用的增加系数,k =1.1~1.2;

b——排距,m;

其余符号含义同前。

我国部分露天矿深孔爆破参数见表 7-3。

表 7-3 我国部分露天矿深孔爆破参数

矿山名称	首钢水厂铁矿	南芬铁矿	歪头山铁矿	大冶铁矿	南京吉山铁矿	海州露天煤矿	大连石灰石矿	南京白云石矿
矿岩种类	块状磁铁矿	硅铁矿	二层铁	硅卡岩大理岩	磁铁闪长岩	页岩砂页岩	白云岩	白云岩
	层状磁铁矿	绿泥角闪岩	角闪片岩	花岗闪长岩		砂岩		
	混合花岗岩		石英岩	磁铁矿		砂砾岩		
岩石坚固性系数 f	>14	16~20	12~16	8~12	12~14	4~6	6~8	6~8
	12~14	8~10	8~12	10~12		7~8		
	8~10			10~14		9~10		
孔径/mm	250	310	250	170~200	200	180	250	150
段高/m	12	12	12	12	12	9	12~13	12
						8~9		
						8		
底盘抵抗线/m	7~8	12	10	6	7	7.0	9~10	6~7
	7~8	12	11	6		6.5		
	7~8			6		6.0		
排距/m	5~6	6.6	4	3.5~4	5	6.0	6~6.5	4.0
	5.5~6	7.5	5	4~4.5		5.5		
	6~7			3~3.5		5.0		

续表 7-3

矿山名称	首钢水厂铁矿	南芬铁矿	歪头山铁矿	大冶铁矿	南京吉山铁矿	海州露天煤矿	大连石灰石矿	南京白云石矿
孔距/m	7.5~8.5	5~6.5	7~10	3.5~4	8	7.0	10~11	6~7
	8~9	5.5~7.5	7.5~11	3~3.5		6.0		
	9~10			3~3.5		5.5		
炮孔密集系数（前排/后排）	1.1/1.5	0.42/1.0	0.7/2.5	0.6/1.0	1.1/1.6	1.0	1.1/1.7	1/1.6
	1.1/1.4	0.46/1.0	0.7/2.2	0.5/0.8		0.9/1.1		
	1.1/1.4			0.5/1.0		0.8/1.1		
孔深/m	14~16	14.5~15.5	14.5~15.5	14.5~15.5	14	11	14.5~15.5	14~14.5
	13.5~14.5	13.5~14.5	13.5~14	14.5~15		10.5~11.5		
	13.5~14.5			14.5~15		11		
堵塞高度/m	4.5~5.5	6~7	6~8	7~8	5.5~6.5	6.0	6~6.5	4~5
	5.5~6.5	6~7	7~8	7~8		5.5		
	6~6.5			7~8		5.0		
后排孔药量增加系数	1.2	1.15~1.2	不增加	1.3~1.5	1.2		不增加	1.2
	1.2	1.15~1.2	不增加	1.3~1.5		1.2		
	1.2			1.3~1.5		1.3		
单位炸药消耗量/kg·m^{-3}	0.5~0.6	1.2	0.68	0.5~0.6	0.4	0.2	0.3~0.4	0.4~0.5
	0.4~0.5	0.88	0.4	0.5~0.6		0.3		
	0.35			0.8		0.35		

确定露天深孔爆破参数，除参照上述国内外有关资料外，尚可通过实验室模型试验、计算机数值模拟和生产实际不断完善，以达到最优的爆破效果。

7.1.5　装药结构

装药结构是指炸药在装填时的状态。在露天深孔爆破中，将其分为连续装药结构、分段装药结构、孔底间隔装药结构和混合装药结构。

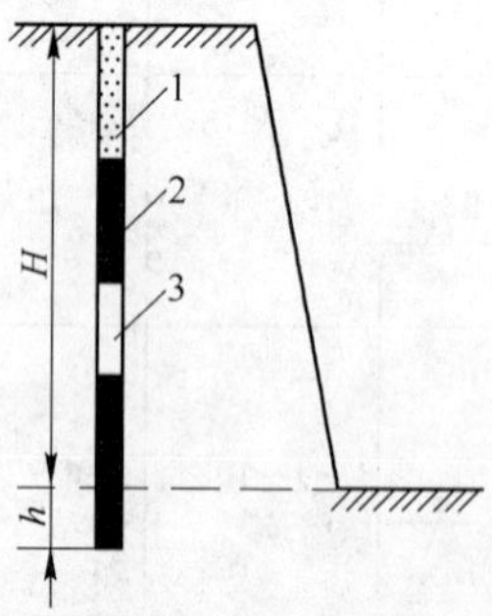

图 7-4　空气分段装药
1—堵塞；2—炸药；3—空气

7.1.5.1　连续装药结构

炸药沿着炮孔轴向方向连续装填，当孔深超过 8m 时，一般布置两个起爆药包（弹），一个置于距孔底 0.3~0.5m 处，另一个置于药柱顶端 0.5m 处。其优点是操作简单；缺点是药柱偏低，在孔口未装药部分易产生大块。

7.1.5.2　分段装药结构

将深孔中的药柱分为若干段，用空气、岩砟或水隔开（见图 7-4）。其优点是提高了装药高度，减少了孔口部位大块率的产生；缺点是施工麻烦。

7.1.5.3　孔底间隔装药结构

在深孔底部留出一段长度不装药，以空气作为间隔介质；此外尚有水间隔和柔性材料间隔。在孔底实行空气间隔装药也称孔底气垫装药(见图7-5)。

空气间隔装药中,空气的作用是:

(1)降低爆炸冲击波的峰值压力,减少炮孔周围岩石的过粉碎。

(2)岩石受到爆炸冲击波的作用后,还受到爆炸气体所形成的压力波和来自炮孔孔底的反射波作用。当这种二次应力波的压力超过岩石的极限破裂强度(表示裂隙进一步扩展所需的压力)时,岩石的微裂隙将得到进一步扩展。

(3)延长应力的作用时间。冲击波作用于堵塞物或孔底后又返回到空气间隔中,冲击波的多次作用,使应力场得到增强的同时,也延长了应力波在岩石中的作用时间(作用时间增加2~5倍)。若空气间隔置于药柱中间,炸药在空气间隔两端所产生的应力波峰值相互作用可产生一个加强的应力场。

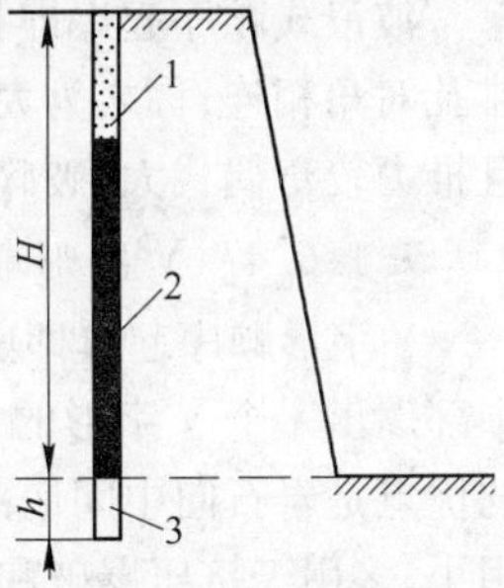

图7-5　孔底间隔装药
1—堵塞;2—炸药;3—空气

正是由于空气间隔的上述三种作用,岩石破碎块度更加均匀。

如果是水间隔,由于水是不可压缩介质,具有各向压缩换向并均匀传递爆炸压力的特征,在爆炸作用初始阶段不仅炮孔孔壁,而且充水孔壁同样受到冲击载荷作用,峰值压力下降较缓;到爆炸作用后阶段,伴随爆炸气体膨胀做功,水中积蓄的能量释放加强了岩石的破碎作用。

如果是孔底柔性材料间隔(柔性垫层可用锯末等低密度、高孔隙率的材料做成,其孔隙率可达到50%以上),孔内炸药爆炸后所产生的冲击波和爆炸气体作用于孔壁产生径向裂隙和环状裂隙的同时,柔性垫层的可压缩性及对冲击波的阻滞作用,大大减少了对炮孔底部的冲击压力,减少了对孔底岩石的破坏。这种装药结构主要用于对孔底以下基岩需要保护的水利水电工程。

应该指出的是在分段装药结构和孔底间隔装药结构的应用中,必须合理地确定间隔长度、间隔位置、应用条件。

7.1.5.4　混合装药结构

孔底装高威力炸药,上部装普通炸药的混合装药。

7.1.6　起爆顺序

尽管多排孔布孔方式只有方形、矩形和三角形,但是起爆顺序却变化无穷,归纳起来有下述几种。

7.1.6.1　排间顺序起爆

排间顺序起爆也称逐排起爆(见图7-6)。此种起爆顺序又分为排间全区顺序起爆和排间分区顺序起爆。主要优点是设计、施工简便,爆堆比较均匀整齐。

7.1.6.2　排间奇偶式顺序起爆

从自由面开始,由前排至后排逐步起爆,在每一排里均按奇数孔和偶数孔分成两段起爆(见图7-7)。其优点是实现孔间毫秒延期,能使自由面增加。爆破方向交错,岩块碰撞机会增多,破碎较均匀,减振效果好。适用于压碴较少或3~4排孔的爆破。缺点是向前推力不足。

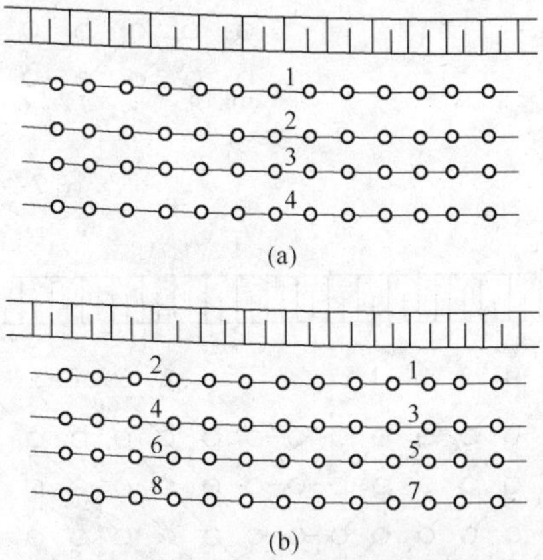

图7-6　排间顺序起爆
(a)排间全区顺序起爆;(b)排间分区顺序起爆

7.1.6.3　波浪式顺序起爆

波浪式顺序起爆即相邻两排炮孔的奇偶数孔相连，同段起爆，其爆破顺序犹如波浪。其中多排孔对角相连，称之为大波浪式（见图7-8）。它的特点与奇偶式相似，但可减少毫秒延期段数，且推力较奇偶式大，破碎效果较好。

7.1.6.4　V字形顺序起爆

V字形顺序起爆即前后排孔同段相连，其起爆顺序似V字形（见图7-9）。起爆时，先从爆区中部爆出一个V字形的空间，为后段炮孔的爆破创造自由面，然后两侧同段起爆。该起爆顺序的优点是岩石向中间崩落，加强了碰撞和挤压，有利于改善破碎质量。由于碎块向自由面抛掷作用小，多用于挤压爆破和掘沟爆破。

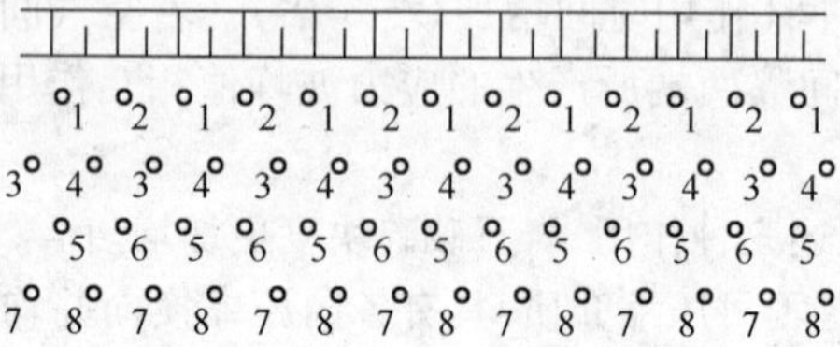

图7-7　排间奇偶式顺序起爆

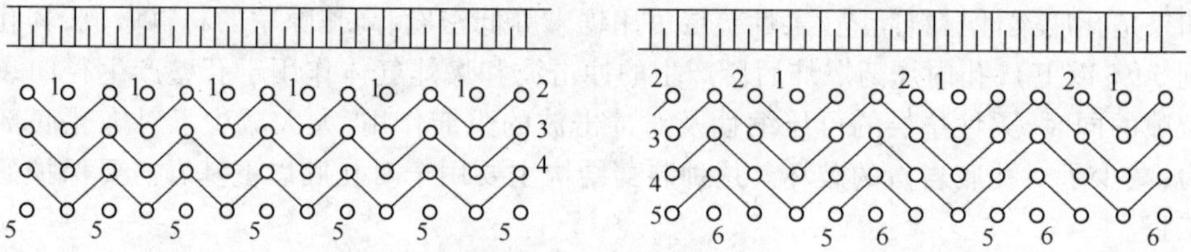

(a)　　(b)

图7-8　波浪式顺序起爆

(a)小波浪式；(b)大波浪式

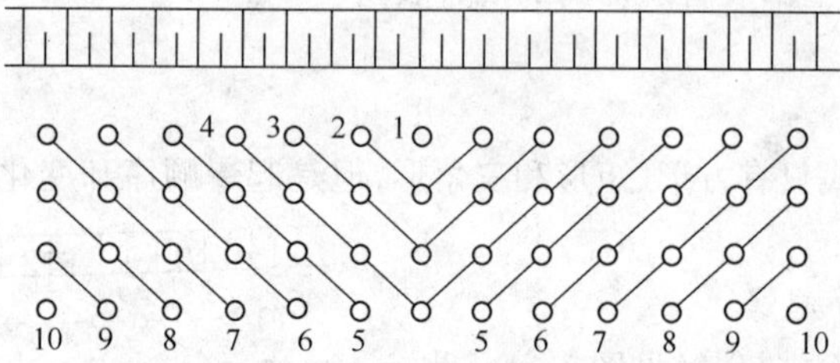

图7-9　V字形顺序起爆

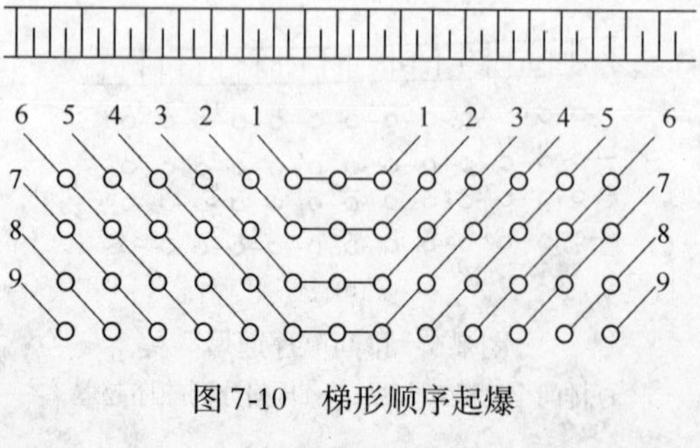

图7-10　梯形顺序起爆

7.1.6.5　梯形顺序起爆

梯形顺序起爆即前后排同段炮孔连线似梯形（见图7-10）。该种起爆顺序碰撞挤压效果好，爆堆集中，适用于拉槽路堑爆破。

7.1.6.6　对角线顺序起爆

对角线顺序起爆也称斜线起爆，从爆区侧翼开始，同时起爆的各排炮孔均与台阶坡顶线相斜交，毫秒爆破为后爆炮孔相继创造了新的自由面。其主要优点是在同一排炮孔间实现了孔间延期,最后的一排炮孔也是逐孔起爆,因而减少了后冲,有利于下一爆区的穿爆工作,适用于开沟和横向挤压爆破(见图7-11)。

7.1.6.7 径向顺序起爆

如图7-12 所示,径向顺序起爆有利于爆破挤压。

7.1.6.8 组合式顺序起爆

如图7-13 所示。组合式顺序起爆即两种以上起爆顺序的组合。

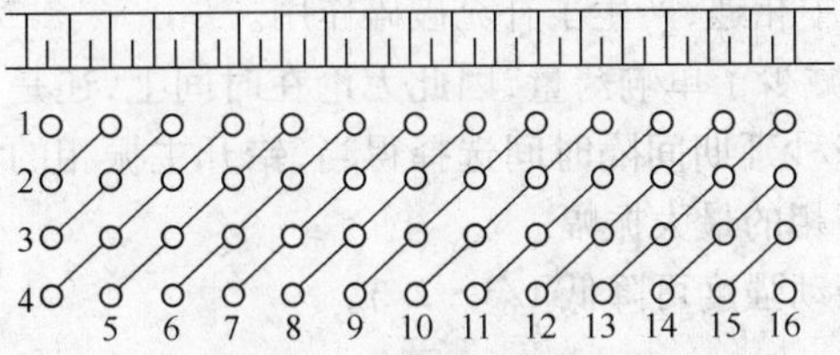

图7-11 对角线顺序起爆

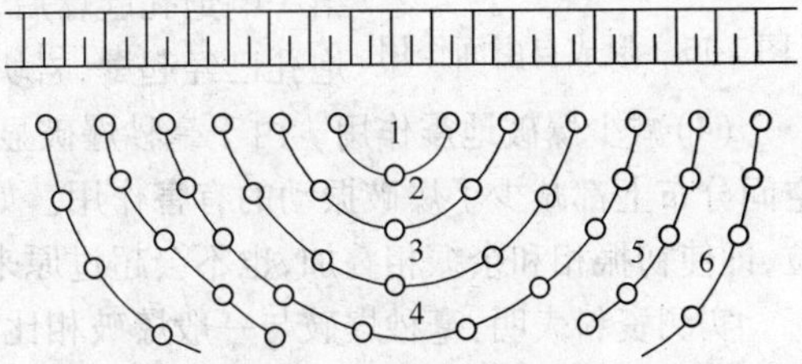

图7-12 径向顺序起爆

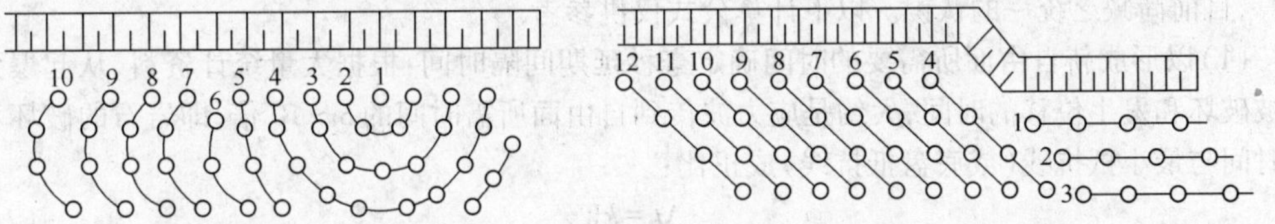

图7-13 组合式顺序起爆

7.1.7 大区多排孔毫秒爆破技术

毫秒爆破是指相邻炮孔或排间孔以及深孔内以毫秒级的时间间隔顺序起爆的一种爆破技术。

大区和多排孔是表示毫秒爆破的规模。在矿山多用爆破区域范围(爆破量),在铁路、公路土石方工程中利用爆破排数来衡量爆破规模的大小。

7.1.7.1 大区多排孔毫秒爆破的特点

大区多排孔毫秒爆破有如下特点:

(1)爆破规模大、爆破技术复杂、难度大;

(2)参加爆破施工的人数较多,工期较长,对施工组织和管理要求更高;

(3)由于爆破规模大,爆破有害效应(爆破振动、空气冲击波、噪声、飞石等)相对更严重些,要求采取更加严密的防护措施。

7.1.7.2 毫秒爆破作用原理

毫秒爆破作用原理有:

(1)应力波叠加作用。如图7-14 所示,先爆的炮孔产生的压缩应力波,使自由面方向及孔与孔之间的岩石强烈变形和移动,随着裂隙的产生和爆炸气体的扩散,孔内空腔压力下降,作用力减弱。这时相邻药包起爆,后爆药包是在相邻先爆药包的应力尚未完全消失时起爆的,两组深孔的爆炸应力波相互叠加,加强了爆炸应力场的做功能力。

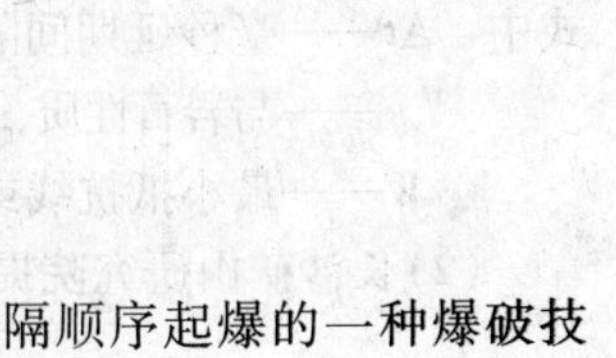

图7-14 应力波叠加作用

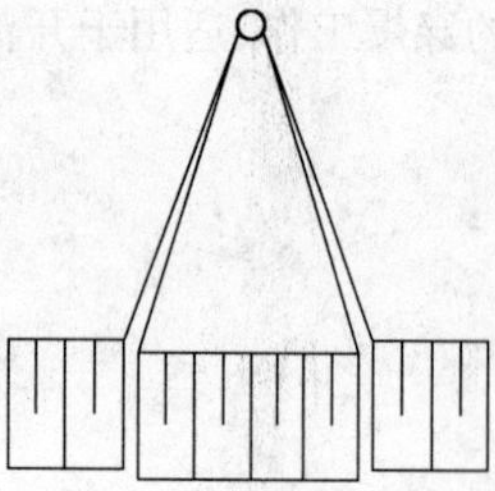

图 7-15 形成自由面作用

(2)增加自由面的作用。如图 7-15 所示,先爆的深孔刚好形成了爆破漏斗,新形成的爆破漏斗侧边以及漏斗体外的细微裂隙对后爆的炮孔来说,相当于新增加的自由面。

(3)岩块相互碰撞作用。根据南芬露天铁矿高速摄影观测结果,爆后 150ms 左右岩石解体,岩块开始进入弹道抛掷和坍落阶段。而岩块移动的初速度为 14.6~25m/s,平均速度为 11.3~12m/s。这样,当第一响炮孔起爆后,破碎岩块尚未回落到地表时,相邻第二响、第三响炮孔已经起爆,岩块在空中相遇,产生了补充破碎作用。

(4)减少爆破地震作用。由于毫秒爆破显著地减少了单响药量,因此无论在时间上,还是在空间分布上都减少了爆破振动的有害作用。如果毫秒延期间隔时间选择得当,错开主振相的相位,即使初振相和余振相叠加,也不会超过原来主振相的最大振幅。

实测资料表明:毫秒爆破与一般爆破相比,其振动强度可降低 1/3~2/3。

7.1.7.3 毫秒延期间隔时间的确定

确定合理的毫秒延期间隔时间是实现毫秒爆破的关键。但是,如何确定,采用什么样的公式计算,目前尚缺乏统一的认识。以下计算公式仅供参考。

(1)以形成新自由面所需要的时间确定毫秒延期间隔时间:根据大量统计资料,从起爆到岩石被破坏和发生位移的时间,大约是应力波传到自由面所需时间的 5~10 倍,即岩石的破坏和移动时间与最小抵抗线(或底盘抵抗线)成正比:

$$\Delta t = kW \tag{7-17}$$

式中 Δt——毫秒延期间隔时间,ms;

k——与岩石性质、结构构造和爆破条件有关的系数。在露天台阶爆破条件下,k 值为2~5;

W——最小抵抗线或底盘抵抗线,m。

(2)长沙矿山研究院提出以下公式

$$\Delta t = (20 \sim 40)W/f \tag{7-18}$$

式中 f——岩石坚固性系数;

W——底盘抵抗线,m。

清砟爆破时,W 取其实际抵抗线;

压砟爆破时,W 取底盘抵抗线与压砟折合抵抗线之和。

通常,露天深孔台阶爆破时,毫秒延期间隔时间为 15~75ms,常用 25~30ms,随着排数的增加,排间毫秒延期间隔时间依次加长。

7.1.8 宽孔距、小抵抗线毫秒爆破技术

宽孔距、小抵抗线爆破是在保持炮孔负担面积不变的前提下,加大孔距、减少抵抗线,即增大密集系数的一种爆破技术。该项技术早期由瑞典 U·兰格福斯(Langfors)提出,从 20 世纪 80 年代开始,我国也对其进行了研究和推广,至今已取得明显的效果。国内外研究表明:该项爆破技术无论在改善爆破质量,还是在降低单耗、增大延米爆破量方面都表现出巨大的潜力。

7.1.8.1 宽孔距、小抵抗线爆破机理

宽孔距、小抵抗线爆破机理为:

(1)增大爆破漏斗角,形成弧形自由面,为岩石受拉伸破坏创造有利条件。在炮孔负担面积不变的情况下,减小最小抵抗线,则爆破漏斗角随之增大(见图 7-16)。由于每个爆破漏斗增大,就为后排孔爆破创造了一个弧形且含有微裂隙的自由面。实验表明:弧形自由面比平面自由面

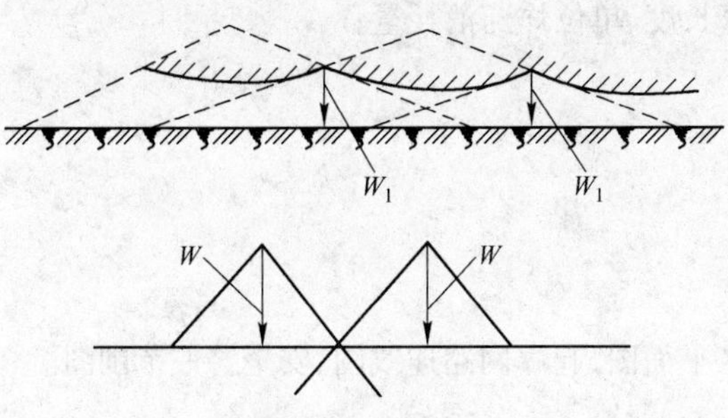

图7-16 爆破漏斗角

的反射拉伸应力作用范围大,有利于促进爆破漏斗边缘径向裂隙的扩展,破碎效果好。

(2)防止爆炸气体过早泄出,提高炸药能量利用率。由于孔距增大,爆炸气体不会因相邻炮孔之间的裂隙过早贯通而逸散,提高了炸药能量利用率。

(3)炮孔间应力叠加作用减弱。使单孔的径向裂隙、环状裂隙得到充分发育,有利于改善岩石的破碎质量。

(4)增强辅助破碎作用。由于抵抗线减小,弧形自由面的存在,既可使拉伸碎片获得较大的抛掷速度,又可延缓爆炸气体过早逸散的时间,使其有较大的能量推移破碎的岩体,有利于岩块的相互碰撞,增强了辅助破碎作用。

7.1.8.2 密集系数(m)值的选取

关于密集系数(m)值的选取,目前尚无统一的计算公式,可根据类似工程的成功案例或该工程的试验值选取。一般认为 $m=2\sim6$ 都可取得良好的爆破效果,个别情况 $m=6\sim8$ 也是可行的。但是,在工程实施上有两点需要特别注意:

(1)保证穿孔质量(孔位、孔深);

(2)定好第一排孔的 m 值至关重要,通常,先定好第一排炮孔的参数,确保不留根底,然后再依次布置 m 值增大的第二排、第三排等炮孔。

7.1.8.3 工程实例

表7-4列出镇江船山石灰石矿采用的宽孔距小抵抗线爆破参数。

表7-4 船山石灰石矿侧向宽孔距爆破参数

段高/m	孔深/m	超深/m	药高/m	堵塞长度/m	底盘抵抗线/m	布孔参数		起爆参数			S/m^2
						a/m	b/m	a'/m	b'/m	m	
12	14.5	2.0	<10	>4.5	4.0	7	6	12.25	3.5	3.5	42
12	14.5	2.0	<10	>4.5	4.0	7	6	12.25	3.5	3.5	42
12	15	2.0	<10	>5.0	4.2	6.5	5.5	11.25	3.25	3.46	35.75

镇江船山石灰石矿是我国大型露天化工矿山,主要生产石灰石和建材用石,台阶高度12m,穿孔用KQ-150型潜孔钻打75°倾斜孔,孔径170mm。采用侧向宽孔距小抵抗线毫秒爆破(见图7-17)取得良好效果,块度均匀,根底率降低。

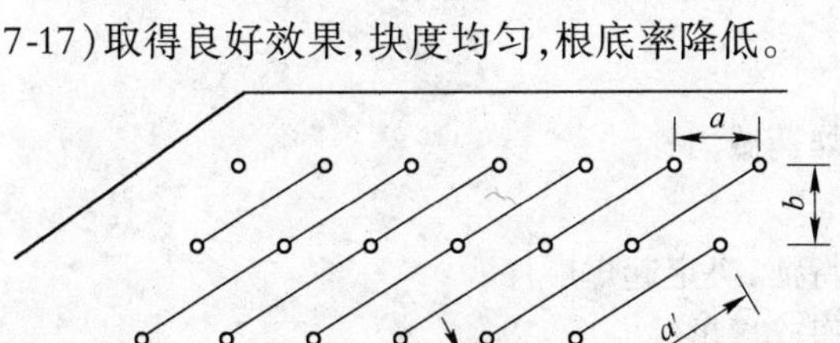

图7-17 侧向宽孔距布孔
a—布孔孔距;b—布孔排距;
a'—起爆孔距;b'—起爆排距

7.1.9 深孔台阶爆破的技术设计

深孔台阶爆破的技术设计内容包括:

(1)工程地质概况。指赋存条件、矿岩物理力学性质。

(2)开采技术设计。

1)台阶要素,钻孔形式,钻机类型,布孔方式;

2)爆破参数的确定:孔径、孔深与超深、底

盘抵抗线、孔网参数(孔距、排距、密集系数)、堵塞长度、单位炸药消耗量;

3)装药结构;

4)药量计算:每孔装药量及总药量;

5)起爆网路计算及设计;

6)材料消耗,主要技术经济指标;

7)安全范围的确定,人员、设备的撤离;

8)附图,包括台阶三面(或两面)投影图、爆区平面图、起爆网路连线图、安全警戒范围图。

7.1.10　降低深孔台阶爆破大块率和根底率的措施

露天深孔台阶爆破普遍存在着大块(不合规格大块)产出率和根底率偏高的问题,它不仅影响铲装效率,加速设备的磨损,而且增加了二次爆破的工作量,提高了爆破成本。

大块的标准主要取决于铲装设备和初始破碎设备的型号和尺寸,因此,其标准的制定是因地、因时而异的。

7.1.10.1　产生部位和原因分析

大量的统计资料表明,不合格大块主要产自台阶上部和台阶的坡面,同一爆区软、硬岩的分界处,爆区的后部边界。其原因是:

(1)为了克服底盘抵抗线的阻力,炸药主要置于炮孔的中、底部,使其沿炮孔轴线方向的炸药能量分布不均,孔口部分能量不足,岩石破碎不均匀;

(2)台阶前部,即邻近台阶坡面的一定范围内,岩石受前次爆破的破坏,原生弱面张裂,甚至被切割成“块体”,爆破时这部分“块体”易整体振落,形成大块;

(3)同一爆区硬岩和软岩分界部分,有时从爆区表面就可看到大块条带,易于振落;

(4)爆区的后部与未爆岩石相交处(沿爆破坍落线)也会产生一些因爆破而振落的大块;

所谓根底就是爆破后电铲难以挖掘的凸出采掘工作面一定高度的硬坎、岩埂。对于台阶高度12m的矿山,凸出采掘工作面标高1.5m以上的硬坎、岩埂,称为根底。

根底产生的原因有孔网参数选择不当,起爆顺序和毫秒间隔时间不合理,底部装药不足等。

7.1.10.2　降低大块率、根底率的措施

降低大块率、根底率的措施是多方面的,归纳起来有正确的设计、严格的施工和科学的管理。

(1)正确的设计。就是要确定合理的爆破参数,特别要注意的是:

1)选准前排孔抵抗线;

2)控制最后排孔的装药高度;

3)控制合理超深和余高;

4)选取与岩石特性相匹配的炸药,增强底部炸药威力;

5)选取合理的毫秒延期间隔时间;

6)爆区有明显结构面时,要根据岩体结构面特征,决定起爆顺序;

7)在适宜地点采用大孔距、小抵抗线爆破和压碴爆破。

(2)严格的施工。严格的施工不仅是严格爆破的施工,而且是要严格布孔和穿孔作业的施工。穿孔作业是爆破的先头作业,它的好坏直接影响爆破效果。

(3)科学的管理。爆破技术和科学的管理是一个有机的整体。前者是基础,后者是保证。在爆破管理上要实行分层管理,逐层考核,责任到人,严格执行质量管理体系和质量监控网络。

7.1.11 施工技术

关于深孔台阶爆破的施工,首先要做好平整运输道路、钻孔施工场地、安装钻孔设备,以及供电、供水、供风管网和线路的架设与安装等现场准备工作。

7.1.11.1 钻孔作业

A 布孔

在接到凿岩作业通知书以后,按照作业通知书上规定的参数实施布孔,布孔由有经验的老工人进行,也可以由技术人员来进行。布孔的原则是:

(1)先从安全角度来考虑孔边距的大小,孔位要避免布在岩石震松圈内及节理发育或岩性变化大的地方。在这种情况,可以调整孔位,调整时要注意抵抗线、排距和孔距之间的关系。一般说来,应保证调整前后的孔网面积不超过10%,过大或过小都是不恰当的。

(2)当地形复杂时,布孔时要注意炮孔的全部高度上的抵抗线变化,既要防止过大的底盘抵抗线造成根底和大块,又要防止因抵抗线过小而出现飞石事故。

(3)布孔时要注意场地标高的变化,对于有标高变化的炮孔要用调整孔深的办法,保证下部平台的标高基本相同。

B 凿岩作业

凿岩作业应严格遵守设备使用维护规程,按标准化作业程序进行操作。在进行凿岩作业时,应把质量放在首位,炮孔的孔深、角度、方向都应满足设计要求。

C 炮孔检查

炮孔检查是指检查孔深、角度、方向和孔距。分三级检查负责制,即打完孔后个人检查、班长抽查及专职检查人员验收,检查的方法最简单的是用软绳(或测绳)系上重锤(球)来测量炮孔深度,测量时要做好记录。

根据实践,炮孔深度不能满足设计要求的原因有:炮孔壁片帮垮落片石而堵孔;排出的岩砟因某种原因回填孔底;孔口封盖不严造成下雨时雨水冲垮孔口或孔内片石下落堵塞炮孔;凿岩时,因故岩砟未被吹出,残存岩砟在孔底沉积造成孔深不够。

为防止堵孔,应该做到:钻完孔后,将岩砟吹干净,防止回填,若不能吹净,应摸清规律适当加大钻孔深度;凿岩时将孔口岩石清理干净,防止掉落孔内;防止雨天的雨水流到孔内,可采用围住孔口做围堤的办法;在有条件的地方打完孔后,尽快爆破也是防止堵孔的一个重要方法。

对于没有防水炸药的情况,可以将孔内积水排除,排水方法有提水法、爆破法、高压风吹出法等,使用这些方法孔内积水仍无法排干时,应该采用防水炸药进行爆破。

7.1.11.2 爆破作业技术

台阶深孔爆破是一项涉及面较广、影响范围较大、工作环节较多的作业,它包括爆区的准备工作、炸药的搬运、装药、堵塞、网路的连接、爆破警戒、起爆、爆后检查等。

A 爆区的准备工作

爆区的准备工作是多方面的,从劳动组织、安全工作到技术准备都是需要认真进行的。其中包括:

(1)了解爆区岩石性质、结构构造、地形条件;

(2)施工机具及道路的准备;

(3)爆区劳动力的合理调配及使用;

(4)警戒范围的划定及人员流动情况等;

(5)装药结构及起爆药包加工方法的要求;

(6)爆破网路的连接及点火起爆方式;

(7)炮孔装药的有关技术资料(如每米装药量、堵塞长度、装药长度等);

(8)按号填写出每孔装药品种、数量、雷管段别、孔深;

(9)听取施工负责人关于爆区安全情况及技术要求的介绍。

B　炸药的搬运

炸药的搬运应遵照爆破安全规程的有关规定,还要注意以下几点:

(1)搬运时要做到专人指挥,专人清点不同品种的炸药,做到按品种、数量运到炮孔周围;

(2)搬运炸药要做到轻拿轻放;

(3)要有专人指挥车辆的移动,车辆移动前要鸣号示警,然后才能移动;

(4)人工搬运时,道路要平整,防止跌倒或扭伤。

炸药搬运以后,要核对爆区总药量,如有差错,应及时采取措施。

C　装药

爆破工程技术人员在装药前应对第一排各钻孔的底盘抵抗线进行测定,对形成反坡或有大裂隙的部位应考虑调整药量或间隔堵塞。底盘抵抗线过大的部位,应进行清理,使其符合设计要求。爆破员应按爆破设计说明书的规定进行操作,不应自行增减药量。

应在装药开始前先核对孔深,再核对每孔的炸药品种、数量,清理孔口附近的浮砟、石块,做好装药准备,再核对毫秒雷管段别,装药时炸药应避免与岩渣接触,保持装药顺畅。装粉状炸药可用无底布口袋。

目前起爆药包放置位置有三种形式:一种是孔口起爆,起爆药包放在孔口,这是正向起爆;第二种是孔底起爆,起爆药包放在孔底,又称反向起爆;第三种是将两个起爆药包均匀地放置在炸药里,即在炮孔装药部位的1/4、3/4两处。

对于感度高、威力大的防水药包,可以采用孔口或孔底起爆,对于感度低的炸药,则应将起爆药包均匀地布置在孔内,以保证起爆可靠性。

下部由于底盘抵抗线大,有时采用密度大的炸药,以保证有较大的体积威力;上部则采用密度较小的炸药,以改善破碎质量。

装药不慎会造成堵孔,堵孔原因很多,如:在水孔中装药速度过快,超过炸药下降速度而造成堵孔;炸药块度过大;装药过程中将孔口浮石带入孔内或将孔内松石碰到孔中间;起爆药包未装到接触炸药处,在孔中部某一处停留又未被发现,继续装药而造成堵孔等等。装药发生卡塞时,若在雷管和起爆药包放入之前,可用非金属长杆处理。装入起爆药包后,不应用任何工具冲击、挤压。

D　堵塞

深孔爆破装药后都应进行堵塞,不应使用无堵塞爆破。堵塞长度应按设计要求,不应使用石块和易燃材料堵塞炮孔。堵塞过程中,应保护好起爆网路和起爆药包。分段装药的炮孔,其间隔堵塞长度应按设计要求执行。

E　起爆网路的连接

深孔台阶爆破可采用电力起爆网路、导爆管起爆网路和导爆索起爆网路,连接方法和施工要求按相关章节所述。连线时应注意如下安全问题:

(1)导线或导爆管要留有一定富余长度,防止拉断网路;

(2)网路的连接应在无关人员撤离爆区以后进行,连好后,禁止非爆破员进入爆破区段;

(3)网路连接后要有专人警戒,以防意外。

F 起爆与爆后检查

爆破警戒和信号以及爆后检查除应遵守爆破安全规程有关规定外,实施警戒工作还要注意:

(1)按指定的时间到达警戒地点,进行警戒;

(2)按指定的警戒范围,严格禁止人员、设备、车辆进入警戒范围内;

(3)警戒人员应保证自身的避炮位置安全、可靠;

(4)爆破后经检查确认安全,经爆破负责人许可后方可撤除警戒。

爆后必须对爆破现场进行检查,检查的内容包括是否全部炮孔起爆、爆后对周围设备及建筑物的影响情况、爆堆的形状及安全状况。检查出有盲炮时,应该分析出现拒爆的原因并及时处理。

7.2 露天矿浅孔台阶爆破

露天浅孔台阶爆破与露天深孔台阶爆破,二者基本原理是相同的,工作面都是以台阶的形式向前推进,不同点仅仅是孔径、孔深比较小,爆破规模比较小。

浅孔台阶爆破主要用于矿山采矿、采石以及平整地坪,开挖路堑、沟槽,开挖基础等,是目前我国铁路、公路、水利水电、人防工程和小型矿山开采的主要爆破方法。

7.2.1 炮孔排列

浅孔台阶爆破的炮孔排列分为单排孔和多排孔两种,单排孔多用于一次爆破量较小的爆破。多排孔排列又可分为平行排列和交错排列,如图7-18所示。

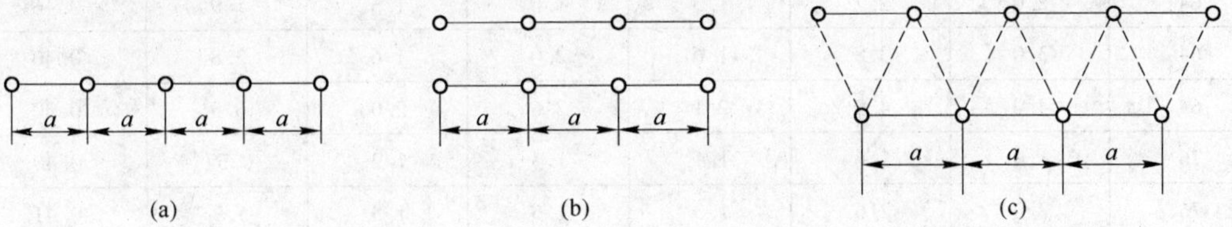

图7-18 炮孔布置

(a)单排孔;(b)多排孔平行排列;(c)多排孔交错排列

7.2.2 爆破参数

爆破参数应根据施工现场的具体条件和类似工程的成功经验选取,并通过实践检验修正,以取得最佳参数值。

(1)炮孔直径(d)。由于采用浅孔凿岩设备,孔径多为36~42mm,药卷直径为32mm或35mm。

(2)炮孔深度和超深。

$$L = H + h \tag{7-19}$$

式中 L——炮孔深度,m;

H——台阶高度,m;

h——超深,m。

浅孔台阶爆破的台阶高度(H)一般不超过5m。超深(h)一般取台阶高度的10%~15%,即

$$h = (0.10 \sim 0.15)H \tag{7-20}$$

如果台阶底部辅以倾斜炮孔,台阶高度尚可适当增加(见图7-19)。

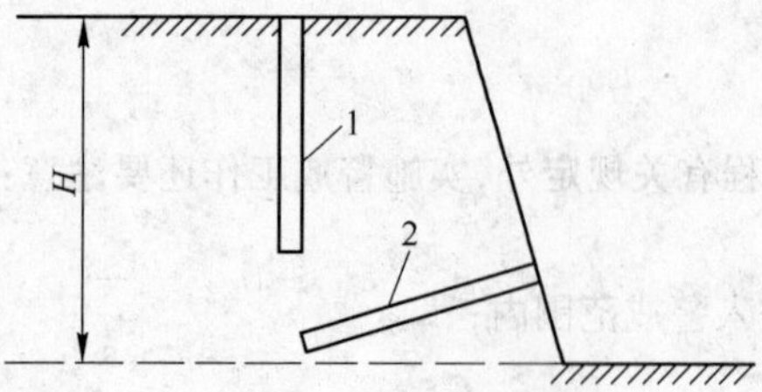

图 7-19　小台阶炮眼图

1—垂直炮孔；2—倾斜炮孔

（3）炮孔间距（a）。

$$a=(1.0\sim2.0)W_{\mathrm{d}} \quad (7\text{-}21)$$

或

$$a=(0.5\sim1.0)L \quad (7\text{-}22)$$

（4）底盘抵抗线（W_{d}）

$$W_{\mathrm{d}}=(0.4\sim0.9)H \quad (7\text{-}23)$$

在坚硬难爆的岩石中或台阶高度较高时，计算时应取较小的系数。

（5）单位炸药消耗量（q）。与深孔台阶爆破的单位炸药消耗量相比，浅孔台阶爆破的单耗值应大一些，具体数值可参照表 7-5 选取。

表 7-5　坚硬岩石浅孔小台阶爆破主要参数表

孔径/mm	台阶高/m	孔深/m	抵抗线/m	孔距/m	堵塞长度/m	装药量/kg	单耗/kg · m^{-3}
26～34	0.8	1.1	0.6	0.75	0.9	0.20	0.56
26～34	1.0	1.4	0.8	1.0	1.0	0.40	0.50
51	1.0	1.4	0.8	1.0	1.1	0.40	0.50
51	1.5	2.0	1.0	1.2	1.2	0.85	0.47
51	2.0	2.6	1.3	1.6	1.3	1.70	0.41
51	2.5	3.2	1.5	1.9	1.5	2.70	0.38
64	1.0	1.4	0.8	1.0	1.1	0.4	0.50
64	2.0	2.7	1.3	1.6	1.5	1.9	0.46
64	3.0	3.8	1.6	2.0	1.6	3.8	0.40
64	4.0	4.9	2.1	2.6	2.0	6.5	0.30
76	1.0	1.6	1.1	1.3	1.2	0.57	0.40
76	2.0	2.6	1.3	1.6	1.3	1.7	0.41
76	3.0	3.8	1.5	1.8	1.5	3.2	0.40
76	4.0	5.0	1.7	2.1	1.7	5.6	0.39
76	5.0	6.2	2.0	2.5	2.0	10.0	0.40
76	6.0	7.4	2.6	3.2	2.6	18.1	0.36

7.3　药壶爆破及二次爆破

7.3.1　药壶爆破

7.3.1.1　*药壶爆破及其应用*

药壶爆破是将已钻好炮孔的底部用少量炸药，经多次爆破将炮孔底部扩大成近似壶状的空腔，将延长药包变为集中药包，可多装药，以增强其抛掷效果及克服台阶底部阻力的一种爆破方法。

药壶爆破与浅眼爆破相比，它的钻孔工作量少、每孔装入的药量较多、一次爆破方量较大，从而提高了爆破效率。

药壶可分为垂直扩壶和水平扩壶，分别指由垂直孔扩成的药壶和由水平孔扩成的药壶；垂直药壶又有浅孔扩壶（用 ϕ38～42mm 浅孔扩成）和深孔扩壶（用 ϕ76～100mm 中深孔扩成）。药壶爆破是在较大型钻机不足的条件下提高爆破效率的一种补充办法，硬岩难以扩成药壶，在节理裂隙发育的岩层中,扩壶容易产生乱膛、卡孔,尤其是水平孔扩壶,一般成功率不高,所以硬岩和节理、裂隙发育的硬岩都不宜采用药壶爆破;地下工程因多次扩壶的排烟问题不好解决,故不用药壶爆破。在平场和道路工程中,如果岩石扩壶不困难,采用药壶爆破在经济上非常合算,这是药壶爆破很普及的重要原因。

7.3.1.2 扩壶工艺

由于深孔扩壶应用很少,所以这里只介绍浅孔扩壶工艺,如遇深孔扩壶,可参照浅孔扩壶工艺进行现场试验。

A 扩壶次数与药量

扩大药壶要进行多次爆破,一般第一次扩壶装药量为75~200g,以后按扩壶次序成倍增加,大致按下述比例增加炸药量(设第一次扩壶装药量的基数为1):

二次扩壶:1∶2;

三次扩壶:1∶2∶3;

四次扩壶:1∶2∶4∶7。

扩大药壶需要的总药量 Q_1 可按经验公式计算:

$$Q_1 = Q/P \tag{7-24}$$

式中 Q_1——扩大药壶需要的总药量,kg;

Q——设计要求的药壶装药量,kg;

P——岩石炸胀系数,与岩石硬度有关,坚硬岩石 $P=1\sim10$,软岩 $P=10\sim25$,坚土 $P=25\sim200$。

扩大药壶次数由岩石条件和药壶装药量决定,通常对黏土、黄土和坚实的土壤要扩大2次;风化或松软岩石要扩大2~3次;中硬岩石和次坚硬岩石扩大3~5次;坚石扩大5~7次。

B 扩壶方法及安全注意事项

一般是用加工好的导火索或电雷管起爆药包装入孔底,填一点干砂或沙土,填塞高度是药包高度的0.8~1.0倍,填塞过长会发生填塞段挤死现象,所以实际操作时也有不堵塞的,起爆时人员撤到50m以外。

扩壶发生的安全事故大多是导火索过短或在装药时处理卡孔人员来不及撤离,或是两次扩壶之间的时间间隔太短,壶内温度过高使扩壶药早爆伤人。针对这些事故,安全规程中明文规定:

(1)由有经验的爆破员操作,清除孔口碎石杂物;

(2)扩壶间隔时间不少于15min;

(3)导火索长度应保证作业人员撤到50m以外所需的时间;

(4)孔深超过5m时,不得使用导火索扩壶。

C 扩壶体积测量

(1)药壶工作以后,将壶内残渣吹净;

(2)测量药壶体积的简易方法是用铁棍测量器,即用等长的两根细绳系在一根铁棍的两端,使用时将铁棍竖着放入药壶,调整细绳,使铁棍在壶内保持水平,根据绳索长度确定铁棍位置,并用不同长度的铁棍测出药壶不同位置的直径,再按形态(圆球形或椭圆球形)计算药壶体积。

D 扩壶新工艺

扩壶时用抗水炸药,装药后往孔底灌水,灌满后起爆,可以提高扩壶效率,缩短等待时间。

7.3.1.3 爆破设计

药壶爆破的药包最小抵抗线都不大,爆破大多在接近地表的风化岩、半风化岩中进行,装药过多容易出现飞石失控，所以《爆破安全规程》明文规定“不应超量装药”且“应实测最小抵抗线，按松动爆破设计装药量”。

单个药壶装药量为：

$$Q_1 = K_s W^3 \tag{7-25}$$

台阶爆破的多个药壶，单壶装药量为：

$$Q_2 = K_s aHW \tag{7-26}$$

式中　Q_1，Q_2——单壶装药量，kg；

W——药壶实测量最小抵抗线，m；

a——药壶间距，m，一般 $a = W$；

H——台阶高度，m；

K_s——松动爆破药量计算系数，可参考硐室松动爆破表选择。

7.3.1.4　实例

【实例1】　工程兵指挥学院在徐州襄王路堑开挖工程中，摸索了一套经验方法，用2台 $9m^3$ 空压机，1台 $10m^3$ 空压机，配10台7655手风钻进行药壶爆破，130天完成14万 m^3 石方，平均日爆破量达 $1100m^3$，其布孔参数列入表7-6，扩壶用药量列入表7-7。其扩壶工艺是：第一次扩壶稍加填塞，下一次扩壶分三种情况分别处理：

(1)扩壶声音清脆，表明药壶扩大不多，下次装药增加1/3～1/2；

(2)声音闷哑，振动大，表明药壶扩大较多，下次扩壶药量加倍；

(3)声音闷哑，振动小，孔中无气体窜出，表明遇到泥土层或溶洞，要改变孔位，防止飞石事故。

用到表7-7中所标的药量时，就完成扩壶，此时药壶可以装入设计药量。

表7-6　炮孔参数与装药量

台阶高度/m	炮孔间隔 a/m	炮孔排距 b/m	炸药单耗 K/kg · m^{-3}	单壶装药量 Q/kg
2	2	1.5	0.35	2.1
3	2.5	2	0.4	6
4	3	2.5	0.4～0.45	12～13.5
5	3.5	3	0.45～0.5	23.6～26.3
6	4	3.5	0.5～0.55	42～46

表7-7　扩壶用药量与单个装药量

开挖深度/m	单壶装药量/kg	第一次扩壶药量		最后一次扩壶药量	
		g	卷	g	卷
2	2	75	0.5	600～900	4～6
3	6	150	1	900～1200	6～8
4	12～13.5	300	2	2400～3000	12～16
5	23.6～26.3	450	3	5000～6000	33～40
6	42～46	450	3	7500～9000	50～60

【实例2】　云南省公路科学技术研究所在环境十分复杂(紧靠电站大坝、配电站、主厂房、大桥)的作业区，利用药壶爆破，严格控制飞石、滚石和爆破地震，保证了边坡安全，其技术要点是：

(1)烘膛次数及用药量见表7-8。

表7-8 烘膛次数及用药量

岩石类别	烘膛次数及每次用药量/g				
	1	2	3	4	5
松 石	50	100	200		
次坚石	100	200	400	600	
坚 石	100	200	400	600	900

(2)布孔参数:孔径 ϕ40~45mm,最小抵抗线 $W=2\sim4$m,孔深 $L=(1.2\sim1.3)W$,一般为2.5~5.0m;孔间距(单排):坚石 $a=(0.5\sim0.6)L$,次坚石 $a=(0.6\sim0.8)L$,松石 $a=(0.7\sim1.0)L$。

(3)装药量计算:

$$Q=(0.5\sim0.2)qW^3 \tag{7-27}$$

式中 Q——单壶装药量,kg;

W——抵抗线,m;

q——岩石的标准单耗,kg/m³,对坚石 $q=1.6\sim1.8$kg/m³,次坚石 $q=1.2\sim1.4$kg/m³,松石 $q=1.0\sim1.2$kg/m³。

【实例3】 山东乳山市机械化施工集团公司的经验是,为了加快施工进度,在钻扩壶孔之前先爆出一个1.2m深的漏斗坑,使药壶的埋置深度由5m(5m深钻孔)增加到6.2m,单壶爆破量由137m³增加到262m³,8台凿岩机,两班作业,27个月完成石方开挖290万m³(每月平均22个工作日)。对 $f=5\sim7$ 的岩石,单壶装药量按 $Q=0.5W^3$ 计算。扩壶次数和药量见表7-9。

表7-9 扩大药壶用药量参数

炮孔深度/m	装药量/kg	需要扩大次数	每次扩大用药量/g							
			1	2	3	4	5	6	7	8
1.5~2.0	1.7~4.0	1	75							
2.5	7.8	2	75	150						
3.0	13.5	3	150	300	450					
3.5	21.5	4	150	300	450	800				
4.0	32.0	5	200	400	700	1100	1800			
4.5	46.0	6	200	400	700	1100	1800	2400		
5.0	62.5	7	200	400	700	1100	1800	2700	4000	
5.5	83.0	8	200	400	700	1100	1800	2700	4000	6000
6.0	108.0	9~10	250	450	800	1400	2400	3800	5700	7000

7.3.2 二次爆破

二次爆破泛指破大块和炸孤石的爆破作业,一般用浅眼爆破,也有用聚能弹和裸露爆破进行二次爆破的。

7.3.2.1 浅孔二次爆破

A 钻孔

正确钻孔是保证二次爆破安全(不出飞石)的关键,一般要求是:单孔孔底应穿过或达到大块重心;多孔爆破时,孔底距与孔底处的最小抵抗线相等或相接近。

B 装药

一般是单孔单药包,装于孔底,口部堵塞。对桩形大块,孤石应考虑分段装药,将按体积估算的药量按段数均分。多个钻孔的大块,一般是孔底装药,将按体积估算的药量按孔数均分,口部堵塞。

破大块的炸药单耗应控制在 70~150g/m³ 之间,易碎岩石选小值,岩块大者选小值,反之则选大值,也可参考表 7-10。

表 7-10 大块岩石二次爆破参数

大块尺寸 /m³	大块厚度 /m	炮孔深度 /m	炮孔数目 /个	单孔装药量 /kg	大块尺寸 /m³	大块厚度 /m	炮孔深度 /m	炮孔数目 /个	单孔装药量 /kg
0.5	0.8	0.5	1	0.03	2.0	1.0	0.65	2	0.60
1.0	1.0	0.65	1	0.08	3.0	1.5	1.0	2	0.10

破孤石药量比二次破碎要大,原因是孤石均比较坚硬,又多半埋于地下。其钻爆参数可参考表 7-11。

表 7-11 大块孤石爆破参数

孤块体积 /m³	孤块厚度 /m	炮孔深度 /m	炮孔数目 /个	单孔装药量 /kg	孤块体积 /m³	孤块厚度 /m	炮孔深度 /m	炮孔数目 /个	单孔装药量 /kg
0.5	0.8	0.5	1	0.05	2.0	1.0	0.65	2	0.10
1.0	1.0	0.65	1	0.10	3.0	1.5	1.0	2	0.20

C 起爆

单孔多药包和一块石头多个钻孔时,一块石头上的药包必须同时起爆,不允许用火炮或秒差雷管起爆。

7.3.2.2 起爆药柱爆破大块

有些使用部门用黑索金、梯恩梯炸药混合熔铸,用 2 号岩石炸药压制(压制装药密度达 1.2~1.25g/cm³),用乳化油炸药与黑索金混装三种方法自制的起爆药柱用于破大块。使用时起爆药柱必须放正,上面多盖泥沙,覆盖物中不得有碎石,爆破时要做空气冲击波破坏范围计算。

7.3.2.3 糊炮破大块

A 限制

糊炮是裸露药包破大块的俗称,因噪声大,效果没保证,又有引起空气冲击波,点燃爆炸气体、粉尘的危险,所以《爆破安全规程》规定:在人口密集区,重要设施附近及存在气体、粉尘爆炸危险的地点不应采用;在沟谷中及特殊气象条件下进行裸露爆破时,应考虑空气冲击波反射、绕射的影响,加大相应方向的安全距离;在旋回、漏斗等设备、设施中的裸露药包爆破,应在停电、停机状态下进行,并应采取相应的安全措施。

B 糊炮装药量及工艺要求

应结合岩性、岩块厚度,经现场试验后,列出一个可供参考的药量表,一般糊炮用药量都为相应聚能弹重量的2~3倍。

糊炮工艺是:选择较厚处的平整岩面并将炸药摊在岩面上,厚度不小于2cm、不大于3cm,要保证摊药与岩石紧密接触,炸药裸露面用水袋或黄土、黄泥覆盖,覆盖厚度一般在10cm左右,覆盖物中不得有坚硬块体(碎石、砖头、瓦砾等),以防产生远距离飞石,雷管一般埋在药的中间。

C 起爆

起爆方法没有严格规定,可以用电雷管或非电导爆管雷管起爆,但要求能保证先爆药包产生的飞散物、气浪不会破坏后爆药包,如果这一要求得不到保证,则应采取齐发爆破。

7.4 预裂爆破和光面爆破

炸药在炮孔内爆炸时,产生强大的冲击波和高压气体并猛烈冲击炮孔四周的岩体,使得周围的岩体破碎或开裂,在露天深孔爆破中即使采用多段毫秒爆破,限制一次起爆药量,破坏区的范围也是很大的。为了使爆破开挖的边界尽量与设计的轮廓线相符合,不出现超挖和欠挖现象,同时也使开挖边界上的岩体能尽量保持完整无损,保持其强度和稳定性,降低爆破地震的危害范围和破坏程度,在露天深孔临近永久边坡和堑沟、基坑、基槽的露天深孔爆破中,常用边坡保护的预裂或光面控制爆破方法,有的还在主炮孔和预裂孔之间布设缓冲孔。

7.4.1 预裂爆破

沿开挖边界布置密集炮孔,采取不耦合装药或装填低威力炸药,在主爆区之前起爆,从而在爆区与保留区之间形成预裂缝,以减弱主爆区爆破时对保留岩体的破坏并形成平整轮廓面的爆破作业,称为预裂爆破。预裂爆破是露天深孔周边控制爆破的一种主要爆破技术,由于具有明显的降振作用,已被广泛采用。

7.4.1.1 预裂爆破的基本原理

保证预裂爆破成功的必要条件是炸药在炮孔中爆炸产生的压力不压坏孔壁和沿预定的方向成缝。

当炸药与孔壁留有空隙时,炮孔所受的压力会大大降低。试验发现:不耦合系数为2.5时的孔壁最大切向应力只相当于相同爆破条件下,不耦合系数为1.1时的1/16。因此,完全可能将现有的常用炸药,用不耦合装药将孔壁压力降低到只有几十兆帕乃至几百兆帕。那时,孔壁压力接近岩石的极限抗压强度或低于极限抗压强度,使炮孔压力不致压碎孔壁并使炮孔之间岩石产生裂缝。

目前,在预裂爆破的裂缝形成原理上主要从如下两个方面解释。

A 相邻炮孔的导向作用

由于不耦合装药控制了炸药的爆破能量,使爆炸向四周传播的应力波只能对孔壁产生一定数量的初始微裂缝;若相邻孔能同时起爆,各孔传来的应力波便在孔连线上某处叠加,使岩体原有裂隙扩展或微观缺陷形成裂纹;若相邻炮孔不能同时起爆时,应力波的叠加作用不再存在,但先爆孔产生的应力场将会使邻孔产生应力集中,并使孔壁与孔连线的两交点处的环间拉应力达到最大值。因此,很容易在这两点形成初始径向裂缝;相邻孔还起着反射波震源的作用,自然也容易使初始裂缝在孔连线方向上最先扩展,形成初始径向裂缝。

B 爆生气体的扩缝作用

炮孔内的爆生气体因膨胀将会挤入孔壁的初始径向裂缝,起着所谓的"气刃效应",使长短不一的初始裂缝得到不同程度的扩展。由于应力波的先期作用,孔壁在炮孔连线方向上的初始径向裂缝比其他方向长得多，因而，当两相邻孔的间距控制在裂缝所能扩展的长度范围内时，裂缝就相向贯通。

7.4.1.2　预裂爆破参数的选择

A　孔网参数

孔网参数是保证预裂爆破获得良好效果的关键，它包括预裂孔直径、孔间距、孔深、预裂孔的排列方式及预裂孔与主爆孔的相互排列方式。

(1)炮孔直径。炮孔直径是根据工程性质及其对质量的要求、设备条件等来选择的。小直径钻孔对周围岩体破坏范围小，预裂面形状容易控制，易于取得较好的预裂效果。所以国外以采用小孔径预裂爆破较多。国内一些矿山的实践证明，较大孔径(170～200mm)仍然可以得到较好的效果，然而，采用较大孔径成本高，所以采用小孔径预裂爆破是合理的。国外及水工建筑中一般采用50～110mm的孔径。

(2)孔间距。孔间距是直接影响预裂带壁面光滑程度的重要参数，孔间距小则预裂带壁面光滑平整。孔间距的选择一般以孔径的倍数表示。永久边坡宜取7～10倍孔径；3～5年的临时边坡宜取10～15倍；其他临时边坡取15～20倍孔径。原则是硬岩取大值，软岩取小值。

(3)炮孔深度与超深。孔深的选择必须考虑减少对台阶底部的破坏。因此，超深值必须尽量减少。无论是垂直孔预裂爆破，还是倾斜孔预裂爆破，均应根据岩石性质确定其钻孔超深值。预裂孔原则上不得超深，最多不超过0.5m。

(4)与邻近孔的排距。一般为正常炮孔的一半，主要是控制孔底距离不得大于1.5～2.5m。预裂孔和其他炮孔的关系，如图7-20所示。

B　装药参数

装药参数有不耦合系数及线装药密度等。

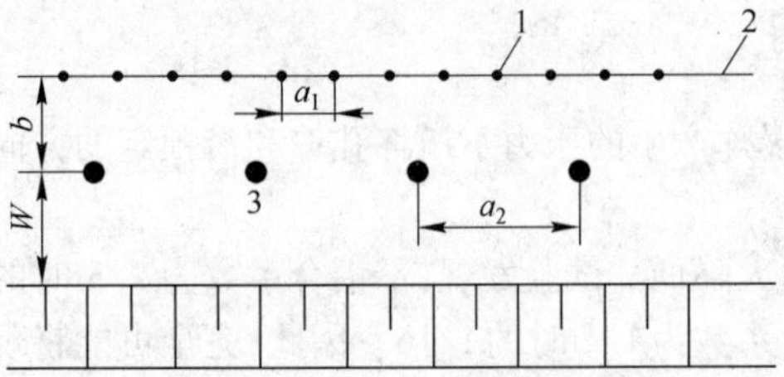

图7-20　炮孔排列图

1—预裂孔；2—预裂线；3—主炮孔

(1)不耦合系数 k。预裂爆破均采用不耦合装药结构，其目的是降低炸药爆炸的初始压力，使孔壁周围的岩石不受压缩破坏。不耦合系数将随岩石极限抗压强度的增加而下降。在实际使用中，其控制在2～5，以2～3为宜。

(2)线装药密度。线装药密度指炮孔装药量对不包括堵塞部分的炮孔长度之比。由于影响预裂爆破线装药密度的因素较多且复杂，目前还难以用理论公式来全部概括，一些工程技术人员根据各自积累的经验，归纳了如下一些经验公式：

$$Q_{线}=0.034[\sigma_y]^{0.63}a^{0.67} \tag{7-28}$$

$$Q_{线}=0.367[\sigma_y]^{0.5}d^{0.86} \tag{7-29}$$

$$Q_{线}=0.127[\sigma_y]^{0.5}a^{0.84}(d/2)^{0.24} \tag{7-30}$$

式中　$Q_{线}$——炮孔的线装药密度，kg/m；

$[\sigma_y]$——岩石的极限抗压强度，MPa；

a——炮孔间距，m；

d——炮孔直径，m。

针对不同地点、不同工程应有不同的线装药密度值，可通过实地试验加以确定。预裂孔的线装药密度一般为0.1～1.5kg/m，由于孔底岩石夹制作用大，为确保预裂缝贯通到孔底，在孔底：1～2m长度上，应适当增加装药量：当孔深小于5m时，每延米装药量增加1～2倍；孔深为5～10m时，增加2～3倍，孔深大于10m时，增加3～5倍。表7-12为中孔径深孔预裂爆破时建议选择的数值；表7-13

为我国部分工程预裂爆破参数。

表 7-12 预裂爆破参数经验数值

岩石性质	岩石抗压强度/MPa	钻孔直径/mm	钻孔间距/mm	线装药密度/g·m^{-1}
软弱岩石	<5	80	0.6~0.8	100~180
		100	0.8~1.0	150~250
中硬岩石	50~80	100	0.8~1.0	250~350
次坚岩	80~120	90	0.8~0.9	250~400
		100	0.8~1.0	300~450
坚　岩	>120	90~100	0.8~1.0	300~700

注:药量以2号岩石铵梯炸药为标准,间距小者取小值,间距大者取大值;节理裂隙发育者取小值,反之取大值。

表 7-13 我国部分工程预裂爆破参数表

工程名称	地质条件	孔深/m	孔径/mm	孔距/cm	全孔装药量/kg	堵塞长度/m	平均线装药密度/g·m^{-1}	炸药品种	爆破效果
南山矿	闪长玢岩(f=8~12)	17	150	150~180	22.1	3.0	1300	铵油炸药	预裂面平整,孔痕清晰完整
东江水电站	花岗岩	9.4	110	100	7.2	1.0	796	2号岩石硝铵	半孔率81.5%,超欠挖小于8.73
东江水电站	花岗岩	3	40	35	1.05	0.75	350	2号岩石硝铵	效果好,壁面平整
龙羊峡水电站	新鲜花岗闪长岩	8	75	90	4.80	1.0	600	2号岩石硝铵	裂隙缝张开2.04cm,半孔率90%
格拉都水电站	中粗粒花岗岩	8	80	70	2.0	1.5	250	胶质炸药	不平整度小于10cm
沙溪口水电站	石英、云母片岩	14.4	91	80	3.375	1.4	234	耐冻胶质炸药	半孔率98.5%
葛洲坝水电站	黏土质粉砂岩	18	65	80	5.025	1.2	279	2号岩石硝铵	效果好
官厅水库	石灰岩	5	100	75	1.42	1.5	284	2号岩石硝铵	地表及孔内裂隙缝宽0.5~1.0cm

C 起爆时间

为了在主爆区起爆之前形成预裂缝,预裂爆破应先于主爆孔75ms以上起爆。

7.4.1.3 预裂爆破施工

A 钻孔

预裂爆破实践表明,预裂壁面的超欠挖和不平整度主要取决于钻孔精度。可以这样说,预裂爆破的成败60%取决于钻孔质量,40%取决于爆破技术水平。

钻孔质量的好坏取决于钻孔机械性能、施工中控制钻孔角度的措施和工人操作技术水平。以上三个影响钻孔质量的因素中,尤以工人操作技术水平最为重要。如果操作人员技术水平不高,即使采用一些好设备,也难以打出高质量的炮孔。相反,即使采用一些性能较差的设备,但技术工人认真操作,仍可打出高质量炮孔。国内钻孔经验表明,对于平整的施工现场,设置钻机移动轨道,是打出高质量钻孔的一个非常重要的技术措施。目前,已有国家研制生产出保证钻孔精度的控制器,它在钻孔时能自动调整钻孔角度。

预裂孔的偏差直接关系到边坡面的超欠挖,控制钻孔质量是施工人员必须关注的问题。预裂孔的放样、定位和钻孔施工中角度的控制决定着钻孔质量。一般施工放样的平面误差不应大于5cm。钻孔定位是施工中的重要环节,对于不能自行行走的钻机,铺设导轨往往是不可少的;而对于能自行行走的钻机必须注意机体定位。钻孔过程中,应有控制钻杆角度的技术措施。

在预裂面内的钻孔左右偏差比在设计预裂面前后方向的钻孔偏差危害要小一些。因为它尚不至于给超欠挖带来过大的影响,仅仅使相邻钻孔之间平面内的不平整度增大。

在设计预裂面前后方向的钻孔偏差的危害则要大得多,它是壁面参差不齐、波浪起伏和造成超欠挖的根源,钻孔中要防止这种偏差的产生。

国内外预裂爆破的钻孔深度多在15m以内;也偶有深度达数十米的情况。过大的钻孔深度,易使钻孔精度难以控制而对预裂爆破效果不利。

B　装药结构

预裂爆破装药结构有两种形式:采用定位并将装药的塑料管控制在炮孔中央,爆破效果好,但费用较高;另一种是将25mm、32mm或35mm等直径的标准药卷顺序连续或间隔绑在导爆索上。炮孔底部1～2m区段的装药量应比设计值大1～4倍。取值视孔深和岩性而定,孔深者及岩性坚硬者取大值。接近堵塞段顶部1m的装药量为计算值的1/2或1/3。炮孔其他部位按计算的装药量装药。

绑在导爆索上药串可以再绑在竹片上,缓缓送入孔内,应使竹片贴靠保留岩壁一侧。

C　堵塞

为了保证预裂爆破效果,应该进行堵塞,但是,也有人主张预裂爆破的炮孔可以不堵塞,在坚硬岩石中形成宽度非常小的缝即可。不过坚持不堵塞观点的人已越来越少。堵塞时先用牛皮纸团或编织袋放入堵塞段的下部,再回填钻屑。要使装药段保持空气间隔。

由于预裂爆破是在夹制条件下的爆破,振动强度很大,有时为了防振,可将预裂孔分段起爆(见图7-21),一般采用25ms或50ms延时的毫秒雷管。在分段时,一段的孔数在满足振动要求条件下尽量多一些,但至少不应少于3孔。实践证明,孔数较多时,有利于预裂成缝和壁面整齐。

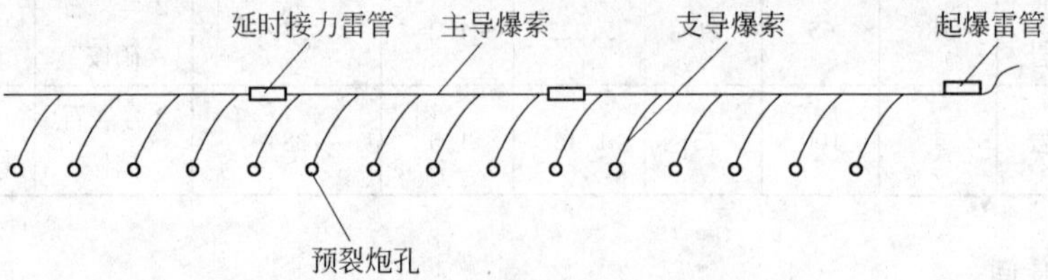

图7-21　预裂孔的分段起爆

当预裂孔与主爆区炮孔一起爆破时,预裂孔应在主爆孔爆破前引爆,其时间差应不小于75～110ms。

7.4.1.4　预裂爆破实施中的一些问题

A　预裂爆破(含光面爆破)壁面质量标准

预裂爆破与光面爆破的目的是沿设计轮廓线形成整齐的轮廓面,其质量标准应符合以下条件:

(1)裂缝必须贯通,壁面上不应残留未爆落岩体;

(2)相邻孔间壁面的不平整度小于±15cm;

(3)为使壁面达到平整,钻孔角度偏差应小于1°;

(4)壁面应残留有炮孔孔壁痕迹,且应不小于原炮孔壁的1/2~1/3;

(5)残留的半孔率,对于节理裂隙不发育的岩体应达到85%以上,对于节理裂隙较发育和发育的岩体应达到50%~85%,对节理裂隙极发育的岩体应达到10%~50%。

在过去文献资料中,还强调预裂爆破的裂缝宽度,认为缝宽应达1cm以上。在软岩中,这一要求可以做到;但对于中硬、坚硬岩石,该要求难以达到。有时勉为其难,将使保留岩体受到很大损伤。

B 预裂爆破与地质状况的关系

一般而言,岩石越完整均匀,越有利于预裂爆破。非均质、破碎和多裂隙的岩层则不利于预裂爆破。对于破碎的岩石,预裂壁面的不平整度往往不由爆破参数决定,而由破碎面控制。甚至预裂面也沿裂隙面或破碎面形成。当裂隙率达到5%时,预裂爆破有时难以按设计成缝。当裂隙率为1.5%~5%时,采用小孔距预裂往往收到良好效果。

高倾角裂隙对预裂面不平整度的影响较之倾角为45°~60°时小得多。与预裂面大致平行,位于保留区而距设计预裂面不太远的高倾角裂隙,爆破时该面与预裂面之间的岩石有时很难留住,由此造成超挖。但是,该裂隙面的面积若很大,沿该面滑下形成的保留面,对边坡稳定有时很有利。总之这种情况下,设计应根据高倾角的构造情况调整预裂缝的位置。

与预裂垂直的裂隙,往往使预裂缝不能连接起来,构成齿状缝面,形成超欠挖。

与预裂面斜交的裂缝,又易使裂缝偏离中心线,顺裂隙延伸一段距离后与其他预裂孔连起来,形成更严重的超欠挖。

岩石的非均质性也影响裂缝的形成。某工程试验证明,顺岩层走向易成缝,而垂直岩层走向难成缝。单孔爆破试验表明,顺岩层走向裂缝长度是垂直岩层走向的2~3倍。

对于水平层状岩石,层厚不大时,预裂爆破时常造成孔口移动。可通过减少顶部装药量、减小孔距和减少堵塞长度予以调整。

由上可知,必须在预裂爆破前及实施少数几次爆破后,在弄清地质状况的基础上及时调整预裂爆破参数。不管地质状况如何变化,减小孔距总可以获得较好效果。

C 炸药特性对预裂爆破效果的影响

预裂爆破的理论说明,应要求炸药具有一定的猛度和爆速,而且生成的气体量多。我国的工业炸药普遍使用岩石铵梯炸药、乳化炸药、铵油炸药、水胶炸药等。尽管它们都有获得预裂爆破成功的例证,但不等于它们都是进行预裂爆破最合适的炸药。由于采用不耦合装药进行预裂爆破,孔壁受力状态得以调整。这是上述炸药都能获得预裂爆破成功的重要条件。采用上述炸药进行预裂爆破,当不耦合系数小于2时,常使孔壁受到损坏。国外有专用于预裂和光面爆破的炸药,例如古力特等。我国也曾研制出专用于光面爆破的炸药,因种种原因未形成规模生产,也未能在全国推广。承包商为求施工简便,多用与主爆破区相同的炸药进行预裂爆破,通过不耦合系数和装药量的调整满足预裂爆破的需要。

在其他预裂爆破参数不变的条件下,采用不同品种炸药可以获得不同的效果。例如在葛洲坝工程中,使用40%耐冻胶质炸药获得很好的预裂面,换成同量的2号岩石铵梯炸药,则往往形不成裂缝。

凡能进行预裂爆破的炸药,都有一个适合每种岩石的合适的装药量范围。当炸药性能改变时,这一范围随之而变,此时必须重新调整装药量或钻孔间距。在施工过程中经常对所使用的炸药进行性能测定(例如爆速等),对取得良好的爆破效果有极大好处。

D 关于预裂缝前设置缓冲孔的问题

过去为了保护预裂面的完整性,人们在它前面设置1~2排缓冲孔(一排居多)。缓冲孔的抵抗线较主炮孔小、间距小和装药量小。在我国缓冲孔使用以水利系统最多，铁道建设次之，矿山采用较少。

E　预裂爆破的自身损坏及其防震防破坏

预裂爆破是一种处在夹制作用很大情况下的爆破，振动强度大和使保留岩石受到某种影响在所难免。但是，预裂缝一旦形成，对防止主爆区产生的振动及保留岩体的损坏起着重要的保护作用。

a　预裂爆破自身的影响

正确的设计和施工，预裂爆破一般不会对保留岩体产生严重损坏。产生损坏除因设计不当外，主要是施工中将药包贴保留壁面所致。尤其在炮孔底部，因装药量大破坏范围可达约10cm。此外，当岩石为水平层状时，预裂爆破的上抬力，会使孔口以下数米的岩层受到损坏。预裂爆破使保留岩体在水平方向的损坏程度一般在1.0m以内，遇到水平层状岩石并含泥化夹层，顺夹层损坏深度可达2～3m。上述的损坏一般不影响边坡的稳定。至于孔口段保留岩体的损坏，可通过孔口装药量及堵塞长度进行调整。

预裂爆破产生的振动影响，根据三峡等水电工程的观测资料，在装药量相等情况下，是深孔台阶爆破的3～4倍。因此，有重要设施需要保护以及为减少对保留岩体的振动，应当限制预裂爆破的单响药量。

b　预裂缝的减震及防损坏

预裂缝形成后有两个重要作用：第一，防止主爆区的破裂缝伸向保留区；第二，减小主爆区对保留区的振动影响。

预裂爆破的实践表明：软弱岩石（小于60MPa）和坚硬岩石形成的裂缝差别很大。前者缝宽可达1cm，甚至超过它。后者只在5mm以内。缝宽对减振有重要影响。葛洲坝工程预裂缝的地面宽度可达1cm以上，实测减振率达48.2%～70.8%。若预裂缝充填泥石或水，减振效果大为降低。在预裂缝形成后，尽快进行主爆区的爆破。

坚硬岩中预裂缝宽度虽然小，减振效果也不显著，但其抗压强度高，抵抗应力波作用能力强，一般主爆区爆破产生的振动不容易造成保留岩体损坏。预裂缝又阻断了主爆区延伸至保留区的裂缝，因而保留岩体的质量可以得到保证。这也许是进行光面爆破取得良好效果的重要原因。

至于保留岩体存在被保护建筑物时，应另做专题研究。

F　预裂缝的超深及超长

a　预裂孔底以下开裂深度

合适的预裂爆破装药量，均可使裂缝在孔底贯穿；有时预裂缝还可向下延伸一段距离。葛洲坝等工程中实测的预裂缝向下延伸距离为0.7～1.5m。预裂缝向底部延伸的深度，与炮孔装药量，尤其与底部装药量有关。以上数值仅给出一个大体的数量概念。当靠近预裂孔底有水平夹层或裂隙时，预裂缝一般就此止住，不会再向下延伸。

b　预裂缝的超深和超长值的确定

设计中，预裂缝的超深和超长，起着防止主爆区爆炸应力波和爆破裂隙直达保留区的作用，如图7-22所示，预裂缝的超深值由式（7-31）决定：

$$h \leqslant H - L \tag{7-31}$$

式中　h——预裂缝超过炮孔底的深度，m；

H——预裂缝的总深度，m；

L——炮孔深度，m。

如果预裂缝的超深值等于或大于主爆孔爆破的底部破坏深度，那么由于主爆孔造成的破坏

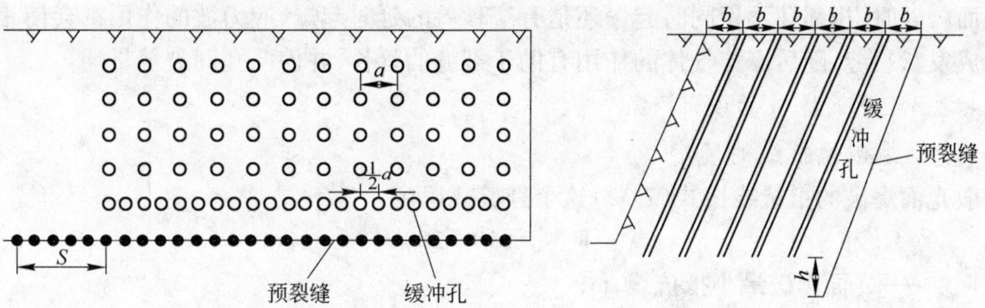

图 7-22 预裂缝的超深值(h)及超长值(S)示意图

性裂缝当然不会通过预裂缝延伸至保留区。从防震上讲,应力波绕射到保留区的强度较之直达波的强度弱。一般预裂缝的超深值应大于1.0m。

预裂缝超长值(S)的确定大多采用经验数据。为了防止爆破应力波绕过预裂缝破坏保留岩体,预裂缝应该越过爆破界限范围以外7~10m。美国有人建议为15m。

7.4.2 光面爆破

7.4.2.1 简述

沿开挖边界布置密集炮孔,采取不耦合装药或装填低威力炸药,在主爆区之后起爆,以形成平整轮廓面的爆破作业,称为光面爆破。

光面爆破与预裂爆破一样都是控制轮廓成形的爆破方法,它们都能有效地控制开挖面的超欠挖。二者之间的主要差别表现在两方面:第一,预裂爆破是在主爆区爆破之前进行,光面爆破则在其后进行。第二,预裂爆破是在一个自由面条件下爆破,所受夹制作用很大。而光面爆破则在两个自由面条件下爆破,受夹制作用小。因装药量远比主炮区炮孔小,故振动影响较小,对保留基岩的破坏较轻微。光面爆破的主要缺点是它在主爆区之后爆破。所以,光面爆破防振及防裂缝伸入保留区的能力较预裂爆破差。

光面爆破原大多用于地下隧道开挖,现在明挖中使用也逐渐增多。例如,三峡水利枢纽永久船闸的高边坡及直立墙闸室边界面的开挖都使用光面爆破法。地下工程及隧道开挖中,因为光面爆破得出的壁面平整,裂隙少,危石少,硐中施工的安全性及围岩稳定性大大提高,支护工程量也大大减少。例如,安徽某铜矿在部分竖井、马头门和调车场开挖中应用光面爆破,超挖量由20%~30%降低到3%。一些资料表明:由于隧洞采用光面爆破减少超挖节省的费用,几乎是爆破成本的4倍。

应当指出:不论在何种岩质条件下,采用光面爆破与不采用光面爆破或其他控制围岩轮廓爆破法相比,效果相差甚远。即使围岩岩质很差而不能留下半个孔壁,在对减轻围岩破坏、减少超挖,以及防止冒顶等方面,其作用都是不能忽视的。

因为光面爆破存在第二个自由面,进行光面爆破的一个重要而必备的条件是孔间距应小于抵抗线。采用与之相反的做法,孔间岩壁不易形成平整壁面或者壁面不平整度差。

7.4.2.2 光面爆破作用机理

在爆破成缝的机理方面,光面爆破与预裂爆破可谓大同小异。不同之处是光面爆破有侧向自由面,应力波传到自由面后产生反射拉伸波,因其抵抗线一般大于孔间距,若用导爆索起爆,反射波尚不能干扰两孔间直达波波峰的叠加;侧向自由面的存在,使应力波和爆生气体的能量向抵抗线方向转移。实践证明,这种转移的能量不至于阻碍裂缝的形成,但可使作用于保留岩体的能量减弱。光面爆破的壁面质量优于预裂壁面质量,这也是重要原因之一。

光面爆破时,相邻孔不论同时起爆还是有毫秒差的延时起爆,应力波的作用都会使相邻孔间岩体形成发状裂缝,随后爆炸气体的作用有助于裂缝的延长,并使两孔间裂缝贯通。

7.4.2.3 光面爆破的设计

A 光面爆破抵抗线的确定

一般光面爆破的抵抗线按式(7-32)这个经验式确定:

$$W_{min} = (10 \sim 20)d \tag{7-32}$$

式中 W_{min}——光面爆破最小抵抗线,m;

d——炮孔直径,m。

B 孔距

光面爆破的孔距可采用式(7-33)选定:

$$a = (0.6 \sim 0.8)W_{min} \tag{7-33}$$

式中 a——光面爆破孔间距,m。

C 装药量的确定

光面爆破装量,按经验数据确定,或按式(7-32)和式(7-33)计算 W_{min} 和 a,再按与台阶爆破类似的方法计算装药量。

(1)采用下式计算装药量:

$$Q = qahW_{min} \tag{7-34}$$

式中 Q——装药量,kg;

q——炸药单耗,kg/m^3,q 一般取 0.15～0.25kg/m^3,软岩取小值,硬岩取大值。

a——钻孔间距,m;

h——孔深,m。

(2)经验数据法:光面爆破装药量主要依据经验数值,也可参看表7-14～表7-16。

表7-14 国内部分水工隧洞开挖的光面爆破参数

工程名称	岩 性	不耦合系数	线装药密度 $q/g \cdot m^{-1}$	炮孔间距 a/cm	最小抵抗线 W/cm	密集系数 m
隔河岩引水隧洞	石灰岩 页 岩	2.25	150～200(石灰岩) 50～100(页岩)	40～50	60～70	0.65～0.75
三峡茅坪溪泄水隧洞	花岗岩	2.25	300	50	70	0.71
天生桥一级引水隧洞	泥 岩 砂 岩	1.56	250～300	40～50	50～600	0.67～0.83
广蓄引水隧洞	花岗岩 片麻岩	1.92	289	60	70	0.86
鲁布革电站引水洞	石灰岩 白云岩	2.0	425	60	100	0.6

表7-15 隧洞光面爆破参数一般参考值

围岩条件	炮孔间距 a/cm	最小抵抗线 W/cm	线装药密度 $q/g \cdot m^{-1}$	适用条件
坚硬岩	55～70	60～80	300～350	炮孔直径 d 为 40～50mm,药卷直径为 20～25mm,炮孔深为 1.0～3.5m
中硬岩	45～65	60～80	200～300	
软 岩	35～50	40～60	80～120	

表 7-16 马鞍山矿山研究院光面爆破参数

岩体情况	开挖部位及跨度/m		光面爆破参数				
			炮孔直径 /mm	炮孔间距 /mm	最小抵抗线 /mm	炮孔密集系数	装药密度 /kg·m⁻¹
整体稳定性好,中硬到坚硬岩石	顶 拱	<5	35~45	600~700	500~700	1~1.1	0.20~0.30
		>5	35~45	700~800	700~900	0.9~1.0	0.20~0.25
	边 墙		35~45	600~700	600~700	0.9~1.0	0.20~0.25
整体稳定性一般或欠佳,中硬到坚硬岩石	顶 拱	<5	35~45	600~700	600~800	0.9~1.0	0.20~0.25
		>5	35~45	700~800	800~1000	0.8~0.9	0.15~0.20
	边 墙		35~45	600~700	700~800	0.8~0.9	0.20~0.25
节理裂隙发育、破碎、岩性松软	顶 拱	<5	35~45	400~600	700~900	0.6~0.8	0.12~0.18
		>5	35~45	500~700	800~1000	0.5~0.7	0.12~0.18
	边 墙		35~45	500~700	700~900	0.7~0.8	0.15~0.20

注:炮孔密集系数宜选取小于1的数值。

7.4.2.4 光面爆破的施工

光面爆破施工方法与预裂爆破的基本相同。本节主要讨论光面爆破的起爆方法。采用导爆索连接起爆可得到较好的效果。但是,因光爆孔最后起爆,先爆孔易将光爆孔的导爆索拉断,导致部分甚至全部光爆孔拒爆,硐挖中尤为明显。所以,许多工程中,不敢使用导爆索连接,在每个光爆孔中装高段位雷管起爆,使邻孔起爆时差拉大,光爆效果很不理想。

解决上述问题的方法,建议采用导爆索双向环形连接法(见图7-23),图中起爆雷管数目越多,网路准爆率越高。

7.4.2.5 光面爆破与预裂爆破的应用条件

工程爆破的目的或原则,是在保证开挖质量的前提下,以最简捷的爆破方式获取良好的社会效益和经济效益。预裂爆破和光面爆破也不能违背上述原则。虽然它们都能获得完整、光滑的壁面,但在技术上却有差异,什么条件下使用哪种爆破自然会引起争议。例如在长江三峡工程中,临时船闸及其引航道的开挖以预裂爆破为主,永久船闸以光面爆破为主。在坚硬岩石中究竟采用哪种爆破较好,人们产生了不同看法。过去,隧道及巷道中光面爆破使用较多,预裂在明挖中,尤其在深孔爆破中应用居先。近年来明挖中,光面爆破的使用逐渐增多。只要主爆区爆破对保留岩体不产生明显破坏,光面爆破因对被保护岩体损伤小为首选。如另有防振等特殊要求,则另当别论。在选用预裂或光面爆破方法时应考虑下列因素的影响:

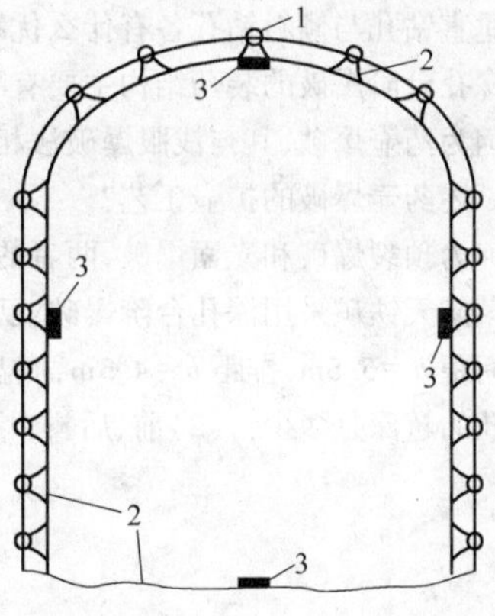

图 7-23 隧道光面爆破导爆索闭合网路图
1—炮孔;2—导爆索;3—起爆雷管

(1)欲对二者进行试验比较,二者的爆破参数都应取得满意的效果。施工过程的各个环节的掌握也应符合设计要求,在此基础上做出的判断才是合理的。

(2)根据边坡或结构的特点和工程要求选择方案。例如,三峡工程永久船闸双闸室直立边壁高60m,两闸室间之隔墩宽60m。选择光面爆破比预裂爆破更有利于保护隔墩的完整性。

(3)认真分析地质条件、节理裂隙的组合情况,以及它们对裂缝形成的影响。

(4)了解施工队伍的经验及掌握复杂起爆技术的熟练程度。

(5)预裂爆破在半无限介质中爆破成缝,势必对缝两侧岩体产生较强的振动和损伤。如果它的一侧2~4倍预裂孔深的厚度处存在自由面,此时的预裂爆破不仅对裂缝的形成有利,而且对保留岩体的损伤也较轻。

(6)采用光面爆破时,应注意观测主爆区爆破对保留区岩体的影响;

(7)进行高边坡开挖时,顶部一、二层宜采用光面爆破。必要时还须采用多层浅孔光面爆破,待达到一定压重后,再进行正常台阶的光面爆破。

本章小结

本章介绍的露天矿台阶爆破是工程爆破的一个重要施工技术与方法,其已在露天开采、铁路和公路路堑开挖等工程中得到广泛应用,是现代工程爆破应用最广的爆破技术。本章要求掌握露天矿浅眼台阶爆破、药壶爆破和二次爆破施工技术;重点掌握露天矿深孔台阶、宽孔距小抵抗线毫秒爆破技术和预裂与光面爆破技术的相同和不同点以及施工技术要点。

复习思考题

7-1　解释下列名词术语:底盘抵抗线、炸药单耗、毫秒爆破、炮孔密集系数、宽孔距小抵抗线爆破、大块与根底、线装药密度。

7-2　露天矿深孔台阶爆破参数有哪些?简述各参数的选取方法。

7-3　垂直钻孔与倾斜钻孔各有什么优缺点?

7-4　深孔台阶爆破的装药结构主要有哪几种?

7-5　何为药壶爆破,其与浅眼爆破法相比有哪些优点?

7-6　试述药壶爆破的扩壶工艺?

7-7　何为预裂爆破和光面爆破,两者的主要区别是什么?

7-8　某露天铁矿采用深孔台阶爆破,已知有一爆破区,台阶高度 $H=12\text{m}$,设计两排炮孔,采用矩形布孔,孔间距 $a=5.5\text{m}$,排距 $b=4.5\text{m}$,底盘抵抗线 $W_d=5.0\text{m}$,孔深 $L=14.5\text{m}$,$q=0.4\text{kg/m}^3$。试计算:(1)炮孔的超深是多少?(2)前、后排单孔的装药量各是多少?并设计起爆网路,画出起爆网路的示意图。

8 地下矿爆破

8.1 井巷掘进爆破

井巷工程系指为进行采矿和其他工程目的,在地下开凿的各类通道和硐室的总称。

井巷掘进爆破包括平巷掘进爆破、井筒掘进爆破,隧道掘进爆破和硐库开挖爆破。它们广泛地应用于矿山、交通、水利水电、大型油库等工程。

在地下矿山,开凿在岩体或矿层中不直通地表的水平通道,称为平巷(水平巷道)。在地层中开凿的直通地面的水平巷道称为平硐。

井巷(隧道)爆破施工的特点有:

(1)由于滴水、潮湿空气、照明、通风和洞内气温、噪声粉尘等的影响,钻爆作业条件差,爆破工作面受限制、爆破施工难度较大;

(2)爆破的临空面少,岩石的夹制作用大,耗药量大,不能充分发挥爆效;

(3)对钻眼爆破质量要求较高,爆落岩块均匀,便于装运;

(4)隧道的断面较大,造价昂贵,施工中必须确保良好的工程质量。

8.1.1 平巷掘进爆破

平巷掘进爆破的特点是只有一个自由面,同时炮眼深度受到限制,一般只有1.5~3.0m。

8.1.1.1 工作面和炮眼布置

平巷掘进中的炮眼,按其位置和作用的不同,分为掏槽眼、辅助眼和周边眼。周边眼又可分为顶眼、底眼和帮眼(见图8-1)。

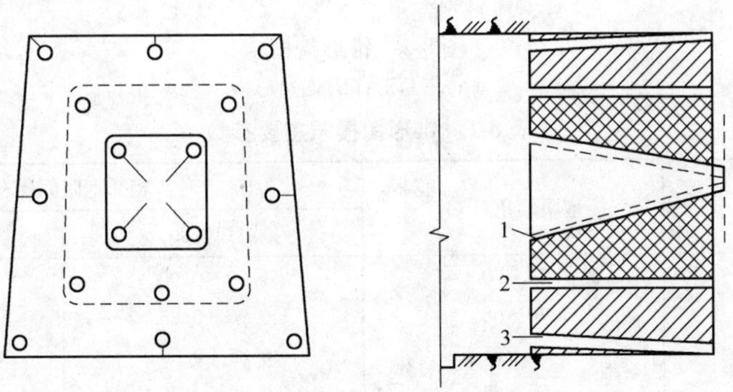

图8-1 各种炮眼

1—掏槽眼;2—辅助眼;3—周边眼

(1)掏槽眼。其首先起爆爆出新的自由面,为其他后爆炮眼创造有利的爆破条件。

(2)崩落眼。又称辅助眼,位于掏槽眼和周边眼之间的炮眼,是破碎岩石的主要炮眼。崩落眼利用掏槽眼爆破后创造的平行于炮眼的自由面,爆破条件大大改善,故能在该自由面方向上形成较大体积的破碎漏斗。

(3)周边眼。控制爆破后的巷道断面形状、大小和轮廓,使之符合设计要求。巷道中的周边眼按其所在位置分为顶眼、帮眼和底眼。

平巷掘进爆破时,只有一个自由面,四周岩石夹制力很大,爆破条件困难,因此,掏槽眼的布置极为重要。

A 掏槽眼的形式

根据巷道断面、岩石性质和地质构造等条件,掏槽眼的排列形式种类繁多,归纳起来有三种:倾斜眼掏槽、平行空眼直线掏槽和混合式掏槽。

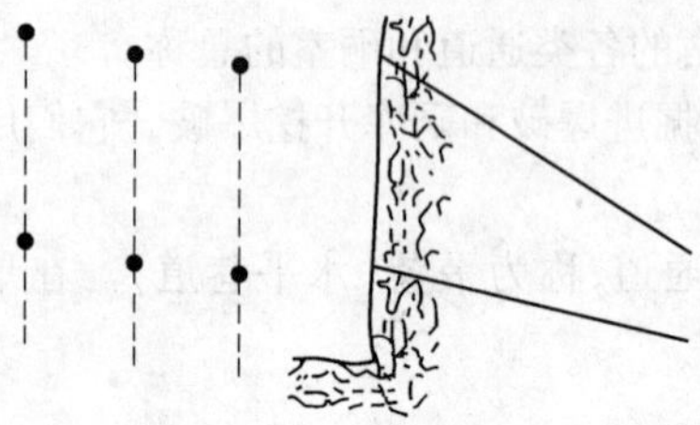

图 8-2 单向掏槽

a 倾斜眼掏槽

倾斜眼掏槽的特点是掏槽眼与工作面斜交。通常分为单向掏槽、锥形掏槽和楔形掏槽。

(1)单向掏槽。掏槽眼排列成一行,并朝一个方向倾斜。适用于软岩(钾岩、石膏等)或具有层理、节理、裂隙或软夹层的岩石中。可根据自然弱面存在的情况分别采用顶部掏槽、底部掏槽或侧向掏槽;掏槽眼倾斜角度依岩石可爆性不同,取50°~70°。与此相邻的第二排眼也要适当倾斜,如图 8-2 所示。

(2)锥形掏槽。各掏槽眼以同等角度向工作面中心轴线倾斜,眼底趋于集中,但相互不贯通,爆破后形成锥形槽如图 8-3 所示。掏槽眼有关参数视岩石性质而定,施工中可参考表 8-1 选取。表中参数适用于眼深在 2m 以内的浅眼爆破。

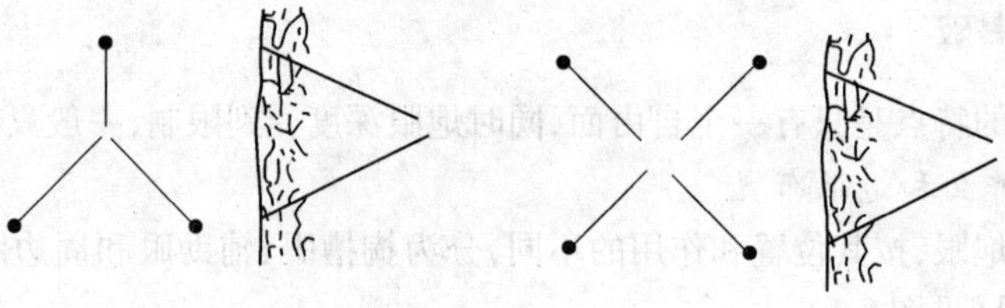

(a) (b)

图 8-3 锥形掏槽

(a)三角形;(b)四边形

表 8-1 锥形掏槽眼主要参数

岩石坚固性系数 f	炮眼倾角/(°)	相邻炮眼间隔/m	
		眼口间距	眼底间距
2~6	75~70	1.00~0.90	0.4
6~8	70~68	0.90~0.85	0.3
8~10	68~65	0.85~0.80	0.2
10~13	65~63	0.80~0.70	0.2
13~16	63~60	0.70~0.60	0.15
16~18	60~58	0.60~0.50	0.10
18~20	58~55	0.50~0.40	0.10

(3)楔形掏槽。通常由两排或两排以上相对称的倾斜炮眼组成,爆破后形成楔形槽。前者称为单楔形掏槽(简称楔形掏槽),后者称为双楔形(多楔形)掏槽。楔形掏槽又有水平楔形掏槽和垂直楔形掏槽之分,如图 8-4 所示。

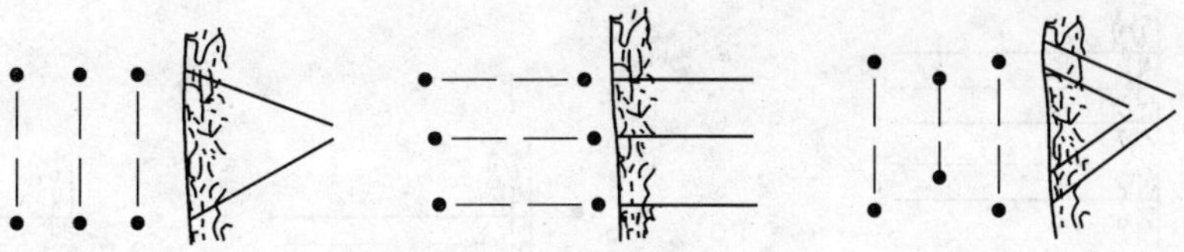

图 8-4 楔形掏槽

(a)水平楔形掏槽;(b)垂直楔形掏槽;(c)双楔形掏槽

楔形掏槽中,每对掏槽眼间距为 0.2~0.6m,眼底间距为 0.1~0.2m。掏槽眼与工作面交角为 55°~75°。当岩石在中硬以上,断面大于 4m² 时,可采用表 8-2 所列的参数。当岩石更为坚硬时,宜采用双楔形掏槽。

表 8-2 楔形掏槽的主要参数

岩石坚固性系数 f	炮眼与工作面夹角/(°)	两排炮眼眼口间距/m	炮眼数目/个
2~6	75~70	0.6~0.5	4
6~8	70~65	0.5~0.4	4~6
8~10	65~63	0.4~0.35	6
10~12	63~60	0.35~0.30	6
12~16	60~58	0.30~0.20	6
16~20	58~55	0.20	6~8

表 8-3 列出了单楔形掏槽和双楔形掏槽的爆破参数和对效果的比较。

表 8-3 单楔形和双楔形掏槽的平均爆破效果比较

参 数	单楔形掏槽	双楔形掏槽	单、双楔形掏槽比较/%
循环炮眼数/个	24	27	−12.5
循环装药量/kg	9	13.5	−50.0
炮眼利用率/%	60	90	−50.0
单位炸药消耗量/kg · m⁻³	1.76	1.98	−12.5
单位体积炮眼长度/m · m⁻³	7.93	5.95	25.0

由表 8-3 看出,双楔形掏槽在炮眼利用率和单位体积炮眼长度两方面明显优于单楔形掏槽,而在其他项目上则劣于单楔形掏槽。二者适用范围不同,采用时应综合考虑各项因素。

b 平行空眼直线掏槽

平行空眼直线掏槽也称直眼掏槽,所有掏槽眼均垂直于工作面,且相互平行,其中有几个不装药的空眼,作为装药炮眼爆破时的辅助自由面和破碎体的补偿空间。通常分为龟裂掏槽、桶形掏槽和螺旋形掏槽。

(1)龟裂掏槽。无论是垂直龟裂掏槽,还是水平龟裂掏槽,掏槽眼均布置在一条直线上,彼此间严格平行,装药眼与空眼间隔布置如图 8-5 所示。掏槽眼数目取决于巷道断面大小和岩石的坚固性系数,在中硬以上岩石,一般 3~7 个眼,眼间距离 8~15cm。空眼直径可与装药眼直径相同,直径也可取 50~100mm。此种掏槽方式最适于工作面有较软的夹层或接触带相交的情况,将掏槽眼布置在较软或接触带附近的部位。

(2)桶形掏槽。也称角柱形掏槽,各掏槽眼互相平行且呈对称形式。掏槽眼由 4~7 个炮眼组成,其中可采用 1~4 个空眼。桶形掏槽应用范围广泛,大、中、小断面均可采用(见图 8-6)。如果岩石较硬,也采用直径为 75~100mm 的大直径空眼。

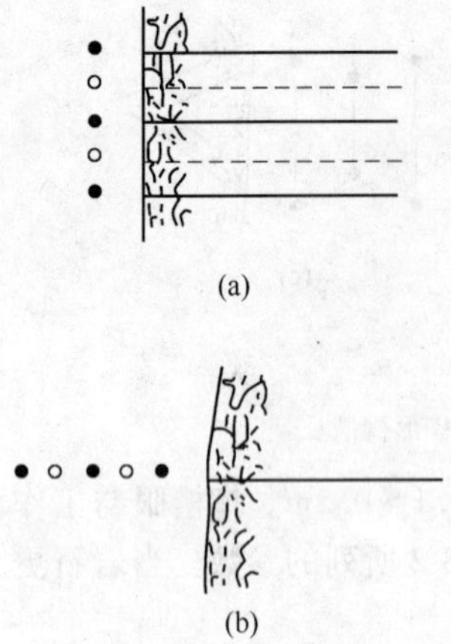

图 8-5　龟裂掏槽

(a)垂直龟裂掏槽;(b)水平龟裂掏槽

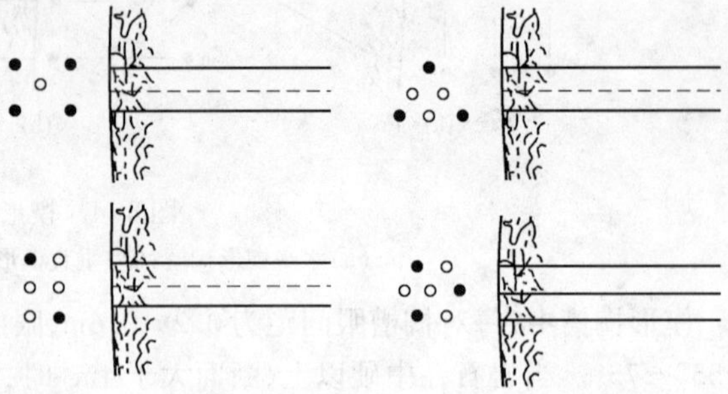

图 8-6　桶形掏槽

●—装药眼;○—空眼

(3)螺旋形掏槽。掏槽眼呈螺旋状,各装药眼至空眼距离依次递增呈螺旋线布置,并按由近及远的起爆顺序起爆,形成非对称桶形。空眼可以是小直径,也可以是大直径(见图 8-7)。螺旋形掏槽适用于较均质岩石。

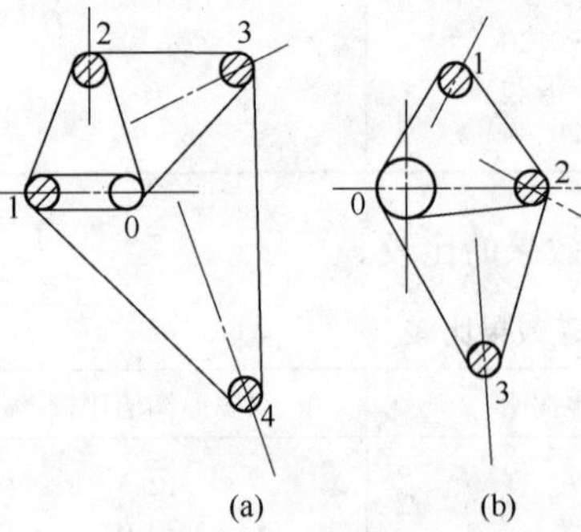

图 8-7　螺旋形掏槽原理示意图

(a)小直径空眼;(b)大直径空眼

(4)渐进式螺旋掏槽。渐进式螺旋掏槽法是由螺旋形掏槽发展而来的,其特点是中心眼为空眼,围绕中心空眼布置为数不多的几个孔,且孔的深度按远离中心空孔的距离大小(起爆顺序)而从浅到深,呈螺旋渐进的形式,如图 8-8 所示。渐进式螺旋掏槽法是一种新型的开挖施工方法。这种掏槽方法,在理论上与传统的掏槽法有本质的区别,具有掏槽孔少、单耗低、作业时间短、爆破效率较高等优点。

螺旋掏槽主要用于中软岩层,它的特点是钻孔较少。螺旋掏槽采取的钻孔深度一般为:MS1 段孔深最小,约为中空孔深的 1/4 ~ 1/5;MS3 段钻孔比 MS1 段孔深 40 ~70cm;MS5 段孔比 MS3 段孔深 40 ~70cm;以此类推,最后一段与中空孔深基本相同。

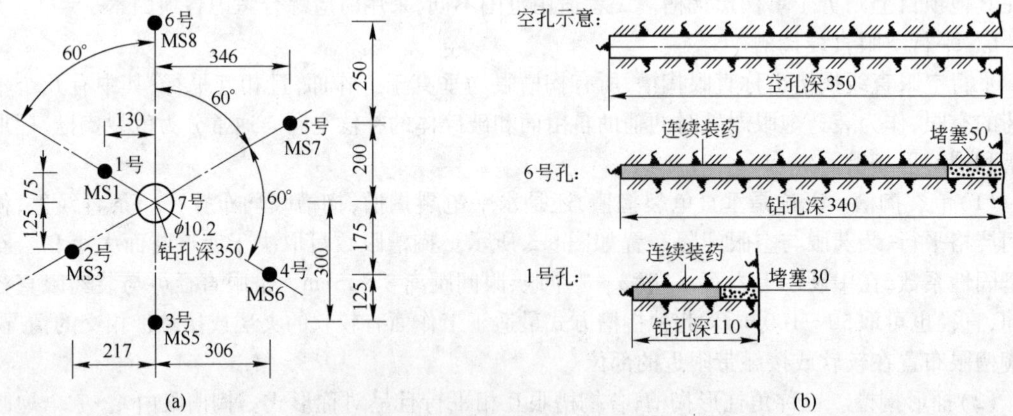

图 8-8　渐进式螺旋掏槽图(单位:cm)

(a)渐进式螺旋掏槽布孔平面图;(b)渐进式螺旋掏槽孔剖面装药结构示意图

平行空眼直线掏槽与楔形掏槽(倾斜眼掏槽)的爆破效果比较列于表8-4。该数据是在断面为2.4m×2.1m、长度为600m的不同岩层掘进时监测的。

表8-4　直眼掏槽和楔形掏槽爆破参数与效果比较

参　数	直眼掏槽	楔形掏槽	直眼与楔形掏槽比较/%	备　注
掘进断面积/m^2	1.91	2.21	-15.7	
最大炮孔深度/m	1.5	1.5	0	
循环炮眼数/个	34	24	29.4	2个直眼
掘进眼数/个	22	14	36.36	不含周边眼
循环装药量/kg	14~16	8~10	40.0	总装药量
掘进药量/kg	10	4.2	58	不含周边眼
掏槽/掘进面积/%	37.9	44	-16	
钻眼方便和准确性	高	低		
炮眼利用率/%	75	60	20	80%硝化甘油
单位炸药消耗量/$kg \cdot m^{-3}$	2.12	1.76	16.98	
单位体积炮眼长度/$m \cdot m^{-3}$	8.99	7.93	11.8	
破碎程度	均匀	不均匀		

由表8-4看出:

(1)楔形掏槽优点有:一是所需炮眼数目少;二是炸药单耗低;三是爆破单位体积岩石所需的炮眼长度低。

(2)直眼掏槽优点有:一是炮眼利用率高;二是眼深不受巷道断面限制;三是破碎块度均匀;四是钻眼方便,准确性高。

这两种方法的优缺点正好相反。

直眼掏槽在单位炸药消耗量和爆破单位体积岩石所需的炮眼长度方面都比楔形掏槽高,其主要原因是直眼掏槽槽腔的炸药单耗和炮眼数目明显偏高。因此,直眼掏槽的爆破效率在小断面掘进工作面要比楔形掏槽的爆破效率低,但在中等和大断面的掘进工作面,由于槽腔面积所占掘进面积的比例小,直眼掏槽爆破效率明显提高。

c　混合式掏槽

混合式掏槽是指两种以上的掏槽方式混合使用,在遇到岩石特别坚硬或巷道断面较大时,可以采用桶形与锥形混合掏槽。

B　辅助眼和周边眼的布置原则

辅助眼和周边眼的布置原则:

(1)布眼均匀,既要充分利用炸药能量,又要保证岩石按设计轮廓线崩落。其间距根据岩石性质而定,一般辅助眼取0.4~0.8m,周边眼取0.5~1.0m,周边眼距巷道轮廓线取0.1~0.2m。

(2)底眼布置较为困难,有积水时易产生瞎炮,因此要注意以下几点:

1)底眼间距一般为0.4~0.7m,抛碴爆破时,底眼采用较小间距;

2)底眼眼口应比巷道底板高出0.1~0.2m,但其眼底应低于底板0.1~0.2m,抛碴爆破时,应将炮孔深度加深0.2m左右;

3)底眼装药量介于掏槽眼和辅助眼之间,装药长度为眼深的0.5~0.7倍,抛碴爆破时,每孔增加1~2个药卷。

目前,在一些质量要求较高的井巷掘进中,大都采用光面爆破或预裂爆破技术。有关参数设计可参考第7.4节"预裂爆破和光面爆破"中的内容,在此不重述。

工作面的炮眼布置如图 8-9 所示。巷道断面积 3m ×3m,图中数字为起爆顺序。

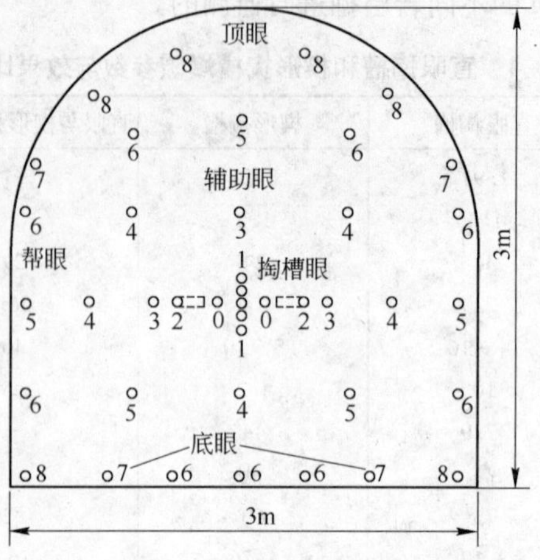

图 8-9　工作面炮眼布置图

8.1.1.2　爆破参数确定

A　炮眼直径

炮眼直径的大小直接影响钻眼速度、工作面的炮眼数目、单位炸药消耗量、爆落岩石的块度和巷道轮廓的平整性。炮眼直径增加,意味着药卷直径也增加,有利于爆炸稳定性的提高,爆速增大。但是,炮眼直径过大,不仅钻速降低,而且因炮眼数目减少影响药量均匀分布,使岩石破碎质量变差。目前国内平巷掘进大多采用手持式凿岩机和气腿式凿岩机打眼,眼径有两种类型:普通型和小直径型(小直径炮眼和小直径药卷)。其规格列于表 8-5。

表 8-5　两种类型的孔径

类　型	眼径/mm	药径/mm	类　型	眼径/mm	药径/mm
普通型	40 ~ 42	32 ~ 35	小直径型	34 ~ 35	27

小直径与普通眼径相比,因凿岩面积减少,钻速显著提高。例如:直径 42mm 的钻头钻凿面积为 1385mm²,而直径为 32mm 的钻头钻凿面积只有 804mm²,后者较前者减少了 42%。因此,在相同条件下,小钻头钻速比大钻头高。研究表明,钻头直径每减少 1.0mm,单位钻速可提高 3% ~4%。

小直径钻头、小直径药卷加上小直径锚杆的所谓"三小"光爆锚喷技术是提高平巷掘进速度的一项行之有效的方法。

B　炮眼深度

炮眼深度(简称眼深)是指眼底到工作面的垂直距离。

眼深的大小,不仅影响着掘进工序的工作量和完成各工序的时间,而且影响爆破效果和掘进速度。它是决定每班掘进循环次数的主要因素。为了实现快速掘进,在提高机械化程度、改善循环技术和改进工作组织的前提下,应力求加大眼深并增多循环次数。在目前大多采用手持式和气腿式凿岩机钻眼的条件下,采用普通型眼径(40 ~42mm)时,其眼深可按表 8-6 选取,若采用小直径(34 ~35mm)时,以浅眼为宜。在同样岩性条件下,巷道断面积大的炮眼深度可取大一些。试验表明:眼深在 1.5m 时,炮眼利用率达 90% 以上;眼深在 1.8m 以上时,炮眼利用率仅为 80% 左右。掏槽眼应比一般炮眼深 0.15 ~0.25m,岩石坚硬取大值。

表 8-6 普通型眼径的炮眼深度

岩石坚固性系数 f	炮眼深度/m	
	掘进断面 $S<12m^2$	掘进断面 $S>12m^2$
1.6~3	2~3	2.5~3.5
4~6	1.5~2	2.2~2.5
7~20	1.2~1.8	1.5~2.2

C 炮眼数目

炮眼数目与掘进断面、岩石性质、炮眼直径、炮眼深度和炸药性能等因素有关。确定炮眼数目的基本原则是在保证爆破效果的前提下，尽可能地减少炮眼数目。通常可按式(8-1)估算：

$$N = 3.3\sqrt[3]{fS^2} \tag{8-1}$$

式中 N——炮眼数目，个；

f——岩石坚固性系数；

S——巷道掘进断面，m^2。

式(8-1)没有考虑炸药性能、药卷直径和炮眼深度等因素对炮眼数目的影响。

D 单位炸药消耗量

单位炸药消耗量的大小取决于炸药性能、岩石性质、巷道断面、炮眼直径和炮眼深度等因素。在实际工程中，大多采用经验公式和参考国家定额标准来确定。

(1)修正的普氏公式具有如下简单的形式：

$$q = 1.1k_0\sqrt{\frac{f}{S}} \tag{8-2}$$

式中 q——单位炸药消耗量，kg/m^3；

f——岩石坚固性系数；

S——巷道掘进断面，m^2；

k_0——考虑炸药爆力的校正系数，$k_0=525/p$，p 为所用炸药的爆力，mL。

(2)平巷掘进的单位炸药消耗量定额如表 8-7 所示。所用炸药为 2 号岩石硝铵炸药。

确定了单位炸药消耗量后，根据每一掘进循环爆破的岩石体积，按式(8-3)计算出每循环所使用的总药量：

$$Q = qV = qSL\eta \tag{8-3}$$

式中 V——每循环爆破岩石体积，m^3；

S——巷道掘进断面，m^2；

L——炮眼深度，m；

η——炮眼利用率，一般取 0.8~0.95。

表 8-7 平巷掘进单位炸药消耗量定额

掘进断面积/m^2	单位炸药消耗量定额/$kg \cdot m^{-3}$				
	$f=2\sim3$	$f=4\sim6$	$f=6\sim10$	$f=12\sim14$	$f=15\sim20$
4~6	1.05	1.50	2.15	2.64	2.93
6~8	0.89	1.28	1.89	2.33	2.59
8~10	0.78	1.12	1.69	2.04	2.32
10~12	0.72	1.01	1.51	1.90	2.10
12~15	0.66	0.92	1.36	1.78	1.97
15~20	0.64	0.90	1.31	1.67	1.85

注：f 为岩石坚固性系数。

8.1.2　井筒掘进爆破

井筒泛指竖井和斜井,也包括盲井。通常由井颈、井身和井窝组成。

在地下矿山为使矿体与地表相通,首先要掘进一系列的井巷,称为开拓。按井巷形式不同,分为平硐开拓、竖井开拓、斜井开拓和联合开拓。根据1949年以来对金属矿山、非金属矿山、铀矿山、化工矿山和建材矿山的不完全统计,各种形式开拓工程所占比例列于表8-8。其中竖井开拓应用最为广泛。

表8-8　各种开拓形式所占比例

类　型	平硐开拓	竖井开拓	斜井开拓	联合开拓
比例/%	28	38	11	23

在地下矿山,竖井(立井)是通向地表的主要通道,是提取矿石、岩石、升降人员、运输材料和设备以及通风、排水的咽喉。

在长、大隧道的开挖工程中,为缩短工期往往需要掘进竖井、斜井以增加工作面和改善通风条件。在水利、水电工程中,永久船闸输水系统、抽水蓄能电站也都需要掘进竖井。

所谓竖井就是服务于各种工程、在地层中开凿的直通地面的竖直通道,而斜井是在地层中开凿的直通地面的倾斜巷道。盲井是不能直接通达地表的地下井筒,按其倾斜与否分类有盲竖井、盲斜井。

盲竖井、盲斜井设计所需资料及有关规定与竖井、斜井相同。不同之处在于盲竖井、盲斜井的井架、卷扬机硐室和其他辅助硐室均布置在井下,因此对工程地质和水文地质的要求比竖井、斜井要严格些,但是就爆破技术来说二者没多大差别。

8.1.2.1　竖(立)井工作面炮眼布置

竖井一般均采用圆形断面,其优点是承压性能好、通风阻力小和便于施工。炮眼呈同心圆布置。同心圆数目一般为3~5圈,其中最靠近开挖中心的1~2圈为掏槽眼,最外一圈为周边眼,其余为辅助眼。

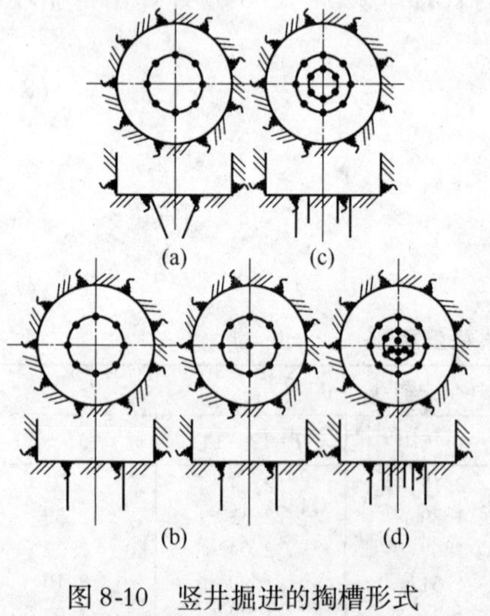

图8-10　竖井掘进的掏槽形式
(a)圆锥掏槽;(b)一级桶形掏槽;
(c)二级桶形掏槽;(d)三级桶形掏槽

A　掏槽眼的形式

掏槽眼的形式最常用的有以下两种:

(1)圆锥形掏槽。圆锥形掏槽与工作面的夹角(倾角)一般为70°~80°,掏槽眼比其他炮眼深0.2~0.3m,各眼底间距不得小于0.2m,如图8-10(*a*)所示。

(2)直眼桶形掏槽。圈径通常为1.2~1.8m,眼数为4~7个。在坚硬岩石中爆破时,为减少岩石夹制力,除选用高威力炸药和增加装药量以外,尚采用二级或三级掏槽,即布置多圈掏槽,并按圈分次爆破,相邻每圈间距为0.2~0.4m左右,由里向外逐圈扩大加深,如图8-10(b)、(c)、(d)所示,各圈眼数分别控制在4~9个左右。

为改善岩石破碎和抛掷效果,也可在井筒中心钻凿1~3个空眼,空眼深度较其他炮眼深0.5m以上,并在眼底装入少量炸药,最后起爆。

采用圆锥形和直线桶形掏槽时，掏槽圈直径和炮眼数目可参考表8-9选取。

表8-9 掏槽圈直径和炮眼数目

掏槽参数		岩石坚固性系数 f				
		1~3	4~6	7~9	10~12	13~16
掏槽圈直径/m	圆锥掏槽	1.8~2.2	2.0~2.3	2~2.5	2.2~2.6	2.2~2.8
	桶形掏槽	1.8~2.0	1.6~1.8	1.4~1.6	1.3~1.5	1.2~1.3
炮眼数目/个		4~5	4~6	5~7	6~8	7~9

B 辅助眼和周边眼布置原则

辅助眼介于掏槽眼和周边眼之间，可布置多圈，其最外圈与周边眼距离应满足光爆层要求，以0.5~0.7m为宜。其余辅助眼的圈距取0.6~1.0m，按同心圈布置，眼距0.8~1.2m左右。

周边眼布置有两种方式：

(1)采用深孔光面爆破，将周边眼布置在井筒轮廓线上，眼距取0.4~0.6m。为便于打眼，眼孔略向外倾斜，眼底偏出轮廓线0.05~0.1m。

(2)采用非光面爆破时，则将炮眼布置在距井帮0.15~0.3m的圆周上，眼距0.6~0.8m。眼孔向外倾斜，使眼底落在掘进面轮廓线略外些。与深眼光面爆破相比，井帮易出现凸凹不平，岩壁破碎，稳定性差。

8.1.2.2 竖井爆破参数确定

A 炮眼直径

炮眼直径在很大程度上取决于使用的钻眼机具和炸药性能。

采用手持式凿岩机，在软岩和中硬岩石中眼径为39~46mm，眼深2m。随着钻机机械化程度的提高，眼径和眼深都有增大的趋势。例如，采用伞式钻架(由钻架和重型高频凿岩机组成的风液联动导轨式凿岩机具)，钻头直径为35~50mm，眼深3.5~4.0m。

B 炮眼深度

影响炮眼深度的主要因素有：

(1)钻眼机具。手持式凿岩机眼深以2m为宜，伞式钻架眼深3.5~4.0m效果最佳；

(2)掏槽形式。目前我国大多采用直眼掏槽，最大眼深是4.4m，国外也在5m左右，当眼深超过6m以后，钻速显著下降，眼底岩石破碎不充分，岩块大小不均，岩帮也难以平整；

(3)炸药性能。对于药卷直径为32mm的岩石铵梯炸药，一个雷管只能引爆6~7个药卷，最大传爆长度1.5~2.0m(相当于2.5m左右的眼深)。若药卷过长，必然引起爆轰不稳定，甚至拒爆，因此，进行中深孔和深孔爆破时，应改善炸药的爆炸性能或采用电力起爆和导爆索起爆的复式起爆网路；

(4)井筒直径。一般来讲，井筒直径越大，掏槽效果越好，炮眼深度可取大值。

炮眼深度的确定，可在充分考虑上述影响因素的同时，按计划要求的月进度，根据式(8-4)进行计算。

$$I = \frac{Ln_1}{24n\eta_1\eta} \tag{8-4}$$

式中 I——按月进度要求的炮眼深度，m；

L——计划的月进度，m；

n_1——每循环小时数；

n——每月掘井天数，根据掘砌作业方式而定，平行作业可取 30 天，单行作业在采用喷锚支护时为 27 天，在采用混凝土或料石永久支护时为 18～20 天；

η——炮眼利用率，一般为 0.8～0.9；

η_1——循环率，一般可取 80%～90%。

【例 8-1】 某新副井计划月进度为 115m，采用掘砌顺序作业，即在每循环中顺序完成掘砌工作。因此，月掘进天数为 30 天，为充分发挥大凿岩机和凿岩吊架的效率，缩短辅助作业时间，宜采用深孔。取循环时间为 12h，循环率为 85%。考虑岩石较硬和炸药威力较低，炮眼利用率取 0.85，则炮眼深度应为：

$$I = \frac{115 \times 12}{24 \times 30 \times 0.85 \times 0.85} \approx 2.65(\text{m})$$

为充分发挥大凿岩机的生产能力和提前超额完成生产任务，取炮眼深度 $I = 2.8\text{m}$。

C　炮眼数目

炮眼数目(N)的确定通常先根据单位炸药消耗量进行初算，再根据实际统计资料用工程类比法初步确定炮眼数目，作为布置炮眼时的依据，然后再根据炮眼布置情况，适当加以调整，最后予以确定。

根据单位炸药消耗量进行估算时，可按式(8-5)进行计算。

$$N = \frac{qS\eta m}{\alpha G} \tag{8-5}$$

式中　q——单位炸药消耗量，kg/m^3；

S——井筒的掘进断面，m^2；

η——炮眼利用率；

m——每个药包的长度，m；

G——每个药包的质量，kg；

α——炮眼平均装药系数，当药包直径为 32mm 时取 0.6～0.72，当药包直径为 35mm 时取 0.6～0.65。

【例 8-2】 某新副井井筒掘进断面 $S = 26.4\text{m}^2$，单位炸药消耗量 $q = 1.8\text{kg/m}^3$，炮眼利用率为 0.85，每个药包的长度为 0.2m，每个药包的质量为 0.15kg，炮眼装药系数取 0.72。则炮眼的估算数目：

$$N = \frac{1.8 \times 26.4 \times 0.85 \times 0.2}{0.72 \times 0.15} \approx 77(\text{个})$$

D　单位炸药消耗量

影响单位炸药消耗量的主要因素有岩石坚固性、岩石结构构造特性、炸药威力等。井筒断面越大，单位炸药消耗量越低。

单位炸药消耗量的确定方法有：

(1) 参照国家颁布的预算定额选定。

(2) 试算法。根据以往经验，先布置炮眼，并选择各类炮眼的装药系数，依次求出各炮眼的装药量、每循环的炸药量和单位炸药消耗量。

(3) 类比法。参照类似工程选取(见表 8-10)。

表 8-10 部分井筒的爆破参数

井筒名称	掘进断面/m^2	岩石性质	炮眼深度/m	炮眼数目/个	掏槽方式	炸药种类	药包直径/mm	雷管种类	爆破进尺/m	炮眼利用率/%	单耗/$kg \cdot m^{-3}$
凡口新副井	27.34	石灰岩 $f=8\sim10$	2.8	80	锥形	甘油与硝铵炸药	32	毫秒	2.18	81	1.96
铜山新大井	29.22	花岗岩,长岩,大理岩 $f=4\sim6$,$f=8\sim10$	3~3.8	62	直眼	含20%~30% TNT和2% TNT的硝铵	32	毫秒	平均 2.51	75.3	1.67
安庆铜矿副井	29.22	页岩,角页岩,细砂岩	2~2.3	70~95	锥形	硝铵黑	32	毫秒,秒差	2.7~3.31	77	3.14
凤凰山新副井	26.4	大理岩 $f=8\sim10$	4.3~4.5	104	复锥	2号岩石硝铵炸药	32	秒差	1.5~1.7	75	2.15
桥头河2号井	26.4	石灰岩 $f=6\sim8$	1.83	65	锥形	40%硝化甘油炸药	35	毫秒	1.6	87.85	1.97
万年2号风井	29.22	细砂岩,砂质泥岩 $f=4\sim6$	4.2~4.4	56	直眼	铵梯黑	45	毫秒	3.86	89	2.28
金山店主井	24.6	$f=10\sim14$	1.3	60	锥形	2号岩石硝铵炸药	32	毫秒	0.85	70	1.79
金山店西风井	24.6	$f=10\sim14$	1.5	64	锥形	2号岩石硝铵炸药	32	毫秒	1.11	85	1.79
凡口矿主井	26.4	石灰岩 $f=8\sim10$	1.3	63	锥形	2号岩石硝铵炸药	32	秒差	1.1	85	1.70
程潮铁矿西副井	15.48	$f=12$	2.0	36	锥形	硝化甘油炸药	35	秒差	1.74	93	1.22

8.1.2.3 竖井爆破的起爆网路

竖井掘进爆破,大多采用电雷管起爆网路或导爆管雷管起爆网路;对于深眼(眼深大于2.5m),也可采用电雷管-导爆索复式起爆网路。

在电雷管起爆网路中,广泛采用并联网路和串并联网路,而串联网路由于工作条件差易发生拒爆现象,在竖井掘进中极少采用。

起爆电源大多采用地面的220V或380V的交流电流。在并联网路中,随着雷管并联组数目的增加,起爆总电流也增大,必须采用高能量的起爆电源。

8.1.2.4 斜井掘进爆破

斜井爆破法与平巷爆破法相比有诸多相似之处,不同之处是斜井倾斜10°~25°,甚至有35°的倾角,给钻眼、爆破、装岩、排水等工序都带来了难度。

A 斜井掘进作业的特点

斜井掘进作业的特点有:

(1)以大扒斗、大箕斗、大提升机和大矸石仓(简称"三大一仓")为主的斜井作业线逐步完善,经验证明,斜井中的"三大一仓"是提高掘进速度的有效途径。

(2)爆破工艺必须与斜井机械化配套相适应：钻眼机具多用 YT－28 凿岩机，钎头直径 42～44mm；根据国内目前钻眼机具和爆破器材的现状，大力推广使用中深眼（眼深 2～2.5m）、全断面一次光面爆破和抛砟爆破。

B　实例——新高山主斜井的爆破技术

新高山主斜井的岩石坚固性系数 f=10。其爆破技术的要点是：

(1)中深眼爆破一般采用直眼掏槽和圆锥形掏槽。新高山主斜井为了在硬岩中实现中深眼爆破，改进了掏槽方法。采用了微斜角与楔形加中辅助的掏槽方式，效果良好。

(2)采用中深眼光面爆破和抛砟爆破。当斜井井筒倾角 α<15°时，采用抛砟爆破，提高了装岩机效率。

(3)通过微机辅助设计，根据工作面的岩石变化及时调整爆破参数，比常规爆破的循环进度提高了 20.6%。

(4)斜井掘进工作面往往会有积水，必须选用抗水炸药。

8.1.2.5　天井反向掘进爆破

天井用于连接矿山上下两个开采水平，提升下放设备、材料、行人，以及用于通风、勘探矿体等。专门用于放矿的天井，也称溜井。

由于天井用途不同，其断面形状和尺寸也不相同。断面形状一般为矩形和圆形。断面尺寸为（1.5m×1.5m）～（3.0m×3.0m）。

A　浅眼爆破法

天井自下而上的掘进称反向掘进，工人站在人工搭筑的工作台上进行钻眼、爆破作业。工作台每循环架设一次，工作台与工作面距离为 2～2.5m。采用上向式凿岩机打眼。

炮眼数目计算和炮眼布置原则与水平巷道掘进相同。

炮眼深度为 1.6～1.8m，眼数为 2.5～3.5 个/m^2。掏槽方式常用直眼或半楔形掏槽，如图 8-11所示。

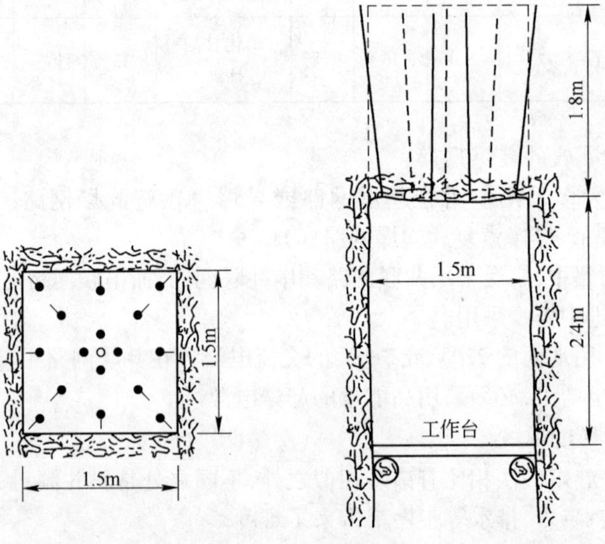

图 8-11　浅眼爆破法

这种方式在掘进高天井时，通风、提升条件差，工效低且不安全，仅在掘进盲短天井或在岩层破碎地带以及掘进某些特殊形式的天井时应用。

B 深孔爆破法

用深孔钻机自上而下或自下而上沿天井全高钻凿一组平行深孔，然后分段，自下而上依次爆破，形成所需的断面和一定高度的天井。

掘进过程中，工人不进入天井内作业，其优点是工作安全，作业条件好，是近期掘进天井行之有效的一种方法。

a 炮眼布置

炮眼布置与竖井掘进时的炮眼布置相同，也有掏槽眼、辅助眼、周边眼之分。不同之处是掏槽眼布置有两种，即以空眼为自由面的掏槽方式和以工作面为自由面的漏斗掏槽（漏斗爆破）法，前者应用较为广泛。由于天井断面较小，爆破时岩石夹制力较大，故在以空眼为自由面的掏槽中大多采用小直径深眼、大直径空眼的直眼掏槽，以利于提高爆破效果（见图 8-12）。其炮眼布置应根据岩性、眼径、掏槽方式及天井断面大小确定。

在分段爆破时，第一段掏槽眼至空眼的距离要小一些。以确保岩渣清除干净，一般为空眼直径的 2.6～5 倍。

每段掏槽眼的深度（h）按式（8-6）计算

$$h = \frac{973D^2 d^2}{a(D+d) - 0.8(D^2 + d^2)} \tag{8-6}$$

式中 d——掏槽眼直径，m；

D——空眼直径，m；

a——掏槽眼至空眼中心的距离，m。

当 $D=d$、取 $a=3.2d$ 时，$h=200d$。

漏斗爆破法是在天井内穿凿若干大直径炮眼，炮眼位置应根据大眼径的爆破漏斗试验结果和天井断面大小与形状来确定。一般方形断面的天井至少布置 5 个深孔。爆破时以单孔爆破漏斗方式掏槽，然后按一定顺序分段起爆，每段只爆一个眼，并为下一个眼的爆破开创自由面（见图 8-13）。

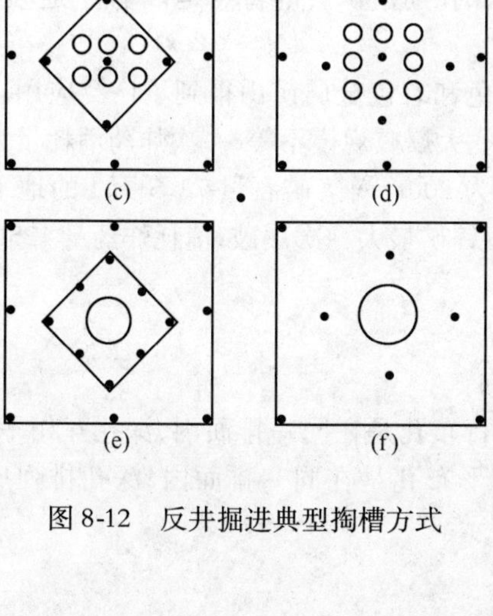

图 8-12 反井掘进典型掏槽方式

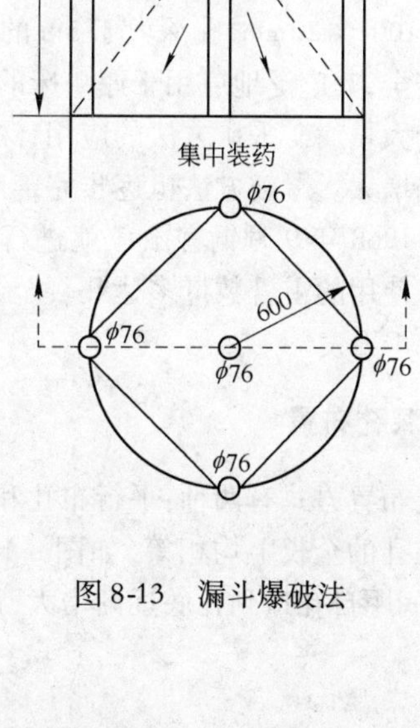

图 8-13 漏斗爆破法

b　炮眼直径

采用潜孔钻时,眼径为 90～150mm,采用 FJI－700 型深孔钻机时,眼径为 51～76mm。

c　炮眼数目

炮眼数目一般根据类似矿山经验和试验结果确定,也可按式(8-7)计算:

$$N = \frac{KqS}{r} \tag{8-7}$$

式中　K——断面系数,参考表 8-11;

r——每 1m 炮孔装药量,kg/m;

S——天井断面,m^2;

q——单位炸药消耗量,kg/m^3。

表 8-11　断面系数

断面尺寸/m^2	K
2×2	1.0
1.2×1.5	1.04
1.5×1.5	1.2

d　分段高度

深孔爆破法掘进天井时,虽然是一次钻完炮眼全部深度,但由于岩石爆破后产生膨胀,为了保证每次爆破所需的补偿空间,要采取分段爆破。分段高度取决于岩石性质、天井断面、眼径大小等因素。一般情况下,岩石易爆时,段高较大;岩石难爆时,段高则较小。例如:云南某铁矿采用深孔爆破法掘进天井时,由于该矿的岩石节理、裂隙发育、爆破性好,同时又采用 100～110mm 直径的深孔,因此在长度为 15m 以内的天井,采用一次起爆;15～25m 长的天井,分两段爆破;大于 25m 的天井分 3 段爆破,爆破效果良好。在爆破条件较好时,天井长度在 20～40m 以内,一次起爆也获得了满意的效果。

8.2　地下采场深孔爆破

地下采场深孔爆破可分为两种,即中深孔爆破和深孔爆破。国内矿山通常把钎头直径为 51～75mm 的接杆凿岩炮孔称为中深孔,而把钎头直径为 95～110mm 的潜孔钻机钻凿的炮孔称为深孔。实际上,随着凿岩设备、凿岩工具的改进,二者的界限有时并不显著。所以,孔径为 75mm 或 100～120mm,孔深大于 5m 的统称为深孔。深孔崩落矿石的特点是效率高、速度快、作业条件安全,其广泛地应用于厚矿床的崩矿。

随着大量崩矿采矿方法的应用,深孔大爆破在黑色和有色金属矿山得到了广泛应用。爆破规模日趋增大。爆破方法也逐步完善。目前,我国深孔大爆破规模不等,一次炸药消耗量为十至几十吨。1968 年 9 月铜官山矿就进行了一次炸药量为 200t、崩落矿石量 72.5 万 t 的地下大爆破。一次使用的雷管数量多达几百至几千发。桃林铅锌矿最大一次爆破,消耗炸药量 125t,雷管总数达 1.1 万发。

8.2.1　深孔布置

深孔布置方式有两种:平行布孔和扇形布孔。平行布孔是在同一排面内,深孔互相平行,深孔间距在孔的全长上均相等,如图 8-14(a)所示。扇形布孔是在同一排面内,深孔排列成放射状,深孔间距自孔口到孔底逐渐增大,如图 8-14(b)所示。

与扇形布孔相比,平行布孔的优点是:

(1)炸药分布合理,爆落矿石块度比较均匀;

(2)每1m深孔崩矿量大。

平行布孔的缺点是:

(1)凿岩巷道掘进工作量大;

(2)每钻凿一个炮孔就需移动一次钻机,辅助时间长;

(3)在不规则矿体布置深孔比较困难;

(4)作业安全性差。

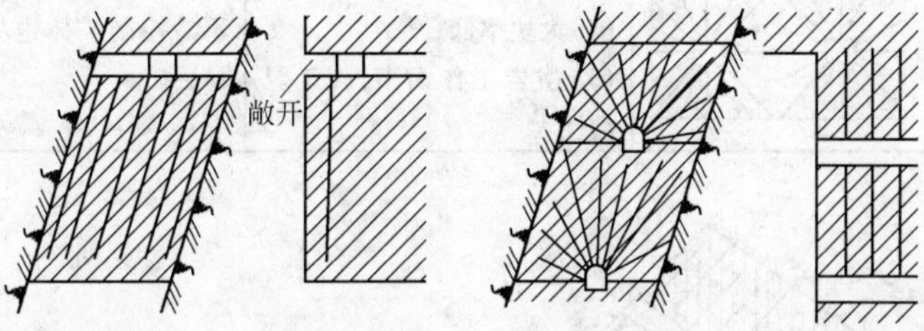

(a)　　(b)

图8-14　深孔布置

(a)平行布孔;(b)扇形布孔

扇形排列的优缺点与平行排列的优缺点相反。从比较中可以看出,平行排列虽然比扇形排列有一点优点,但其缺点比较多,特别是凿岩巷道掘进工作量大是其致命的弱点。因此,只是在开采坚硬的矿体时才采用平行排列。

深孔排面的方向,按照采矿方法的要求不同,分为水平、垂直、倾斜三种。由于我国广泛采用扇形布孔,下面仅就水平扇形布孔、垂直扇形布孔、倾斜扇形布孔分别进行介绍。

(1)水平扇形布孔。水平扇形布孔的排面多为近似水平,为了便于排粉,炮孔均上仰6°~8°的倾角。水平扇形的布孔形式也很多,以40m×16m的规则采场为例,其形式如表8-12所示。具体形式的选择应根据矿体赋存条件、矿岩性质、采矿方法和凿岩设备确定。水平深孔的作业地点可在凿岩天井或凿岩硐室中,前者,掘进工作量小,但作业条件不安全,每次爆破后维护量大。后者则相反。接杆凿岩所需空间小,大多采用凿岩天井;而潜孔凿岩所需的空间大,一般采用凿岩硐室。采用凿岩硐室时,硐室要尽量错开布置,避免硐室之间垂直距离过小,影响稳固性。

(2)垂直扇形布孔。垂直扇形布孔的排面为垂直或近似垂直的。按照深孔方向不同,可分为上向扇形布孔和下向扇形布孔。

(3)倾斜扇形布孔。倾斜扇形布孔用于矿体倾角大于25°、厚度为6~25m、矿岩中等以上稳固、采用重力运矿的采矿法。深孔排面与上盘垂直或成钝角(见图8-15)。

表8-12　水平扇形布孔方案比较

凿岩天井或硐室位置	图　例	优　点	缺　点	应用范围
下盘中央		(1)凿岩天井或硐室掘进工作量少; (2)总孔深小	不易控制矿体边界、易丢矿	接杆和潜孔凿岩均可应用
对　角	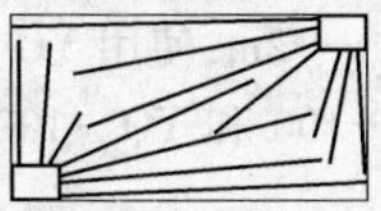	(1)控制边界整齐、不易丢矿; (2)总孔深小; (3)工作面多,施工灵活	(1)凿岩天井或硐室掘进工作量大; (2)交错处难控制	用于潜孔凿岩的深孔

续表 8-12

凿岩天井或硐室位置	图　例	优　点	缺　点	应用范围
一　角		(1)掘进工作量小; (2)安全	大块率高	用于潜孔凿岩的深孔
中　央		掘进工作量少	(1)不易控制矿体边界,易丢矿; (2)总孔深大	用于接杆凿岩的深孔,且岩石稳固
中央两侧	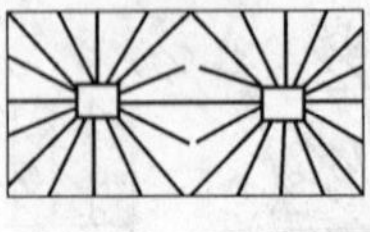	(1)孔浅; (2)大块率低; (3)凿岩工作面多,施工灵活性大	不易控制矿体边界,易丢矿	用于接杆凿岩的深孔,且岩石稳固

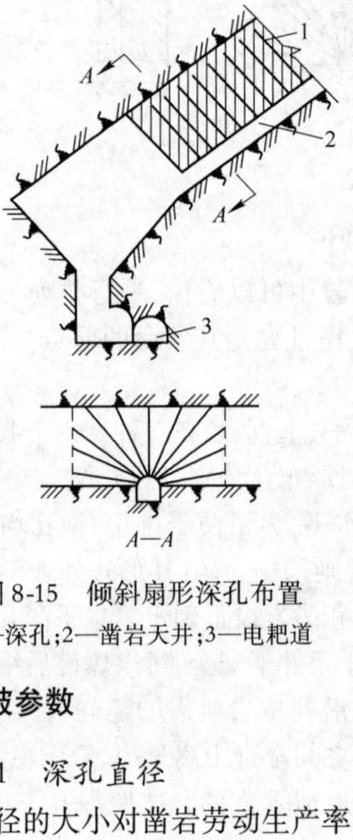

A—A

图 8-15　倾斜扇形深孔布置

1—深孔;2—凿岩天井;3—电耙道

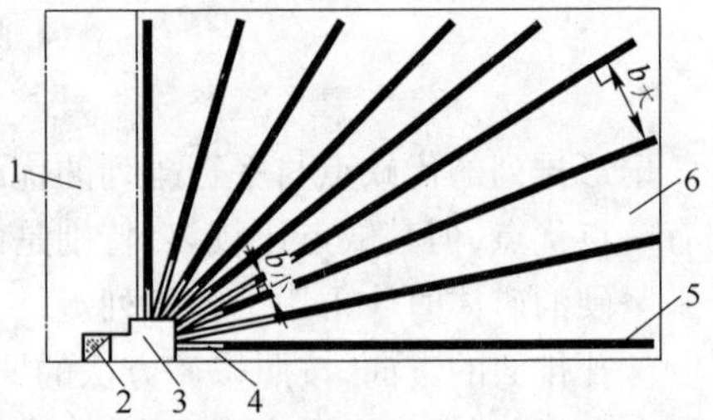

图 8-16　扇形孔装药处的孔口及孔底距离

1—间柱;2—采区天井;3—凿岩硐室;4—炮孔未装药部分;5—炮孔装药部分;6—矿房

8.2.2　爆破参数

8.2.2.1　深孔直径

深孔直径的大小对凿岩劳动生产率和爆破效果影响很大。影响孔径的主要因素是使用的凿岩设备和工具、炸药的威力、岩石特征。

采用接杆凿岩时,主要决定于连接套直径和必需的装药体积,孔径一般为 50 ~ 75mm,以55 ~ 65mm 较多。采用潜孔凿岩时,因受冲击器的制约,孔径较大,为 90 ~ 120mm,以 95 ~ 105mm 较多。在矿石节理裂隙发育、炮孔容易变形的情况下,采用大直径深孔则是比较合理的。

8.2.2.2　孔深

孔深对凿岩速度、采准工作量影响很大,随着孔深的增加,凿岩速度下降,深孔偏斜增大,施工质量变差。但是,孔深的增加,使凿岩巷道之间的距离加大,因而采准工作量降低。选择孔深主要取决于凿岩机类型、矿体赋存条件、矿岩性质、采矿方法和装药方式等因素。目前,使用 YT23 型(7655)凿岩机时,孔深一般为 6 ~ 8m,最大不超过 10 ~ 12m;使用 YG -80 和 BBC -120F 凿岩机时,孔深一般为 10 ~ 15m,最大不超过 18m;使用 BA -100 和 YQ -100 潜孔凿岩机时,一般为10 ~ 20m,最大不超过 25 ~ 30m。

8.2.2.3 最小抵抗线、孔间距和密集系数

最小抵抗线就是排距,即爆破每个分层的厚度。

孔间距是排内深孔之间的距离。对于扇形深孔来说,孔间距常用孔底距和孔口距表示。如图8-16所示,孔底距 $b_{大}$ 是指较浅的深孔孔底至相邻深孔的垂直距离。孔口距 $b_{小}$ 是指堵塞较深的深孔装药处至相邻深孔的垂直距离。前者用于布置深孔时控制孔网密度,后者用于装药时控制装药量。

密集系数是孔间距与最小抵抗线的比值,即:

$$m = \frac{a}{W} \tag{8-8}$$

式中 m——密集系数;

a——孔间距,m;

W——最小抵抗线,m。

对于扇形深孔来说,常用孔底密集系数和孔口密集系数表示。孔底密集系数是孔底距与最小抵抗线的比值;孔口密集系数是孔口距与最小抵抗线的比值。

以上三个参数直接决定着深孔的孔网密度,其中,最小抵抗线反映了排与排之间的孔网密度;孔间距反映了排内深孔的孔网密度;而密集系数则反映了它们之间的相互关系。它们的确定正确与否,直接关系到矿石的破碎质量,影响着每1m崩矿量、凿岩和出矿劳动生产率、爆破器材消耗、矿石的损失和贫化,以及其他一些技术经济指标。

以下分别叙述上述三个参数的确定方法。

(1)密集系数。目前,密集系数的选取是根据经验来确定的。通常,平行孔的密集系数为0.8~1.1,以0.9~1.1较多。扇形孔时,孔底密集系数为0.9~1.5,以1~1.3较多;孔口密集系数为0.4~0.7。选取密集系数时,矿石越坚固,要求的块度越小,应取小值;否则,应取较大值。

(2)最小抵抗线。目前,确定最小抵抗线,主要有以下三种方法。

1)当平行布孔时,仍可按巴隆公式计算:

$$W = d\sqrt{\frac{7.85\rho\tau}{qm}} \tag{8-9}$$

式中 d——炮孔直径,dm;

ρ——装药密度,kg/dm^3;

τ——装药系数,$\tau=0.7\sim0.85$;

q——单位炸药消耗量,kg/m^3。

式(8-9)是平行布孔的最小抵抗线,如果是扇形布孔的最小抵抗线也可利用式(8-9),但应将式中的密集系数和装药系数改为平均值 m_{cp} 和 τ_{cp},平均密集系数一般为1~1.25;平均装药系数可根据实际资料选取。

2)根据最小抵抗线和孔径的比值选取:从式(8-9)可知,当单位炸药消耗量和密集系数一定时,最小抵抗线和孔径成正比。实际资料表明,最小抵抗线和孔径的比值一般在下列范围:

坚硬的矿石 $W/d=23\sim30$

中等坚硬矿石 $W/d=30\sim35$

较软矿石 $W/d=35\sim40$

当装药密度越高、炸药的威力越大时,则该比值越大;相反,该比值越小。

3)根据矿山实际资料选取:目前,矿山采用的最小抵抗线数值见表8-13。

表 8-13　最小抵抗线与炮孔直径

d/mm	W/m	d/mm	W/m
50 ~ 60	1.2 ~ 1.6	70 ~ 80	1.8 ~ 2.5
60 ~ 70	1.5 ~ 2.0	90 ~ 120	2.5 ~ 4.0

以上三种方法，后两种采用较多，也可同时采用，通过相互比较来确定。

(3)孔间距。根据最小抵抗线和密集系数计算。

8.2.2.4　单位炸药消耗量

单位炸药消耗量的大小直接影响岩石的爆破效果，其值大小与岩石的可爆性、炸药性能和最小抵抗线有关。通常，参考表 8-14 选取，也可根据爆破漏斗试验确定。

表 8-14　地下深孔单位炸药消耗量

岩石坚固性系数 f	3 ~ 5	5 ~ 8	8 ~ 12	12 ~ 16	>16
一次爆破单位炸药消耗量/kg · m^{-3}	0.2 ~ 0.35	0.35 ~ 0.5	0.5 ~ 0.8	0.8 ~ 1.1	1.1 ~ 1.5
二次爆破单位炸药消耗量所占比例/%	10 ~ 15	15 ~ 25	25 ~ 35	35 ~ 45	>45

平行深孔每孔装药量(Q)为：

$$Q = qaWL = qmW^2L \tag{8-10}$$

式中　L——深孔长度，m；

其他符号含义同前。

扇形深孔每孔装药量因其孔深、孔距均不相同，通常先求出每排孔的装药量，然后按每排的总长度和总堵塞长度，求出每 1m 孔的装药量，最后分别确定每孔装药量。每排孔装药量为：

$$Q_{排} = qWS \tag{8-11}$$

式中　$Q_{排}$——排深孔的总装药量，kg；

S——排深孔的负担面积，m^2；

其余符号含义同前。

我国冶金、有色金属矿山的一次炸药单耗，一般为 0.25 ~ 0.6kg/t；二次炸药单耗为 0.1 ~ 0.3kg/t，二次炸药单耗较高的矿山反映其大块产出率较高，个别矿山甚至超过一次炸药单耗，属于不正常现象。

表 8-15 列出了我国部分地下矿山深孔爆破参数。

表 8-15　部分地下矿山深孔爆破参数

矿山名称	矿石坚固性系数	深孔排列方式	深孔直径/mm	最小抵抗线/m	孔底距/m	孔深/m	一次单位炸药消耗量/kg · t^{-1}	二次单位炸药消耗量/kg · t^{-1}	每米深孔崩矿量/t · m^{-1}
胡家峪铜矿	8 ~ 10	上向垂直扇形	65 ~ 72	1.8 ~ 2.0	1.8 ~ 2.2	12 ~ 15	0.35 ~ 0.40	0.15 ~ 0.25	5 ~ 6
篦子沟铜矿	8 ~ 12	上向垂直扇形	65 ~ 72	1.8 ~ 2.0	1.8 ~ 2.0	<15	0.442	0.183	5
铜官山铜矿	3 ~ 5	水平或上向垂直扇形	55 ~ 60	1.2 ~ 1.5	1.2 ~ 1.8	3 ~ 5	0.25	0.16	6 ~ 8
云锡松树脚锡矿	10 ~ 12	上向垂直扇形	50 ~ 54	1.3	1.3 ~ 1.5	5 ~ 8	0.245	0.267	6.33

续表 8-15

矿山名称	矿石坚固性系数	深孔排列方式	深孔直径/mm	最小抵抗线/m	孔底距/m	孔深/m	一次单位炸药消耗量/kg·t^{-1}	二次单位炸药消耗量/kg·t^{-1}	每米深孔崩矿量/t·m^{-1}
红透山铜矿	8~12	水平扇形	90~110	3.5	3.8~4.5	10~25	0.21	0.60	15~20
狮子山铜矿	12	水平扇形	90~110	2.0	2.5	15~20	0.45~0.50	0.1~0.2	11~12
易门铜矿风山坑	4~8	水平扇形或束状	105~110	2.5~3.0	2.5~4.0	<30	0.45	0.0213	10~15
易门铜矿狮山坑	4~6	水平扇形或束状	105	3.2~3.5	3.3~4.0	5~20	0.25	0.074	16~26
狮子山铜矿	12~14	垂直扇形	90~110	2.0~2.2	2.5	10~15	0.40~0.45	0.10~0.20	11~12
东川因民铜矿	8~10	垂直扇形	90~110	1.6~2.0	2.0~2.5	<15	0.445	0.0643	7.9
红透山铜矿	8~10	水平扇形	50~60	1.4~1.6	1.6~2.2	6~8	0.18~0.20	0.40	4~5
青城子铅矿	8~10	倾斜扇形	65~70	1.5	1.5~1.8	4~12	0.25	0.15	5~7
金岭铁矿	8~12	上向垂直扇形	60	1.5	2.0	8~10	0.16	0.246	6
程潮铁矿	2~6	上向垂直扇形	56	2.5	1.2~1.5		0.218	0.01	8
核工业总公司794矿	8~10	垂直扇形中深孔	65	1.2	1.8	4~12	0.75		3
核工业总公司719矿	8~12	垂直扇形	70 75	1.2	0.8~1 1.8~2.2	1.8~1.5 35~40	0.45 1.08~0.9	0.01	
兰家金矿（长春）	11~12	水平,下向炮孔	38~42	0.85	0.85（孔间距）	2~3 2~4	0.5		2.14

8.2.3 VCR 法

8.2.3.1 VCR 法的原理

VCR 法是垂直深孔球状药包后退式崩矿方法的简称。该法于 1975 年首次在加拿大列瓦克(Levack Mine)镍矿被成功应用于回采矿柱,以后又在加拿大、美国、欧洲及我国一些矿山得到推广应用。目前,该法不仅用于矿柱回采,也用于矿房回采。

VCR 法的理论基础是美国 C·W·利文斯顿爆破漏斗理论,他以岩石爆破漏斗试验为基础,得出药包最佳深度比,成为研究爆破现象的有力工具。加拿大 L·C·朗(Lang)在利氏爆破漏斗的基础上提出:如果爆破漏斗的作用方向不是指向地表,而是在矿山巷道或采场顶板的上向垂直孔内装入球状药包,爆破后就会形成一个倒置的爆破漏斗。在这种情况下,重力和摩擦力不但不会产生有害影响,恰好相反,重力会促使破碎带内岩石冒落,加大爆破漏斗尺寸。此外,在漏斗破碎带以外,还存在一个杏仁状的应力集中带。破碎带内岩石冒落以后,未冒落的岩石又构成新的自由面,这些岩石也会劈开和冒落,从而冒落区逐步向上发展。冒落带的高度因岩性和地质构造而异,一般要超过球状药包最佳设计埋深的数倍。这种全新的爆破漏斗概念导致了一种新的地下崩矿方法——VCR 法的诞生。VCR 法的典型回采矿块如图 8-17 所示。

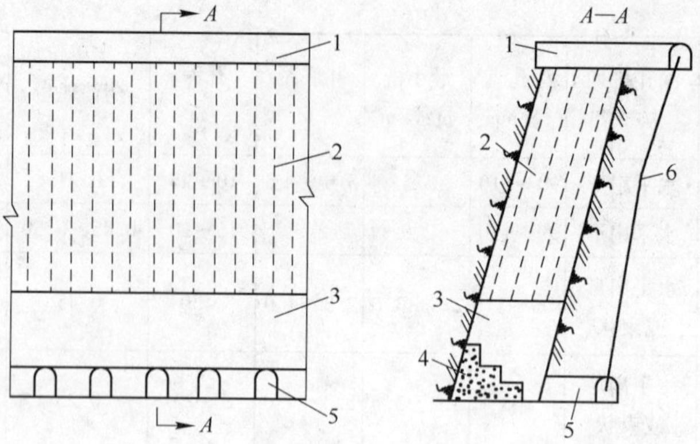

图 8-17　典型采矿示意图
1—凿岩巷道;2—大孔径深孔;3—拉底空间;4—充填台阶;5—装矿巷道;6—运输巷道

8.2.3.2　VCR 法的工艺

应用 VCR 法的步骤如下:

(1)在矿块中钻凿一个或多个大直径炮孔;

(2)在每个炮孔中装入一个大球状药包或近似球体的药包并堵塞,药包的理想埋深是它起爆后能获得最优的漏斗爆破效果;

(3)药包爆炸时,借助于气体压力破碎岩石,在矿体中形成倒漏斗;

(4)从矿房运出漏斗中的破碎矿石。

在 VCR 法中,炮孔直径 165mm,通常钻孔偏斜不超过 1% ~2%;孔距 3m,排距 1.2m。每层爆高 3m,药包高度 0.6~1.0m;最后距上水平 9m 时,可将 3 层的药包同时爆破。

球状药包的长径比不应大于 6。国内多采用 CLH 型或 HD 型高能乳化炸药。CLH 型乳化炸药是高密度(1.35~1.55g/cm^3)、高爆速(4500~5500m/s)、高体积威力(以 2 号岩石铵梯炸药为 100 时,其相对体积威力为 150~200),简称"三高"乳化炸药,目前已在凡口铅锌矿、金厂峪金矿、铜陵有色金属公司狮子山铜矿、凤凰山铜矿的 VCR 法中获得广泛应用。

装药工艺如下:

(1)清孔并用测量绳量测孔深;

(2)用绳将孔塞放入孔内,按爆破设计的位置固定好;

(3)孔塞上面堵塞一定高度的岩屑;

(4)装入下半部炸药;

(5)装入起爆药包;

(6)装入上半部炸药;

(7)用砂或水袋堵塞至设计规定的位置;

(8)连接起爆网路,通常采用电力起爆法、电力起爆和导爆索起爆法、导爆索和非电导爆管起爆法。

每个深孔只装一层药包进行爆破的称为单层爆破,药包的最佳埋置深度因矿石性质和炸药特性不同而异,各矿山应根据小型爆破漏斗试验的结果,按几何相似的原理进行立方根关系换算求得最佳埋置深度,并在实践中不断调整,以取得最好爆破效果。一般中硬矿石为 1.8~2.5m,每次崩下矿石层厚度为 3m 左右。同层药包可采用同时起爆,但为降低地震和空气冲击波的影响，可采用毫秒爆破，毫秒延期间隔时间为 25～50ms，起爆顺序从深孔中部向边角方向进行。为了减少分层爆破次数，每孔一次可装 2～3 层，按一定顺序起爆称为多层起爆。无论单层或多层爆破，必须有足够的爆破补偿空间。

8.2.3.3 VCR 法所用爆破方法的优点

VCR 法所用爆破方法的优点有：

(1) 工人不必进入敞开的回采空间，安全性好；

(2) 破碎块度比较均匀，所需炸药消耗量较少；

(3) 采准工作量小。

8.2.3.4 VCR 法的发展

VCR 法把高风压潜孔钻机凿岩技术、新型“三高”炸药（高密度、高爆速、高体积威力）、毫秒爆破技术和球形药包爆破漏斗理论融为一体，充分体现了其先进性，是 20 世纪 70 年代以来地下采矿技术的重大进展之一。

经过 30 多年的发展，VCR 法已不仅仅是一种回采矿柱的崩矿方法，而是发展成了大直径深孔采矿法，即用 VCR 法拉槽，而后用大直径深孔侧向崩矿的采矿方法。

8.3 地下采场浅眼爆破

地下采场浅眼爆破与井巷掘进爆破同样都属于浅眼爆破，不同点是采场浅眼爆破有两个自由面，爆破的面积和爆破量都比较大。

8.3.1 炮眼排列

地下采场的炮眼按其方向来分，有上向炮眼和水平炮眼，分别示于图 8-18 和图 8-19。其中上向炮眼应用较多。爆破工作面以台阶形式向前推进，炮眼在工作面的布置有方形（矩形）排列和三角形排列（见图 8-20）。方形（矩形）排列一般用于矿石比较坚硬、矿岩不易分离、采幅较宽的矿体。三角形排列时，炸药在矿体中的分布比较均匀，崩落矿石块度的大小较一致，当采幅较窄时，效果更为显著。

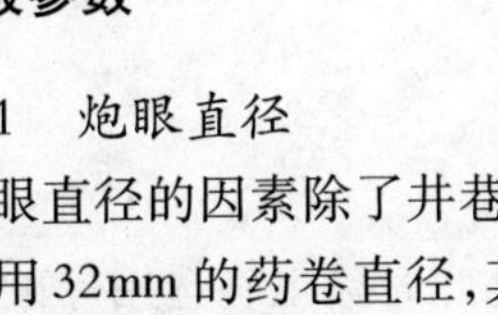

图 8-18 上向炮眼

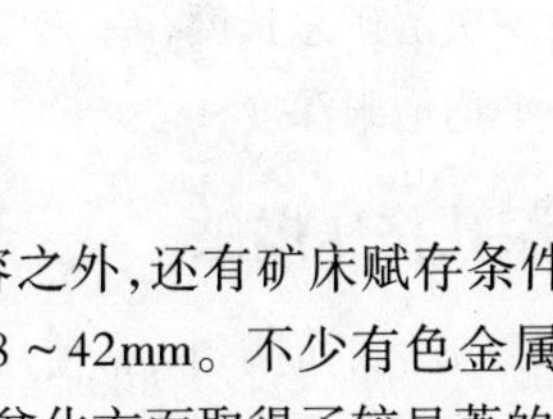

图 8-19 水平炮眼

8.3.2 爆破参数

8.3.2.1 炮眼直径

影响炮眼直径的因素除了井巷掘进章节中谈到的内容之外，还有矿床赋存条件。我国炮眼落矿广泛采用 32mm 的药卷直径，其相应的炮眼直径为 38～42mm。不少有色金属矿山曾试用 25～28mm 的小直径药卷爆破，在控制采幅宽度、降低损失贫化方面取得了较显著的效果。

8.3.2.2 炮眼深度

炮眼深度与矿体、围岩性质、矿体厚度及其边界形状等因素有关。例如：采用浅眼留矿采矿法时，当矿厚大于 1.5～2.0m，矿岩稳固时，眼深常为 2m 左右，个别矿山采厚矿体时眼深达

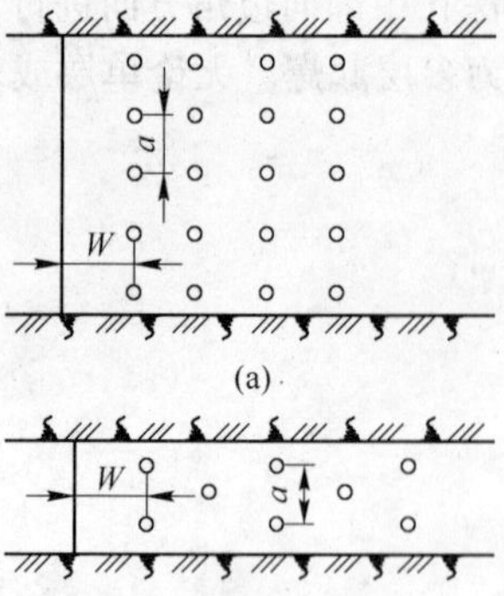

图 8-20　井下崩矿的炮眼排列
(a)方形排列;(b)三角形排列

3～4m;当矿厚小于 1.5m 时,随着矿厚不同,眼深变化于 1.0～1.5m之间。在开采薄矿脉时,眼深与眼径一般取小值。

8.3.2.3　最小抵抗线和炮眼间距

采场浅眼爆破时,最小抵抗线就是炮眼的排距。炮眼间距是排内炮眼之间的距离。这两个参数的大小对爆破效果影响很大。一般说来,最小抵抗线越大,炮眼间距也越大,则爆下的矿石大块率增大。如果最小抵抗线和炮眼间距过小,矿石被过度破碎,既浪费了爆破器材,又给易氧化、易黏结、易自燃的矿石装运工带来困难。

通常,最小抵抗线(W)和炮眼间距(a)按下列经验公式选取:

$$W = (25 \sim 30)d \tag{8-12}$$

$$a = (1.0 \sim 1.5)W \tag{8-13}$$

式中　d——炮眼直径,m。

系数依岩石性质而定,岩石坚硬,取较小值;反之,取大值。

8.3.2.4　单位炸药消耗量

单位炸药消耗量除与矿石性质、炸药性能、眼径、眼深有关外,尚与矿床赋存条件有关。一般说来,矿体厚度越小,眼越深,单位炸药消耗量越大。表 8-16 列出的经验数值是在使用 2 号岩石铵梯炸药时获取的。

表 8-16　采取浅眼落矿时单位炸药消耗量

岩石坚固性系数 f	<8	8～10	10～15
单位炸药消耗量/kg · m^{-3}	0.26～1.0	1.0～1.6	1.6～2.6

采矿时,一次爆破装药量 Q 与采矿方法、矿体赋存条件、爆破范围等因素有关。由于影响因素多,难以用一个包括全部因素的公式计算,通常只根据单位炸药消耗量和欲崩落矿石的体积进行计算,即:

$$Q = qB_m L_j \bar{l} \tag{8-14}$$

式中　Q——一次爆破装药量,kg;
q——单位炸药消耗量,kg/m^3;
B_m——矿体厚度,m;
L_j——一次落矿总长度,m;
$\bar{l}$——平均炮眼深度,m。

8.4　地下深孔挤压爆破

在中厚和厚矿体的崩矿中,常使用多排孔微差挤压爆破。此时除正确选用爆破参数和工艺外,还须注意以下几点,以期得到良好的爆破效果。

(1)每次爆破的第一排孔的最小抵抗线要比正常排距大些,对于较坚固的矿石要增大 20% 左右,对于不坚固的矿石要增大 40% 左右,以避开前次爆破后裂的影响。由于第一排孔最小抵抗线增大,其所用装药量也要相应增大(约 25% ~30%),可用增大孔径或孔数、提高装药密度或采用高威力炸药来达到此目的。

(2)在一定范围内增大一次爆破层厚度可改善爆破效果。但是爆破层太厚,随着爆破排数的增加,破碎的矿石块越来越被挤实,最后起爆的几排炮孔完全没有补偿空间可供破碎膨胀,结果将使最后几排深孔受到破坏。矿石过度挤压,可能造成放矿困难,甚至放不出来。一次爆破层厚度可根据矿床赋存条件、矿石性质、爆破参数、挤压条件等因素来确定。一般中厚矿体的挤压爆破可用 10 ~20m 爆破层厚度;厚矿体的挤压爆破可用 15 ~30m。我国几个矿山的地下挤压爆破参数列于表 8-17 中。

(3)多排孔微差挤压爆破的炸药单位消耗量比普通的微差爆破高一些,一般为 0.4 ~0.5kg/t。装药不可过量,否则将造成过度挤压。扇形炮孔的装药不可过长,否则不利于爆炸能的利用,故孔口装药端的相互间距不应小于 0.8 倍最小抵抗线,而孔口不装药的长度应不小于最小抵抗线的 1.2 倍。

(4)多排孔微差挤压爆破排间间隔时间应比普通微差爆破长 30% ~60%,以便使前排孔爆破的岩石产生位移形成良好的空隙槽,为后排创造补偿空间,发挥挤压作用。一般崩落矿石产生位移移动时间为 15 ~20ms,挤压爆破的排间间隔时间必须大于此值。通常对坚硬的脆性矿石可取小的微差间隔时间,对松软的塑性矿石则可取长些的间隔时间。

表 8-17 地下挤压爆破参数

矿山名称	矿体厚度/m	矿石坚固性系数	崩矿参数					挤压条件	一次崩矿厚度/m
			深孔排列方式	单位炸药消耗量/kg·t^{-1}	孔径/mm	孔深/m	最小抵抗线/m		
篦子沟矿	30 ~50	8 ~2	垂直扇形深孔	0.446	65 ~74	10 ~15	1.8	向相邻松散矿石挤压	15 ~18
易门铜矿狮子坑	20 ~30	4 ~6	垂直及水平扇形深孔		105 ~110	15		向相邻松散矿石挤压	20
								两侧有松散矿石,向两侧挤压	30
胡家峪矿	15	8 ~10	垂直扇形深孔	0.479	65 ~72	12 ~15	1.8	向相邻松散矿石挤压	6 ~13

(5)爆破后松散矿石压实后,密度较高。为使下一次爆破得到足够的补偿空间和提高炸药爆炸的能量利用率,必须在下一次爆破前进行松动放矿,放矿量为前次崩落矿量的 20% ~30%。

(6)补偿系数。补偿空间的容积 V_B 与崩落矿石原体积 V 之比,称为补偿系数 K_B。

$$K_B = \frac{V_B}{V} \times 100\% \qquad (8\text{-}15)$$

挤压爆破的补偿系数一般为 10% ~30%。

本章小结

地下矿爆破是金属矿地下开采重要、关键的工序之一。本章主要介绍井巷掘进爆破、地下采场深孔爆破、地下采场浅眼爆破和地下深孔挤压爆破的爆破技术。本章学习的重点是平巷掘进爆破、地下采场深孔爆破及 VCR 法。

复习思考题

8-1　平巷掘进爆破中的炮眼按其位置和作用的不同分为哪几种，其作用各是什么（画图表示说明）？

8-2　掏槽眼主要有哪几类，其主要特点各是什么？

8-3　分别采用桶形、楔形、螺旋形掏槽方式绘出工作面各类炮眼的主视图和侧视图？

8-4　地下采场深孔爆破中，深孔的布置方式有哪几种，其各自的含义及优缺点是什么？

8-5　何为 VCR 法，其应用步骤是什么？

8-6　地下采场浅眼爆破与井巷掘进爆破的异同点是什么？

9 硐室爆破

9.1 基本概念

硐室爆破是将大量炸药装入硐室或导硐(巷道)中,按照设计完成开挖或者抛掷要求的爆破技术,是集中土石方快速开挖的爆破方法。

硐室爆破源于军事上的地雷爆破,随着采矿业、建筑业、铁道交通和水利水电事业的发展,钻孔爆破法有时不能满足工程的需要,从而发展了新的大量快速开挖爆破方法——硐室爆破法。工程实践表明,该方法具有以下优点:量大,快速,高效,简便,不受气候与交通条件限制,能经济安全地完成大量的土石方工程开挖、堆存和填筑等各项任务。近 50 年来,硐室爆破在俄罗斯和我国广泛用于冶金矿山、水利水电、铁道交通、建筑建材和露天煤矿等部门,世界各国也在条件适宜的工程中相继应用。硐室爆破规模也与日俱增,一次爆破炸药量从十吨级、百吨级发展到千吨级乃至万吨级的水平。硐室爆破存在大块率偏高的缺点,但经工程实践总结提高,有所改善,从而推动着硐室爆破技术的发展与完善。

9.1.1 分类与分级标准

硐室爆破按其爆破作用特征可分为松动爆破、抛掷爆破和内部爆破,还可按爆破地形条件划分为平地爆破、斜坡爆破和水下硐室爆破。它们之间在装药量计算、爆破漏斗形态和效应上都略有不同。

(1)松动爆破。作用特征为浅埋药包爆破后,在岩土内形成一个倒锥形的破碎漏斗,岩石充分破碎,疏松膨胀,在地面隆起,抛掷作用微弱,爆堆可用人工、机械挖运。按其破碎疏松程度的要求,可分为标准松动爆破(相应爆破作用指数 $n = 0.75$)、加强松动爆破($0.75 < n < 1.0$)和减弱松动爆破($n < 0.75$);

(2)抛掷爆破。浅埋药包起爆后,药包周围岩土被充分破碎并获得较大的运动速度而抛出爆破漏斗以外,形成明显可见的爆破漏斗。按其抛掷作用的强弱程度,可分为标准抛掷爆破(相应 $n = 1.0$)、加强抛掷爆破($n > 1.0$)和减弱抛掷爆破($0.75 < n < 1.0$);

(3)内部爆破。当药包的相对埋深很大,药包爆炸仅对周围介质有压缩、破碎作用,地面上无明显破坏现象。炸药能大部分转化为破碎能、变形能和振动能。

硐室爆破以一次爆破炸药用量 Q 为基础,视工程的重要性及环境的复杂性可按规定做适当调整,将硐室爆破分为 A、B、C、D 四级。A 级:$1000\text{t} \leqslant Q \leqslant 3000\text{t}$;B 级:$300\text{t} < Q < 1000\text{t}$;C 级:$50\text{t} \leqslant Q < 300\text{t}$;D 级:$0.2\text{t} \leqslant Q < 50\text{t}$。

装药量大于 3000t 的硐室爆破,应由业务主管部门组织论证其必要性和可行性,其等级按 A 级管理。

硐室爆破工程设计和施工应由具有硐室爆破类别和作业范围资质的企业和爆破作业人员承担。

9.1.2　硐室爆破药包的形式

硐室爆破药包的形式有：

(1)集中药包。爆破作用近乎球状药包(见图 9-1)。其爆炸应力波为球面波向外传播。在药包近区，爆破作用场具有球对称特征。但在浅埋爆破时，当球面波到达自由面，即产生反射波，并以半体球面波在岩体中传播。目前对集中药包的定义方法及判据如下：20 世纪初俄国巴隆赋予集中药包为集团装药爆炸，相应的判别式如式(9-1)所示，即从药包中心至药包最远边角点的距离 R(单位：m)与炸药体积 V_Q 的比例关系应满足下式条件：

$$\psi = \frac{0.62 V_Q^{1/3}}{R} \geqslant 0.41 \quad \left(V_Q = \frac{Q}{\rho} K_s\right) \tag{9-1}$$

式中　V_Q——炸药体积，m^3；

Q——炸药质量，kg；

ρ——炸药密度，kg/m^3；

K_s——装药系数(1.1～1.2)。

集中药包可用竖井或导硐法开挖成药室或在导硐端部装填炸药后，用土石堵塞而成。集中药包的优点是布置灵活，适用于复杂地形地质条件的爆区和地质构造断层众多的爆区。集中药包较易避离断层构造影响或根据断层的位置和产状情况设计爆破漏斗破裂边线，以免因受断层面影响而限制爆破漏斗的形状，或产生局部不稳定岩面，也可采用多个集中药包组合形式控制断层影响。对地形崎岖的爆区，用辅助药包改造地形，为主药包爆破创造理想临空面。

(2)条形药包。

定义 1：从药包的几何形状和爆炸波传播特性出发，认为当药包的纵向最长边 L_M 较其横截面的最短边 L_1 长度之比 $\frac{L_M}{L_1} \geqslant 8$ 时，即为条形药包。此种定义判据不够严格。因相同截面积 S 的长方形两边比值变幅可以相差数倍。若用药包的纵轴线长度与截面积的等值圆直径 D 之比作为判据，则其变幅差异较小。

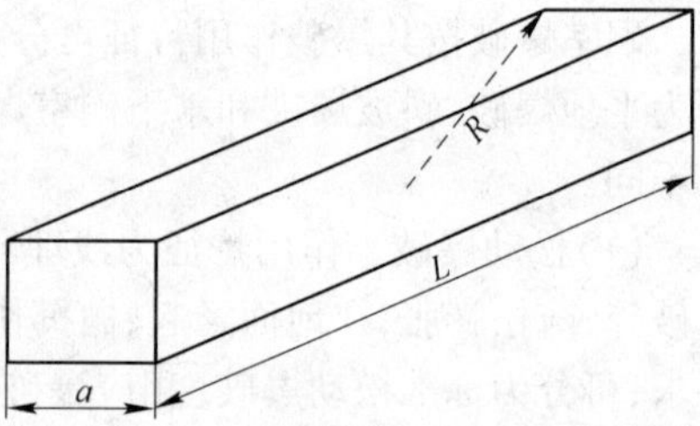

图 9-1　集中药包形式

定义 2：从药包浅埋于岩土内爆破所产生的漏斗形状特征出发，认为在条形药包的中段，爆破漏斗口半径 r 沿药包纵轴线有一段相同值时，药包为条形药包。故用药包的长度 L 与药包的最小抵抗线之比(即所谓长抗比 η 值)作为判据。一般认为当 $\eta \geqslant 2 \sim 2.5$ 时药包为条形药包。

(3)分集药包。将条形药包沿药室或导硐内分成多个长度较短的药包的装药形式称为分集药包。分集药包大多用于岩体内断层和大型裂隙较多、地形崎岖不平、W 变化突出的爆区条件，是为了避免爆炸高压气体可能在药室附近薄弱岩体处冲出，或为了更有效控制爆破岩石块度和级配需要时使用的一种布药形式和措施。分集药包端部要离开断层、大裂隙 3～5m，并用土料全面堵塞加以分隔，但起爆网路需保持完整无损。因此，分集药包的爆炸作用特征介于集中药包与条形药包之间。分集药包的优点是能充分适应复杂地形地质条件和相邻截面药包的最小抵抗线差异较大(在 8% 以上)的情况。或因爆破规模不大，W 值较小，若采用条形药包连续装药结构，药包的不耦合系数过大时，也可采用分集药包布置形式。分集药包的主要缺点是起爆网路连接和保护较为繁杂，分段堵塞工作繁重。

9.1.3 用途

硐室爆破的主要用途有：

(1)路堑开挖,包括半路堑和全路堑开挖爆破；

(2)露天矿山剥离爆破,包括露天金属矿和露天煤矿的剥离爆破；

(3)定向爆破筑坝,包括拦水大坝等蓄水坝、施工围堰、拦泥石流坝、尾矿坝和贮灰坝；

(4)路基爆破填筑；

(5)非金属矿剥离爆破,如1985年福建顺昌羊菇山削顶剥离大爆破；

(6)填海建港爆破,例如1991年广东惠州港移山填海修建港口码头大爆破,储仓码头；

(7)引水渠开挖及围堰拆除,如1992年青海李家峡水电站导流洞进口引水渠爆破和河南省鸭河口复式围堰爆破拆除等；

(8)场地平整爆破,如贵阳龙堡机场以及福建漳州后石火电厂场地平整爆破等；

(9)围堰截流、河流改道及防汛抢险爆破；

(10)石料开采,包括面板、堆石坝主填筑料、过滤料以及海堤石料开采等。

9.2 设计依据与基本内容

9.2.1 设计依据

按设计委托书的任务要求,以国家标准的规定和各有关主管部门的指示为爆破设计的基础依据。

硐室爆破设计必备的依据资料有：

(1)爆区地形平面图(比例尺为1/500 ~1/2000,视工程规模和爆区大小而定)和地形剖面图(比例尺为1/200 ~1/500,横纵方向均相同,视爆破规模大小而定)；

(2)爆区地质平面图和地质钻孔资料(含岩性、产状结构、地质断层、裂隙、溶洞、不稳定岩体分布及水文地质情况)；

(3)爆区周围的重要设施、设备,重要建筑物及地下隐蔽工程情况报告资料等。

9.2.2 设计程序

根据我国《爆破安全规程》规定,硐室爆破设计工作应按不同爆破规模和重要性的分级标准,分阶段进行。A、B级硐室爆破应按可行性研究、技术设计和施工设计三个阶段的相应设计深度要求,逐一设计和审批程序进行。C级硐室爆破允许将可行性研究与技术设计合并,分两个阶段设计。D级硐室爆破可一次完成施工设计。

9.2.3 爆破方案规划设计

根据爆破工程项目任务书(或标书)的规定和要求,结合爆破作业区的地形地质条件和周围环境状况,初步划定适于硐室爆破的区域范围,并估算其可爆方量和有效方量,是否能满足工程要求。若不符合规定要求,再做调整,直至达到规定要求为止。

根据初步确定的主、副爆区条件,研究各爆区适宜的药包形式和组合布置方式,以及药包分排分层布置原则。规模较小的爆破结合地形地质条件可布置成单排、单层、单个或多个并列药包,对于较大规模的爆破,一般需要布置多排药包,但药包排数不宜过多,一般以3~4排以内为宜,排数过多,容易受各排药包爆破误差累积影响,对后排药包产生夹制或阻挡作用。但排数过少，对大范围爆区，则药包的最小抵抗线必然增大，炸药单耗增加，爆破负面影响会相应增大，需全面考虑其安全性与经济合理性。

药包布置宽度要注意侧面地形和地质情况，预防侧向逸出抛散和边坡坍塌、失稳。

各排药包参数要通盘考虑、合理调整，既要考虑本排各药包设计参数的合理性，更要考虑前后排药包的关系。前排辅助药包爆破要为后排主药包创造良好的临空面，以求总体方案获得最优的爆破效果。对于侧向抛掷爆破，n、W 值应逐排增大。斜坡抛掷爆破时，药包中心高程应逐排略加提高，使爆破漏斗下破裂线产生俯角，以减少夹制，增加抛掷率。

药包布置高程应根据工程使用要求，结合爆区地形地质条件确定。一般应保证工程建基面下的岩体不被破坏以及边坡满足稳定条件。定向爆破修筑蓄水坝时，则应考虑爆破对基岩破坏深度和范围不致引起蓄水后发生坝肩绕渗问题。但对于拦泥石流坝、尾矿坝和储灰坝一类非蓄水工程，则药包可尽量降低，对提高爆破有效堆积方量和改善堆积体形状十分有效。如四川百棉尾矿坝等采用低高程药包布置，定向爆破筑坝均较成功。

多排多层药包布置方案时，起爆顺序的基本原则是前排先爆，后排相继依次起爆。排间起爆的延时可采用秒差或毫秒差起爆。秒差时间过长时会导致爆后漏斗上部边坡坍塌，影响后排药包的爆破条件。采用毫秒延迟爆破的时差选择，应以前排爆破漏斗破裂线充分形成，后排药包具备良好的临空面条件为原则。其时差一般可选取 100 ~ 200ms 之间，与 W 值大小有关，W 较大时取大值，反之，取小值。侧向多层药包需分段起爆时，顶部药包应先爆，下层药包后爆，层间药包的起爆延时与排间药包的延时相近似。对于大面积分层向上抛掷爆破，层间药包起爆延时需做专门论证，慎重选取。

9.2.4　技术设计的基本内容

技术设计的基本内容有：

(1) 药包布置与设计。根据爆破方案规划原则，将药包位置标定在地形图和剖面图上，然后逐排逐个药包进行设计计算。按每个药包的爆破漏斗参数，在地形图上绘出各药包爆后漏斗地形改变图，为后一排药包设计提供新的临空面地形，作为后排药包设计依据。

(2) 爆破漏斗绘制。根据各排各个药包的参数分别在地形图上切取的最小抵抗线剖面上，进行爆破漏斗剖面设计，并绘出各爆破漏斗地形边界范围和总漏斗的界图。

(3) 计算爆区爆破方量。对爆破漏斗总图切取若干剖面，计算出爆破总方量。

(4) 通过爆破抛掷率和抛掷堆积计算，确定爆破方案的有效方量。

(5) 对爆破设计方案进行安全校核分析计算，确定其安全可靠性。安全校核项目包括爆破振动效应、个别飞石、空气冲击波、基岩破坏深度范围和药包各侧向逸出影响等。

(6) 进行爆破施工组织设计。包括导硐药室布置、起爆网路设计、装药堵塞设计和施工总进度安排等。

(7) 对爆破设计方案进行综合经济分析评价。

(8) 根据设计方案的优缺点和存在问题，重新调整药包布置和参数选取。重复上述各步骤，设计出另一爆破方案进行比较，确定最终爆破方案。

9.3　药包布置方法

药包布置是爆破设计的核心工作，它具有整体性和灵活性，与爆区地形、地质条件密切结合进行布置，具有修正寻优、循环设计的特点。药包布置的整体性体现在多排多层药包分段起爆的设计方案中，如果其中一个药包布置不当或发生差错，相邻药包和后排起爆药包的边界条件将产生改变,从而导致不良的爆破效果。药包布置的灵活性体现在,任一爆破工程的设计方案都可以根据爆破任务的基本要求,结合爆区的地形、地质条件、周边工程设施和环境安全的限制条件,对药包形式、参数大小和群药包的组合形式、起爆顺序以及爆破方向选取等进行多种方案的药包布置。鉴于每个爆破工程都有其自身特点和要求,个别性很强,故在本节中仅对几种基本的药包布置与设计方法加以介绍。

9.3.1　单个集中药包布置法

在公路和铁道建设中常遇到多临空面小山包的开挖爆破。此时可先在地形图上沿路基开挖走向切取地形剖面,若要求一次爆除小山包,则将药包布置于小山包的中间,使药包中心至两侧山坡面的垂直距离 W_1 与 W_2 大体相等。药包中心高程要离路基的建基面有一定高度,使药包爆破后能基本上挖出路基设计剖面而又不破坏建基面。不足部分可用钻孔爆破修整完成。但药包的最小抵抗线不一定在路基走向的地形剖面上,故应通过药包中心垂直地形图上各方向的等高线切取可能是最小抵抗线的地形剖面,找出药包中心至临空面的最短距离 W 值作为药包设计的基本参数。然后根据路基开挖对爆破的基本要求和山体剖面尺寸,选取合适的爆破作用指数 n 值和单位炸药消耗量 K_b 值后,采用鲍列斯阔夫公式计算出该药包的装药量 Q_p 和爆破漏斗半径 R,以及药包爆破压缩圈半径 r_y 值。然后以药包中心为圆心,以 r_y 为半径画出药包的压缩圈。再以药包中心为圆心,以爆破漏斗破裂线 R 为半径与地形剖面上的地表线相交于 A 和 B。再以 A、B 点分别对压缩圈作切线,即爆破开挖的漏斗图,如图 9-2 所示。若画出的爆破漏斗离建基面过低或过高,或爆破漏斗不够理想,则可调整药包中心位置及参数,重新计算和绘制爆破漏斗,直至满意为止。

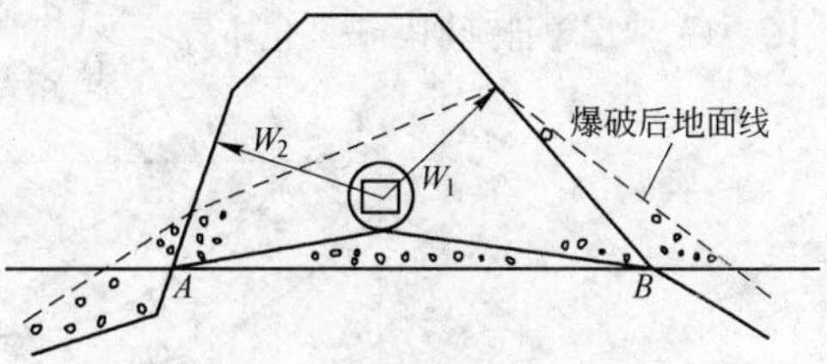

图 9-2　小山包爆破开挖药包布置

9.3.2　并列集中药包布置法

对短垭口路基开挖爆破常采用两个并列药包同时起爆的方案。其药包布置方法与单药包布置略有不同,主要是两药包的合理间距 a 值与药包的 W、n 值相关,一般可用 $a=0.5(1+\bar{n})\bar{W}$ 公式计算确定($\bar{n}$、$\bar{W}$ 即为两个药包 n、W 的算术平均值)。当药包的中心位置确定后,即可分别进行单药包爆破漏斗设计,而两药包的压缩圈之间部分以公切线相连,即得两药包同时爆破漏斗图,如图 9-3 所示。

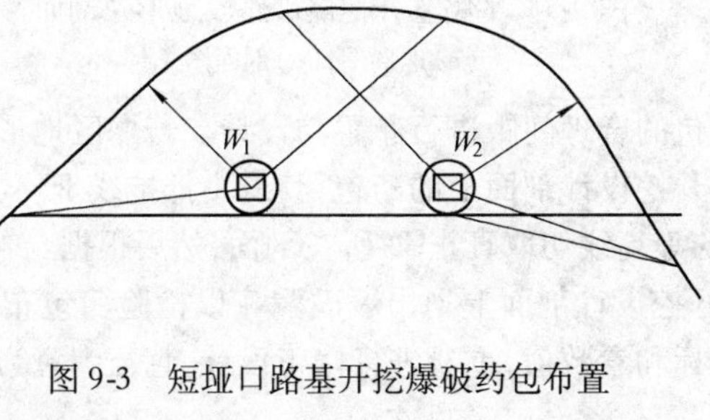

图 9-3　短垭口路基开挖爆破药包布置

9.3.3　双层单排延期药包布置法

对于全路堑开挖爆破,根据地形地点,可采用双层延期药包布置,如图 9-4 所示。此时,上层药包应采用抛掷(扬弃)爆破,而下层药包可采用松动或加强松动爆破,但上、下层药包的起爆延期时间要恰当。若时差过小,上层药包爆破漏斗未充分形成,会对下层药包爆破起到限制性影响。反之,若延时过长,上层药包爆破回落的岩石会增加下层药包的实际 W 值,故上、下层药包起爆延时一般以百毫秒级为宜。

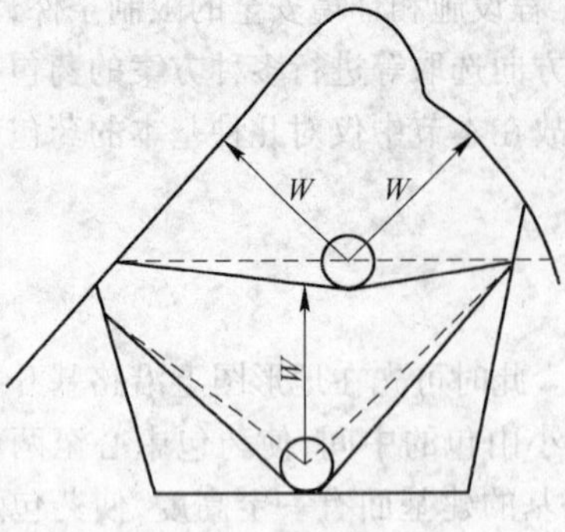

图 9-4　双层单排延期爆破药包布置

9.3.4　单排并列群药包侧向抛掷爆破药包布置法

以半路基开挖爆破为例,需爆破开挖的路段地形如图 9-5(a)所示。路堑爆破开挖的各段剖面要求如图 9-5(b)所示。此时,可根据路堑开挖的剖面预调布置药包,其中心坐标位置的确定应以爆破压缩圈、破坏圈不致超越路基边坡和基建面以下基岩为原则,然后按并列药包

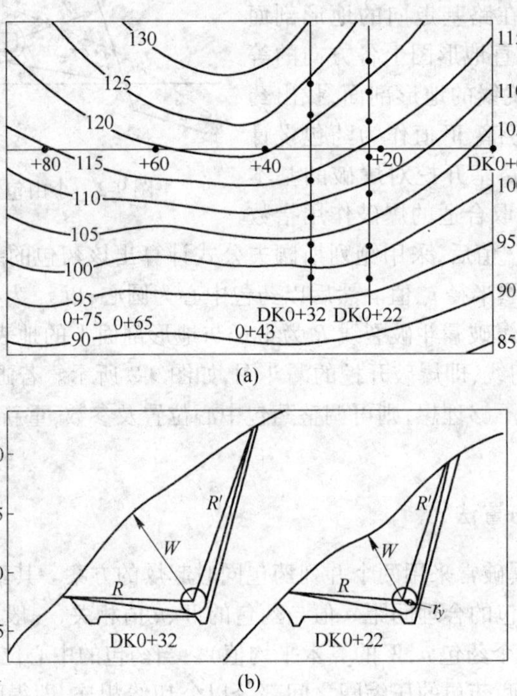

图 9-5　半路基开挖爆破路段地形及剖面

(a)地形图;(b)剖面图

设计的方法和步骤,按药包的合理间距进行布置与设计。若爆区地形变化不大,也可采用条形药包布置。应该指出,路堑开挖设计剖面上的药包,其最小抵抗线 W 不一定在此剖面上,而应通过药包中心垂直地形图上的等高线切取真正 W 所在剖面,然后根据药包参数计算出 r_y、R、R'(爆破漏斗上破裂线),在路堑开挖设计剖面上划出爆破漏斗以检验药包布置和药包参数的合理性,若不够理想,则调整药包坐标和参数值,重新进行修正设计,直至满意为止。

9.3.5　露天矿剥离爆破药包布置法

无论是金属矿山还是非金属矿山的剥离爆破,爆区一般较大,需要采用群药包布置方案。但

因各个矿山的爆区地形地质、规模大小各异，铲装运设备配置不同，环境限制条件和对爆堆要求存在差异，故有采用松动爆破为主或侧向抛掷为主或两者相结合的不同爆破方案。因此其药包布置原则、药包组合形式的选择和药包布置方法各有差异。

9.3.5.1 山脊地形剥离爆破

一般沿山脊下布置若干主药包，周边布置若干辅助药包。主药包的大小和药包的层数取决于山脊高度和山体宽度，目的是使山脊充足爆碎，使爆区形成平整的底板。对于窄陡山脊地形剥离爆破，可沿山脊下布置单排主药包，山脊周边布置若干辅助药包；对于山脊平缓厚实的剥离爆破，则可沿山脊下布置双排对称主药包，再围绕主药包布置若干辅助药包，如永平铜矿天排山试验爆破方案（见图9-6）。药包规划布置方案确定后，对同一爆区的药包进行爆破漏斗设计时，一般应按药包起爆的先后顺序，逐个进行设计（除非药包的爆破漏斗与其他辅助药包爆破无关联时，可各自单独设计）。因为先起爆的药包往往对相邻后起爆药包的临空面产生局部改变。因此按此顺序设计才能更准确地确定出后起爆药包的设计参数和漏斗形状，以获得良好的爆破效果。

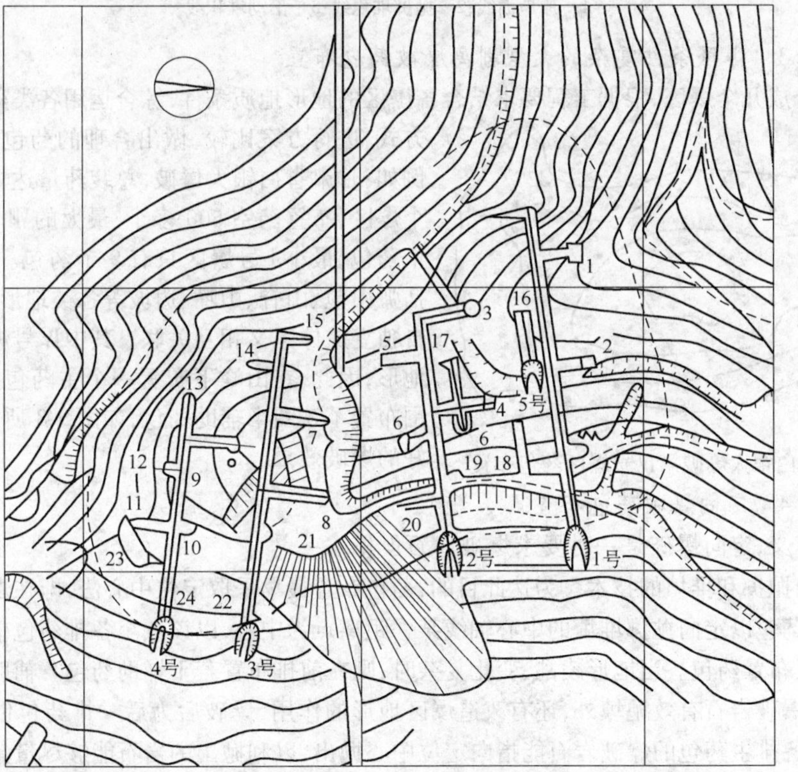

图9-6 天排山试验炮的药包布置

9.3.5.2 单侧抛掷削顶爆破药包布置

以福建省顺昌水泥厂石灰石矿羊菇山削顶大爆破工程为例：爆区长350m，宽200m，最大爆高63.4m，山顶由东北向西南为一山脊，山脊西-西南侧地形坡度40°～45°，选定为抛掷爆破区，山脊北端东-东南侧地形坡度18°～25°，东侧又有运矿公路，不允许抛掷岩石，故定为松动爆破区。工程要求爆后将岩石抛掷到矿山最终开采境界以外，为此，根据爆区地形地质条件和工程要求，爆破方案采用由2～3层、长85～350m的条形药室组成的五排药包，其中4排药包布药平面与水平面夹角为60°,第五排为单层条形药包,排间起爆延期时间为380～600ms左右。为了控制与抛掷方向相反一侧发生抛掷和控制条形药包侧向端部抛散,应合理地处理平面药包的尺寸、装药量和最小抵抗线等药包参数之间的关系。药包布置与抛掷堆积结果见图9-7,爆破效果很好。

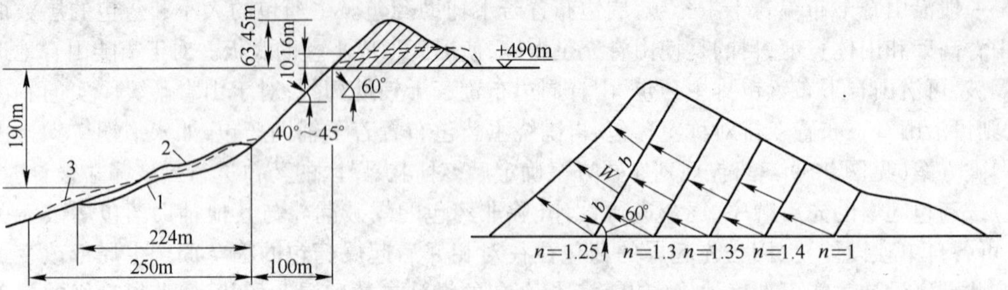

图9-7　单侧抛掷削顶爆破药包布置

1—原地面线;2—抛掷堆积线;3—滚动堆积线

9.3.5.3　爆区条件复杂的大型剥离爆破药包布置

一般分成几个爆区,根据工程要求结合各爆区的地形地质条件,综合运用各类药包组合布置方式,进行方案比较,做出合理的药包布置与设计。例如:甘肃省白银大爆破,总装药量达1万t共分10个爆区,布置药室500多个,最大的Ⅷ号爆区计132个药包,最小Ⅰ号爆区只有9个药包。10个爆区包括弧山包、山脊、山嘴、边坡等各类地形条件,它们各自独立成体系又相互关联。其中Ⅳ号爆区属弧山包地形,因此,在山峰下布置一个主药包,然后在其周围布置了3圈半辅助药包,如图9-8所示,获得了良好的爆破效果。

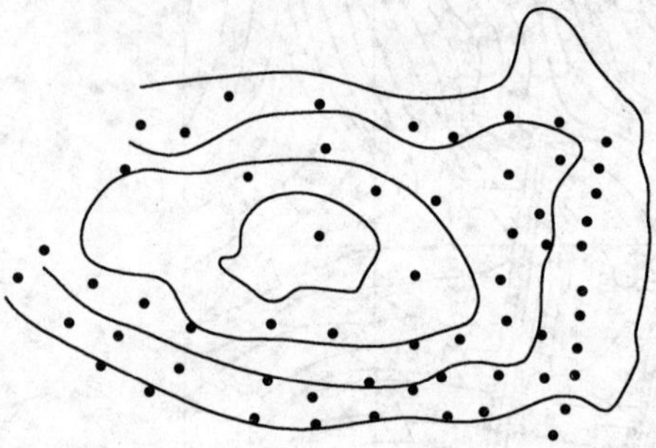

图9-8　白银大爆破第Ⅳ号爆区药包布置

9.3.5.4　定向爆破药包布置

顾名思义,定向爆破是一种要求爆破岩石严格按指定方向抛掷和堆填的技术。为达此目的,药包布置最早采取定位中心法,即在爆区分排布置药包,各排药包以定向抛掷堆填的中心轴线某一距离点为中心,以该点至各排药包中心距离为半径的弧线上布置药包。当地形凌乱、变化复杂时,则在前排布置若干辅助药包。辅助药包的任务是,除本身爆破岩石有效抛填外,还有改造爆区地形的作用,爆破后为后一排药包创造凹弧形的临空面,使各排主药包的爆破岩石能指向定位中心抛出,以利抛出的岩石能够尽量集中堆填于定位中心轴线的周围有效堆积区内,达到爆堆集中填高的目的,严格控制堆积范围,避免爆堆分散以及岩石抛掷方向失控。特别是在定向爆破筑坝和修建截流围堰时,若爆破堆积体分散,不能集中堆高,爆后截断河流,导致水位迅速上涨,一旦水位超过堆石体顶部高程,便形成坝顶溢流,冲溃堆石体而引起溃坝灾害。另一种需要避免的情况是,爆破堆积体虽然有一定堆筑高度,但部分爆破岩石抛掷方向失控,堆填于导流洞、泄洪洞等的进出口上,造成水流阻塞,宣泄不畅,从而引起河道水位上涨而发生溢流溃决事故。所以要严格控制各排药包爆破抛掷方向和堆填范围。曾经有过个别地方工程,在未掌握定向爆破药包布置与设计方法基本知识前自行设计爆破而造成损失,或因爆破堆石坝体的堆筑高度未能达到当年防洪高程的标准要求,洪水期间发生满溢冲毁坝体。这些经验教训应引以为戒。相反,国内一大批定向爆破工程,由于设计工作规范得当,取得了良好的社会效益和经济效益。如广东南水水电站定向爆破筑高坝、浙江青田石郭溪一级水电站大坝、云南几依水库大坝、山西里册峪大坝和四川石棉尾矿坝等。

定向爆破药包布置的最低高程视不同工程目的与要求而异。对于蓄水坝和发电站工程,下层药包的最低高程应确保爆破破坏深度不超过正常蓄水位。避免造成坝肩渗流,增加防渗加固工程量。但是,如果工程不是永久性的蓄水坝工程,则可以采用低高程药包布置法。此种方法对控制抛掷堆积方向、有效集中堆高、减少废方、降低炸药单耗都十分有效。

9.3.6　硐室爆破与预裂孔配合布置法

这是一种最近在公路路堑爆破开挖中为了保护边坡免遭破坏,而以硐室为主、深孔为辅的组合药包布置形式的爆破方法。该种爆破的药包布置关键在于正确掌握硐室爆破对岩体的破坏范围、分布规律以及药室至预裂孔保护区安全距离的确定问题。众所周知,硐室爆破对基岩的破坏深度范围,一般用爆破压缩圈、破碎区和破裂区半径来描述。国内外学者和工程界对硐室爆破各个爆破破坏区都做过许多试验研究,并给出定性的描述和定量的计算方法,因此,可用以作为硐室爆破时药室中心至预裂孔保护区的安全距离控制标准的基本分析法,并结合地形地质条件和工程的重要性和要求做适当修正和调整,以确保边坡的稳定。应该指出,在高陡边坡山腰间采用硐室加预裂孔爆破开挖路堑时,不仅需要考虑药室以上高边坡的安全距离,同时应该校核硐室爆破对路基基建面以下岩体及边坡的破坏影响。因该部分区域并无预裂孔保护,而且平行边坡面方向的破坏区半径为椭圆形破坏区的长轴方向,较边坡的垂直方向大,故下边坡的爆破破坏稳定问题也应引起注意。该种布置法在贵新高速公路路段中的布置情况见图 9-9。

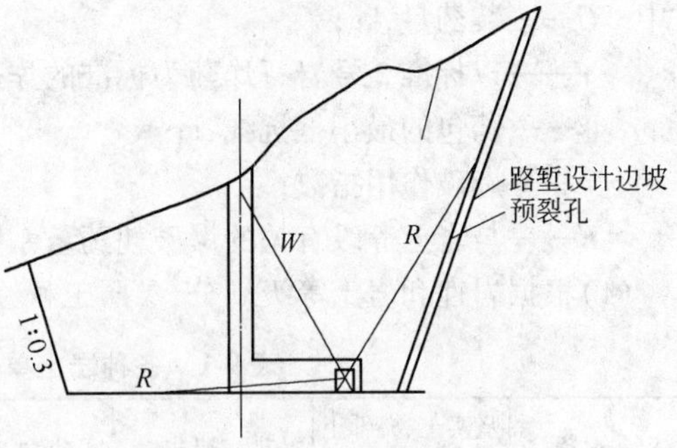

图 9-9　硐室加预裂药包布置

9.4　药包参数选择与装药量计算

9.4.1　药包参数选择

9.4.1.1　最小抵抗线 W

最小抵抗线 W 指药包中心至地表临空面的最短距离,是地表下浅埋药包爆破中阻力最小和最主要的抛掷指向,是炸药量计算的主要参数。对于多排抛掷爆破,原则上前排和周边辅助药包的 W 值,一般以改造地形或补充主药包爆破开挖区需要而定,后排主药包的 W 值则应根据抛掷距离和抛出方量要求相应增大。

9.4.1.2　爆破作用指数 n

爆破作用指数 n 代表浅埋爆破漏斗口形状特征,其值为爆破漏斗半径 r 与最小抵抗线 W 之比,即 $n=r/W$。n 值表示爆破漏斗的几何形状和爆破属性,与装药量 Q 值成正比,并与爆破方量和抛掷距离同向增减。对于抛掷爆破,n 值一般逐排适当增加,但不宜过大,一般在 1.0～1.75 以内。对于松动爆破,n 值可小于 1.0。

9.4.1.3　单位炸药消耗量 K

单位炸药消耗量 K 表示按装药量计算公式确定装药量时,根据各种不同物理力学特性的岩石,确定爆破每单位岩石所需的计算炸药量。

9.4.2 装药量计算

9.4.2.1 集中药包抛掷爆破药量计算

常用鲍列斯阔夫(M. M. Боресков)公式计算集中药包抛掷爆破药量,见式(9-2)。该公式源于地雷爆破设计,适用于中等爆破规模($W \leqslant 20 \sim 25$m)的平地抛掷爆破。它符合爆破几何相似率,但未包含重力影响因素。

$$Q = eKW^3(0.4 + 0.6n^3) \tag{9-2}$$

式中 Q——装药量,kg;

e——以标准2号岩石炸药为标准的炸药换算系数;

W——药包的最小抵抗线,m;

n——爆破作用指数;

K——与岩土等级有关的爆破耗药量系数,K值有三种确定方法:

(1)根据岩性和岩土等级划分,参照工程经验类比选取,详见表9-1。

表9-1 各种岩土单位炸药消耗量系数K值

岩石名称	坚实土、夹砾土破碎页岩	板岩、泥灰岩	砂岩、砾岩	石灰岩、白云岩	花岗岩、流纹岩、片麻岩	石英岩、玄武岩、辉绿岩
f	1~4	4~6	7~10	11~15	16~20	20~25
K	1.0~1.2	1.2~1.3	1.3~1.6	1.5~1.7	1.6~1.8	1.7~2.0

(2)根据岩石的容重γ(kg/m^3),按式(9-3)计算:

$$K = 0.4 + \left(\frac{\gamma}{2400}\right)^2 \tag{9-3}$$

当岩体为多种岩层构成时,按式(9-4)换算:

$$K = \frac{K_1W_1 + K_2W_2 + \cdots + K_nW_n}{W_1 + W_2 + \cdots + W_n} \tag{9-4}$$

(3)根据现场爆破试验确定法计算。在爆区现场选择与爆区地形地质条件类同的地方进行标准爆破漏斗(即按$n=1.0$,$W \geqslant 3 \sim 5$m,集中药包爆破)试验,测定爆破漏斗口半径r的统计平均值,按鲍氏公式反求K值。

对于平地大抵抗线的集中药包,因重力影响较显著,波克罗夫斯基(Г. И. Покровский)提出相应的药量计算式(该式适用范围为$W \geqslant 20 \sim 40$m):

$$Q = KW^3(0.4 + 0.6n^3) \cdot \sqrt{\frac{W}{20}} \tag{9-5}$$

对于斜坡地面爆破,因重力影响因素与斜坡地面倾角α有关。因此波氏提出了相应的修正公式:

$$Q = KW^3(0.4 + 0.6n^3) \cdot \sqrt{\frac{W}{20}\cos\alpha} \tag{9-6}$$

因重力客观存在,许多爆破工程实践表明,大抵抗线集中药包考虑重力影响因素是必要的,但在斜坡地面爆破时采用式(9-6)计算有不合理之处。因为斜度很陡时($\alpha \to 90°$),$\cos\alpha \to 0$,将导致错误结果。因此必须把岩石爆破的炸药量划分为破碎岩石的基本药量和爆破抛掷岩石的炸药量两部分考虑,前项药量与α值无关。唯有这样,才能避免随$\alpha \to 90°$,出现$Q \to 0$的不合理计算结果。因此,在1960年南水定向爆破筑坝设计中,考虑到主药包的$W=40$m,故提出了斜坡爆破

大抵抗线的装药量计算式,加以比较:

$$Q = \frac{\gamma}{28000}W^{7/2}(1 + n^2)^2 \cdot \sqrt{\cos\alpha} + K_y n^2 W^3 \quad (9\text{-}7)$$

式中 K_y——0.1~0.6kg/m³,坚硬岩石取大值,软弱岩石取小值;

γ——岩石容重,kg/m³。

9.4.2.2 条形药包抛掷爆破装药量计算

条形药包抛掷爆破装药量计算公式来源是假定药包的长抗比(L: W)足够大,端部效应可以忽略不计,按正常并列集中药包间距 $a = 0.5(1+n)W$ 关系,换算成条形药包长度为 l 装药量 Q 计算式为:

$$Q = q'l = \frac{eKW^3(0.4 + 0.6n^3)}{a}l = \frac{eKW^2(0.4 + 0.6n^3)}{m}l \quad (9\text{-}8)$$

式中 l——条形药包长度,m;

q'——单位长度装药量,kg/m;

m——药包间距系数。

9.4.3 药包压缩圈半径计算

9.4.3.1 集中药包爆破压缩圈半径计算

它与炸药性能、炸药量、岩土特性、结构、产状及地形地质因素有关。1959 年,苏联 Д · M · 枯施耶列夫依据爆破开挖工程现场观测研究资料,提出了集中药包爆破完全压碎破坏区半径计算式:

$$r_y = 0.62(Q \cdot K_c)^{1/3} \quad (9\text{-}9)$$

式中 Q——药包质量;

K_c——压缩圈半径系数,与岩土性状有关(详见表 9-2)。

表 9-2 岩土爆破压缩圈半径系数

岩土类别	f 值	爆破压缩圈系数 μ		
		苏联用值	中国用值	建议值
一类土壤		600~1200	250	250
二类土壤		300~600	150	150
松软岩石	0.8~1.0	50~32	50	30~50
	1.5~2.0	30~16		
软质岩石	3.0~4.0	14~8.0	20	15
	5.0	6.5~8		
中硬岩石	6.0~8.0	6.5~5.5	10	10
	10	4.0~3.2		
坚硬岩石	12~15	3.3~2.1	10	5
	20~25	2.0~1.3		

我国目前常用的爆破压缩圈计算式为:

$$r_y = 0.62\left(\frac{Q \cdot \mu}{\rho}\right)^{1/3} \quad (9\text{-}10)$$

式中　μ——即 K_c，同为压缩圈半径系数，μ 值列于表 9-2，m；

ρ——装药密度，t/m³；

Q——装药量，t 。

9.4.3.2　条形药包压缩圈半径计算

现行条形药包压缩圈半径 r'_y 计算式为：

$$r'_y = 0.56\sqrt{\frac{q'\mu}{\Delta}} \tag{9-11}$$

式中　q'——条形药包单宽炸药量，t/m；

其余符号含义与集中药包相同。

由于条形药包可按平面问题处理，该关系式表明 r'_y 与 $q'^{1/2}$ 呈正比，亦即 r'_y 与 K_c 及 $f(n)$ 值均按 1/2 次方正比例关系计算。但未见提出相应于条形药包的系数值，此点假设缺乏根据。因为上述参数值适用于特定条件，属经验系数，与药包形式有关。若按式(9-11)计算，在 W、n 值相同情况下计算的 $r'_y > r_y$，似与实际情况不相符合，故需进一步研究后方能使用。

9.4.4　药包间距计算

9.4.4.1　集中药包间距计算

同排相邻药包的间距 a 的计算式为：$a = m\overline{W} = 0.5(1+\overline{n})\overline{W}$，$\overline{n}$、$\overline{W}$ 为相邻药包的参数平均值；对松动爆破为：$m = 0.8 \sim 1.2$。关于同排多层集中药包斜坡地面爆破，药包的层间距离 $b = m'\overline{W}$，$\overline{n} \leqslant m' \leqslant \sqrt{1+\overline{n}^2}$；抛掷爆破取小值，松动崩塌爆破取大值。

9.4.4.2　条形药包间距计算

关于同排并列条形药包，主要考虑相邻药包的端部间距 L。若为同段起爆，$L = (0.3 \sim 0.5)\overline{W}$；非同段长延期(200ms 以上)起爆时，应考虑先起爆药包端部出现新的临空面对后起爆的药包引起端部逸出的可能，一般应取 $L = 0.8\overline{W}\sqrt{1+\overline{n}^2}$。斜坡爆破时药包的层间距离 b 值与多层集中药包相同。抛掷爆破取小值；松动崩塌爆破取大值。此时爆落的岩石大块率较多，尤其是对厚层坚硬岩体和受断层裂隙切割的硬质岩体，会增加二次破碎工作量。

9.4.5　爆破抛掷率分析

平地爆破抛掷率 E 按式(9-12)估算：

$$E = 0.55n - 0.275 \tag{9-12}$$

关于斜坡地面抛掷爆破，当需估计抛出爆破漏斗外的百分率时，可根据不同情况参考表 9-3 选取相应的 n 值。

表 9-3　爆破抛掷率 E 值

工程编号	地形坡度/(°)	爆破类型	药包布置方式	抛掷率/%	爆破作用指数 n 值
1	35 ~ 40	抛掷爆破	单排单侧	73.5	1.2
2	30 ~ 35	抛掷爆破	单排多层单侧	75.5	1.2
3	35 ~ 45	抛掷爆破	单层双排	76.8	1.1 ~ 1.5
4	25 ~ 40	抛掷爆破	单层双排单侧	47.3	1.05
5	30 ~ 45	抛掷爆破	双层单排单侧	51.2	0.95
6	45 ~ 60	加强松动爆破	单排双侧	49.6 ~ 61.7	1.0
7	30 ~ 45	标准抛掷爆破	单排双侧	58	1.0
8	30 ~ 45	抛掷爆破	单排双侧	73 ~ 87.1	1.3 ~ 1.6

9.5 爆破施工与管理

硐室爆破施工工作具有药室坐标位置精度要求高，炸药用量多，炸药的临时贮存、搬运、装填工作比较集中，导硐和药室开挖工作量大，爆破影响范围大，作业安全问题突出等特点。因此，爆破施工组织管理工作尤为重要，开工前要预先制订出周全的施工场地总体布置方案，包括风、水、气、电系统施工机具，爆破器材临时库房以及开挖石砟和堵塞用料存放的总体布置计划，施工进度计划和组织指挥系统。

9.5.1 导硐、药室布置与施工

9.5.1.1 导硐布置

连接地表与药室的井巷统称为导硐。导硐一般分为平硐与竖井两类，平硐、竖井与药室之间用横巷相连。横巷与平硐、竖井相互垂直。导硐类型的选择，主要依据爆区的地形、地质、药包位置及施工条件等因素而定，一般多用平硐。在地形较缓或爆破规模较小时，可采用竖井。无论平硐或竖井，一般通到药室去应有一定长的拐弯，如图 9-10 所示。

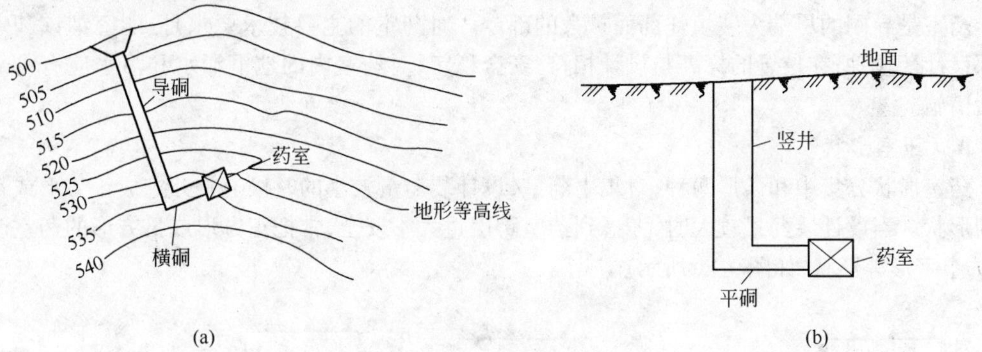

图 9-10 导硐设计图
(a)导硐平面图；(b)竖井剖面图

A 导硐进口位置

选择条件：硐口岩石边坡稳定，无冲沟切割，要避免雨水集流硐口，硐顶岩层厚度满足硐口和硐脸成硐稳定条件。要注意加强硐口支护。硐口正前方无重要建筑结构设施。多层导硐布置时，上、下层硐口应尽量错开布置，不要在同一竖向剖面，避免导硐开挖出砟发生滚石下落伤人。硐口附近储砟要有围栏保护。

B 主导硐进硐方向

与支硐交角应为 90°或 90° ±20°范围以内。支硐和药室与主导硐的连接部位应预留 5m 以上的长度作为堵塞用。每一主导硐及其连接的支导硐的长度不宜过长，以利于施工通风。当导硐长度超过 50m 以上时，应考虑设置通风措施。

布置导硐应注意每个硐口所连通的药室数目不宜过多，导硐不宜过长，以利掘进、装药与堵塞等工作。

C 导硐截面尺寸

导硐尺寸应根据爆破规模大小及装药与堵塞的施工方法来确定。除爆破规模特小、装药量不多、导硐长度不大的情况外，一般还要求导硐高度要满足施工人员正常站立工作条件。支硐可略小于主导硐截面，若爆破规模较大，采用机械直接运送至药室装填时，导硐截面应与施工机构

作业要求相适应。例如南水定向爆破筑坝，采用轻轨运送炸药，珠海万吨级硐室大爆破则用拖车运送炸药，相应的道路和导硐尺寸就要大些。

竖井、平硐的断面尺寸可参考表 9-4 确定。

表 9-4　竖井、平硐的断面尺寸表

竖井		平硐	
深度/m	断面尺寸/m×m	长度/m	断面尺寸/m×m
<6	1.0×1.2	<6	1.0×1.4
6~10	1.2×1.5	6~10	1.2×1.6
10~16	1.5×1.5	10~20	1.2×1.7
>16	1.5×1.8	>20	1.2×1.8

D　导硐坡度

导硐坡度应倾向硐口，以便于自行排水和出碴。一般坡度按 0.5% 左右设计。

9.5.1.2　药室布置

药室是导硐的尽端为装填炸药而扩大的部分。对药室的主要技术要求是：能容纳该药室的全部设计药量；所在位置的标高与设计相符，安全稳定；对药室内的地下涌水和渗水应有可靠的防治措施。

A　药室形状

药室形状分集中和条形两种，对集中药室，设计装药量较小的时候通常开挖成正方形或长方形的形状。当设计装药量较大时，考虑到药室跨度过大不安全，常把正方形或长方形的药室改为 T 形、十字形等形状，如图 9-11 所示。

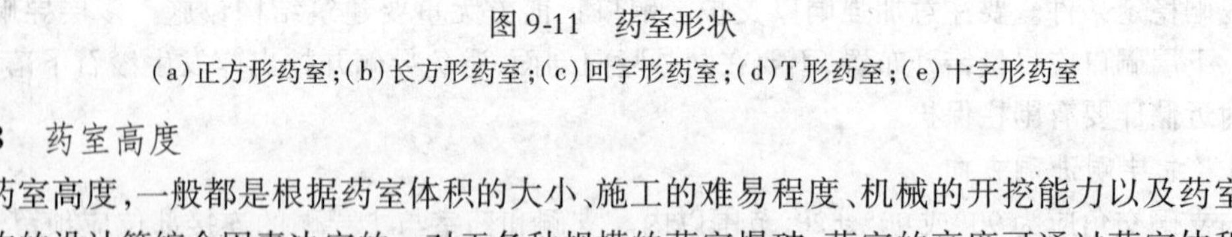

(a)　(b)　(c)　(d)　(e)

图 9-11　药室形状

(a)正方形药室；(b)长方形药室；(c)回字形药室；(d)T 形药室；(e)十字形药室

B　药室高度

药室高度，一般都是根据药室体积的大小、施工的难易程度、机械的开挖能力以及药室内装药结构的设计等综合因素决定的。对于各种规模的药室爆破，药室的高度可通过药室体积的大小来决定，具体可参考表 9-5 所列经验值。

表 9-5　药室高度参考表

药室体积/m^3	药室高度/m
1.0~8	1
8~400	2.0~3.0
400~800	3.0~4.0
>800	4.0~6.0

C 药室容积

药室的容积可按式(9-13)计算：

$$V = k_v Q/\Delta \tag{9-13}$$

式中 V——药室容积，m^3；

Q——药包质量，t；

Δ——炸药密度，t/m^3；

k_v——药室扩大系数，与药室的支护方式及装药形式有关，可参见表9-6。

表9-6 药室扩大系数 k_v

支护方式	装药形式	k_v
不支护	粉状炸药松散装填	1.1
不支护	炸药成袋装填	1.3
用无底梁的棚子间隔支护	粉状炸药松散装填	1.3
全面支护	粉状炸药松散装填	1.45
用无底梁的棚子间隔支护	炸药成袋装填	1.6
全面支护	炸药成袋装填	1.8

9.5.1.3 导硐与药室的连接形式

硐室爆破的药室形式有条形药室和集中药室两大类。条形药室可利用支导硐，统一布置成直线或曲线形式，条形药室多采用不耦合装药，不耦合系数(药室单宽面积与炸药单宽面积之比)可在2~10之间，分集药包可间隔性地布置在支导硐上，用土料堵隔。集中药室可根据药室装药量大小与药室围岩完整性和地质构造情况，采用正方形、长方形、十字形、L字形或T字形等。特别是药室跨度大时，十字形对围岩稳定有利，可减免药室的支护工作量。若药室高度大于导硐截面高度，导硐与药室的连接有上、中、下三种连接形式。上导硐连接形式有利于炸药装填，但不利于药室排水，对裂隙水较发育的爆区不宜采用。下导硐连接形式与上导硐连接形式的优缺点恰好相反，利于药室排水，但对装填稍有不便。条形药室与导硐一般采用平接形式。

9.5.1.4 竖井与药室开挖连接方式

在平地或缓坡地区进行硐室爆破时，可采用竖井与药室连接方式，竖井与药室间的横巷应有足够的堵塞长度，一般在3.0m以上，并堵塞至竖井口。在地下水发育的爆区，不宜采用。井口与井筒应注意支护，无特殊设备保障时，竖井深不应大于15m。

9.5.1.5 导硐、药室开挖及竣工验收

导硐药室开挖过程中要始终重视测量定位工作，包括导硐进口定位、硐室掘进测量、硐室竣工验收测量、药室最小抵抗线校核测量以及爆破效果测量，而且要有施工记录，注明施工中出现的问题和不良地质现象，包括硐顶掉块坍塌、岩喷破坏、涌水渗流等以及所采取的处理措施；对导硐和药室进行地质素描，标出断层、大裂隙、溶洞和软弱岩的具体位置及产状结构；测量药室的实际坐标和最小抵抗线方向的剖面图(精度比例尺为1/200)，并组织竣工验收。药室设计体积大于装药量体积的5%~15%即可，无支护时取小值，有支护时选大值。药室坐标位置应与设计位置相符，实测最小抵抗线与设计值误差不能超过30cm，否则应修改设计装药量。

9.5.2　起爆网路设计与测试

9.5.2.1　起爆网路设计方案选择

硐室爆破应采用复式起爆网路系统，以保证安全。采用复式网路时应以电爆网路与导爆索网路相配用或电爆网路与非电导爆管网路并行配用为佳。但近十几年来有的也采用双套导爆索或非电导爆管起爆网路系统。工程实践经验表明，由于电力起爆系统具有起爆元件及网路参数可精确测定性，因此爆前可以检查起爆网路是否正确可靠。万一发现网路参数不正常时，也较易通过对各支路检查，找出原因加以处理，恢复正常状态后起爆，但电力起爆网路需要事前查清爆区受外界电源干扰影响因素，包括大地杂散电、射频电、大气中的静电和雷电等。特别是在雷雨季节和雷雨区作业时更应采用必要的预防措施。相反，非电爆系统不受或极少受外来电的影响。但非电起爆系统存在不可检查性缺点，给爆破作业增加了不确定性因素。尽管可以采用增添多套回路加以克服，但由于网路元件质量不合格率导致可靠度降低和施工过程中网路意外受损的产生概率仍无法克服。在爆前无法加以鉴别查明，因此不够稳妥可靠。近十年来多次发生采用单纯非电起爆系统出现部分药室拒爆、盲炮和爆炸不完全事件，这些事件值得引起重视，应加以避免。

9.5.2.2　起爆网路的测试工作

无论采用何种起爆网路都必须对所用的起爆元件、连接件逐一进行外观检查、参数测定和整体网路模拟试验以及真实网路试爆检验等。对于电力起爆网路，必须采用同厂、同型号、同批生产的同类型雷管。在同一起爆网路上的同类型电雷管，其电阻相差不能大于0.3Ω（康铜桥丝雷管）和0.8Ω（镍铬桥丝雷管），并且从测定合格的雷管中随机抽出一部分进行爆破检验。而电力连接线一律采用多股铜线。对于毫秒雷管，试验时还应测定其延期时间的准确性。对于渗透水比较多的爆破区，起爆元件和爆破网路均应做防水处理并做浸水后是否受影响的爆破试验。

9.5.2.3　起爆体的制作和敷设

起爆体的作用是以强大的起爆能激发药室中炸药爆轰完全，因此起爆体所用炸药应为感度高、威力大的优质炸药，一般可用TNT或2号粉状岩石炸药。起爆体的外壳采用壁厚耐压不易变形的木质特制箱体，尺寸不宜过大，内装炸药不宜过重，一般以15～20kg为宜。以便于搬运和安放。起爆体木箱正面要预留出线孔，并在箱内壁固定引出线，避免施工时拉动起爆雷管和导爆索。主起爆体内除安放起爆网路设计的雷管数量外，还应考虑增加主、副起爆体间连接的导爆索。当药室几何尺寸较大或药量较多时，除主起爆体外，还应增设副起爆体。副起爆体除无起爆雷管外，与主爆体结构和装药量相同，并用多股导爆索与主起爆体相连。在起爆体内，导爆索应卷成一束放置起爆体炸药内，以增强其起爆能。对于条形药室，每隔5.0m应放一主（副）起爆体。起爆体结构如图9-12所示。

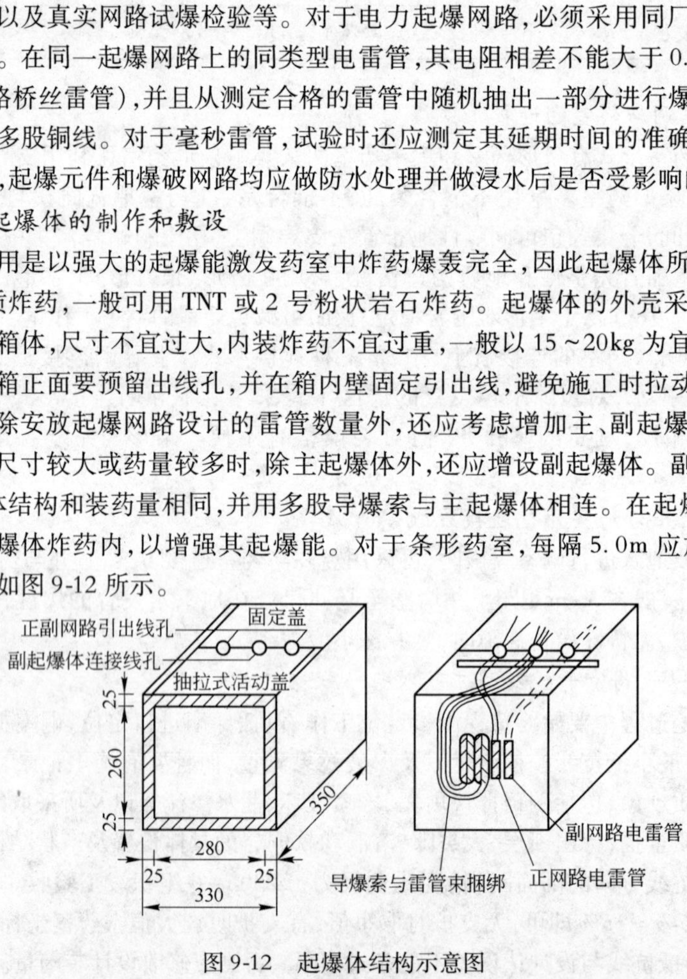

图9-12　起爆体结构示意图

9.5.3 装药结构与填塞

9.5.3.1 装药结构

A 集中药包装药结构

集中药包装药结构如图9-13所示。起爆体放在正中,其周围装硝铵炸药(或乳化炸药),硝铵炸药外围装铵油炸药。

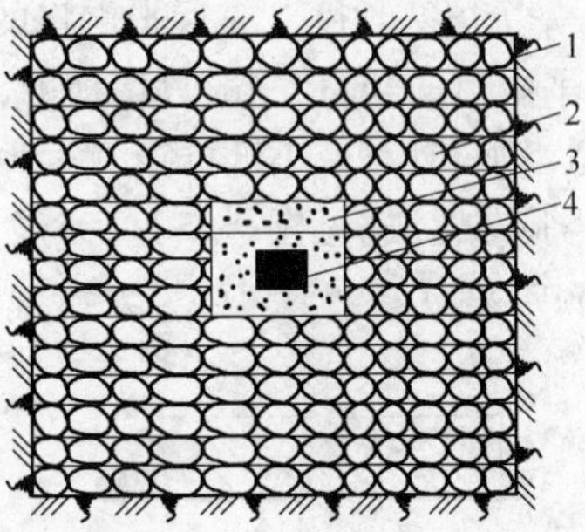

图9-13 集中药包装药结构示意图

1—药室壁;2—外围装药;3—中心装药;4—起爆体

B 条形药包装药结构

条形药包的装药结构如图9-14所示。袋装铵油炸药沿药室外侧(即最小抵抗线方向侧)整齐码放,相互密接,起爆体置于装药中心,整个药包断面的高度 h 和宽度 B 之比为 1∶0.7～1∶1。端部加药时,也是沿药室外侧主药包上部在加药长度内均匀布放,不能将其集中堆放于药包端头。条形装药两端及沿着装药长度设置几个副起爆体,各个主、副起爆体之间及同段各药室之间用双股导爆索串联。当条形药包长度超过10m时,为可靠起爆,一般在药室两端(离端头3～4m)各放置一个主起爆体。

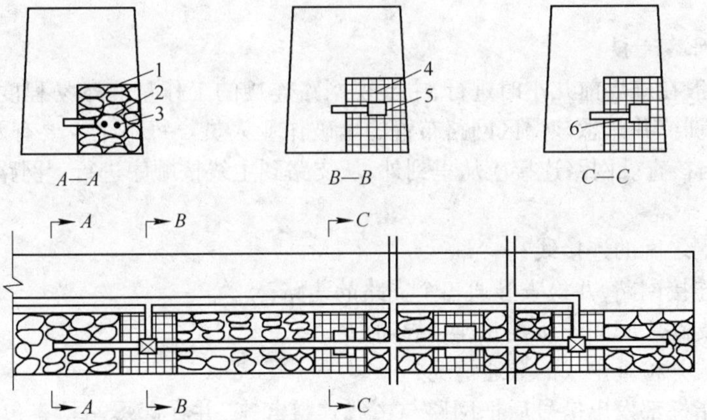

图9-14 条形药包装药示意图

1—导线;2—铵油炸药;3—导爆索;4—硝铵炸药;5—起爆体;6—导爆索束

9.5.3.2 填塞

在药室、导硐设计中,应考虑填塞自锁作用,即药室应尽可能放置在主导硐的两侧,主导硐与药室的夹角应尽可能等于或接近直角。填塞时应注意以下问题:

(1)填塞工作开始前,应在导硐或小井口附近备足填塞材料。

(2)填塞料宜利用开挖导硐和药室时的弃砟或外挖碎块砂石土,不应使用腐殖土、草根等相对密度小的材料。

(3)填塞时,药室口和填塞段各端面应采用装有砂、碎石的编织袋堆砌,其顶部用袋料码砌填实,不应留空隙。

(4)在有水的导硐和药室中填塞时,应在填塞段底部留一排水沟,并随时注意填塞过程中的流水情况,防止排水沟堵塞。

(5)小井填塞,应先将横硐部分按平硐填塞要求进行填塞。

(6)填塞时,应保护好从药室引出的起爆网路,保证起爆网路不受损坏。

(7)填塞时,应有专人负责检查填塞质量,填塞完毕,应进行验收。

(8)关于填塞长度。靠近平硐口的小药室,填塞长度一般要大于最小抵抗线,药室封口应严密;其他平硐口的药室,一般只堵横硐,填塞长度为横硐断面长边的3~5倍;定向爆破工程,填塞长度应适当加长;对最小抵抗线 $W \leqslant 20$m 的各种条形药包硐室爆破,主导硐与药室之间填塞长度可参见经验布置法(见图9-15)。一般条形药包硐室爆破总填塞长度控制在导硐和药室总开挖长度的30%左右。

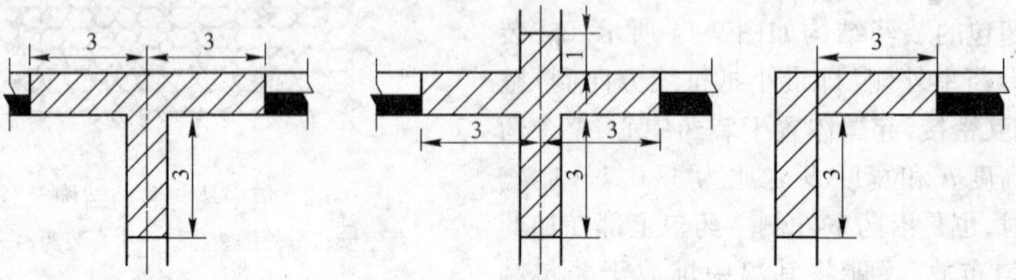

图9-15　条形药包主导硐填塞示意图

9.5.4　起爆准备工作

9.5.4.1　网路连接

网路连接一般在施爆前几小时进行,主要视网路连接的工作量和难易程度而定。网路连接人员必须是经过训练并熟悉该爆区网路布置的爆破作业人员。每组至少要有两人同行,一人主操作,一人记录与核查。网路连接应从里到外,从支路到主线按顺序进行。网路连接分以下几个步骤:

(1)敷设导硐之间的连接线;

(2)分支路连接网路,并检查导通各个支路的线路;

(3)敷设各支路之间的连接线并连接导通;

(4)敷设主线并检查主线的导通情况;

(5)在起爆指挥部发出信号后把网路与主线连接起来,并在起爆站检查包括主线在内的整个网路的导通情况。

对于电力起爆网路要采用专用的爆破电桥对网路导通检查,测定其电阻值和对地绝缘情况,各支路的实测电阻值应与设计值相符,且经重复测定值相等才算正常,若发现网路电阻值飘忽不定,应检查其原因,找出问题所在并做妥善处理,再次测定合格后方可起爆。

在连接过程中要注意:

(1)连接要顺序进行,防止漏接;有几套网路时,各套网路要分别连接,不得混乱不清;

(2)电线接头处要擦光除锈,剥线头时防止损伤电线,连接后用绝缘胶布包好;

(3)各连接线尽量采用新线,对旧线要检查后才使用,尤其是铝芯线,多次使用易因折曲而发生断开或似断非断的情况,使连上网路后不易检查出来;

(4)各连接线要有一定的富余量以利铺设,在地面有水或过河过沟时,电线要架空,线接头要注意互相错开;

(5)连接过程中要不断检查导通,并根据计算电阻值大小,检查连接质量和有无漏接情况;

(6)主线可以预铺,但在爆破电站的主线端头禁止与起爆开关预先连接,应先接成短路,用

绝缘胶布包好后锁入木箱,由专人警卫看守,网路与主线的连接要根据指挥部命令进行;

(7)网路连接后应由专人对整个网路进行检查。

9.5.4.2 起爆电源选择

对于药室数量少,并联支路不多,爆破规模不大的硐室爆破,可采用起爆器起爆或直流电源(蓄电池、干电池等)起爆。也可采用移动式发电机、照明电或动力电源起爆。对于药包众多,并、串联雷管数量较多的大规模电力起爆网路,一般采用动力电源最为可靠。若用其他电源起爆时,应认真检查电源的容量是否能够确保电力起爆网路中通过每个雷管的电流值符合爆破安全规程规定:硐室爆破交流电不小于4.0A,直流电不小于2.5A。

9.5.4.3 起爆站选址及通讯联络

起爆站应设在爆破危险区范围以外的安全地点,应加防护顶盖及围栏。起爆站要安装专用起爆电源闸刀,并装设接头盒和开关盒加锁保护,装设对外通讯联络系统。

9.5.4.4 现场警戒及信号标志

从炸药进场时起,施工场区应按设计要求设置警戒,凭作业人员通行证进出。爆破前应划定危险区范围,设明晰标志,张贴告示。标明要求撤离的时间和安全躲避地点、起爆时间、起爆地点、起爆信号使用情况等,并以书面形式通知地方政府及有关单位,以便做好一切准备。起爆前对撤离区要采用拉网式检查,并在警戒区入口处设岗守卫。爆破信号应分为预备起爆、正式起爆和解除警戒三个阶段发布,并以音响和视觉信号并行发出。预备信号发出后,除起爆网路连接人员外,其余人员一律撤离危险区。警戒人员上岗值勤,禁止一切车辆和人员进入危险区。起爆信号必须在确认所有人员、设备已全部撤离到安全地点,起爆网路已经检查正常,起爆作业人员进入起爆站,检查并接入起爆电源前,向爆破指挥长报告一切准备就绪,在指挥下达起爆命令时发出。由起爆站作业人员合闸起爆。解除警戒信号应在爆破组进场检查,确认无拒爆、无险情存在后发出。警戒人员接收到解除警戒信号后可以撤岗,人员和车辆恢复正常通行。

9.5.5 爆破后现场检查与处理工作

9.5.5.1 爆破后的现场检查工作

在爆破后的现场应着重查清有无盲炮,有无险情存在。包括对爆破效果检查,是否与设计预期相近似,爆区附近有无不稳定岩体和爆堆是否稳定,地面有无塌陷危险,是否需要进行安全处理。

9.5.5.2 危石及危险边坡的处理

关于危石及危险边坡的处理,应安排有经验的施工人员采用人工撬或敷设药包爆除。根据爆破边坡的稳定性情况,必要时可采用通常的工程处理加固方法,包括砌石护坡、喷锚加固和加设排水防护等有效措施加以处理。

本章小结

硐室爆破是一次起爆药量大、要求技术高和对周边环境影响大的爆破技术。硐室爆破以一次爆破炸药用量为基础,将硐室爆破分为A、B、C、D四级。硐室爆破一次爆破用药量大,因此,一定要慎重选择设计方案和选取爆破参数。

药包布设是硐室爆破设计中最重要的工作之一。药包布设是根据爆破的地质、地形、地物条件,为达到预期的爆破效果而进行的药包布置与参数选择等工作。药包布设重要的参数包括最小抵抗线 W、爆破作用指数 n、单位炸药消耗量 K、装药量 Q、药包压缩圈半径 r_y、药包间距 a 等。

硐室爆破施工包括施工设计与实施两个阶段。施工设计是将药包布设的内容在爆破地点的具体实施设计,主要包括导硐与药室设计、装药与填塞设计、起爆网路设计等;具体施工包括导硐与药室的开挖、装药与填塞、起爆网路连接与检测、现场警戒及信号标志、起爆站选址及通讯联络等。

复习思考题

9-1 硐室爆破主要有哪些特点与应用?

9-2 硐室爆破的分类与分级标准有哪些?

9-3 硐室爆破药包的形式有几种,各种形式药包都有哪些特点?

9-4 硐室爆破的主要设计依据有哪些?

9-5 硐室爆破设计遵循什么程序?

9-6 硐室爆破的技术设计内容有哪些?

9-7 简要叙述常用药包布置方式。

9-8 硐室爆破设计主要参数有哪些?

9-9 导硐布置应考虑什么因素?

9-10 硐室爆破中横拐起什么作用?

9-11 简要叙述硐室爆破中网路连接步骤与注意事项。

9-12 简要叙述硐室爆破的警戒工作。

10 爆破危害控制与安全

10.1 爆破地震安全距离

爆破振动是爆破公害之一，在爆区一定范围内，它会造成各种破坏作用，如建筑物的震裂、边坡的滑塌等，给环境带来损害，因此爆破地震的安全距离，是爆破安全设计和安全评价的重要内容。

10.1.1 爆破地震强度与安全距离计算

10.1.1.1 爆破地震强度计算

对爆破振动的测试是预防爆破事故的重要措施，我国爆破安全规程采用保护对象所在地质点峰值振动速度作为爆破振动判据的主要物理量指标，其计算大多使用工程爆破测试数据所推导的经验公式。常用的计算公式有：

(1)萨道夫斯基公式：

$$v = K\left(\frac{Q^{1/3}}{R}\right)^{\alpha} \tag{10-1}$$

式中 v——介质质点的振动速度，cm/s；

R——观测(计算)点到爆源的距离，m；

K，α——与爆破条件、岩石特性等有关的系数，不同岩性的取值见表10-1；

Q——炸药量，kg，齐发爆破时取总装药量，延迟爆破为最大一段的装药量。

表10-1 爆区不同岩性的 K、α 值

岩 性	K	α
坚硬岩石	50~150	1.3~1.5
中硬岩石	150~250	1.5~1.8
软岩石	250~350	1.8~2.0

(2)抛掷爆破的振动速度计算公式：

$$v = \frac{K}{\sqrt[3]{f(n)}}\left(\frac{Q^{1/3}}{R}\right)^{\alpha} \tag{10-2}$$

式中，$f(n)$为爆破作用指数 n 的函数，根据鲍列斯科夫的建议，$f(n) = 0.4 + 0.6n^3$。

10.1.1.2 爆破地震安全距离计算

爆破地震安全距离的计算公式有：

(1)安全距离的一般公式：

$$R = \left(\frac{K}{v}\right)^{1/\alpha} Q^{1/3} \tag{10-3}$$

对群药室爆破，在各药室至建筑物的距离差值超过平均距离的10%时，用等效距离 R_e 和等

效药量 Q_e 替代 R 和 Q,其计算方法如下:

$$R_e = \frac{\sum_{i=1}^{n} \sqrt[3]{q_i} r_i}{\sum_{i=1}^{n} \sqrt[3]{q_i}} \tag{10-4}$$

$$Q_e = \sum_{i=1}^{n} q_i \left(\frac{R_e}{r_i} \right) \tag{10-5}$$

式中　r_i——第 i 个药室至建筑物的距离;

q_i——第 i 个药室的药量。

对于条形药包,可将条形药包以 1~1.5 倍最小抵抗线长度分为多个集中药包,参照群药包爆破时的方法计算其等效距离和等效药量。

(2)单药室爆破对邻近巷道硐室安全距离的计算公式:

$$R_1 = K_s W \sqrt[3]{f(n)} \tag{10-6}$$

式中　K_s——经验系数,与巷道围岩有关,见表 10-2;

$f(n)$——爆破作用指数的函数,$f(n) = 0.4 + 0.6n^3$。

表 10-2　K_s 的经验取值

围　岩	坚硬稳固	中等坚硬稳固	破碎围岩
K_s	≤2	2~3	3~4

10.1.2　爆破振动安全允许标准

爆破振动安全允许标准,对于评价爆破地震作用于建(构)筑物的安全影响,具有实际意义。

由于爆破地震不同于天然地震,它的震源在地表浅层发生,能量衰减较快,地震持续时间短,振动频率较高,在离爆源近范围内地面质点竖向振动较显著等,因此,爆破地震的破坏判据,也与天然地震不同。

确定爆破安全允许距离时,应考虑到爆破可能诱发滑坡、滚石、雪崩、涌浪、爆堆滑移等次生有害影响,适当扩大安全允许距离或针对具体情况划定附加的危险区。我国爆破安全规程规定:地面建筑物的爆破振动判据,采用保护对象所在地质点峰值振动速度和主振频率;水工隧道、交通隧道、矿山巷道、电站(厂)中心控制室设备、新浇大体积混凝土的爆破振动判据,采用保护对象所在地质点峰值振动速度。爆破振动安全允许标准依据《爆破安全规程》(GB 6722—2003)规定,见表 10-3。

表 10-3　爆破振动安全允许标准

序号	保护对象类别	安全允许振速/cm · s^{-1}		
		<10Hz	10~50Hz	50~100Hz
1	土窑洞、土坯房、毛石房屋①	0.5~1.0	0.7~1.2	1.1~1.5
2	一般砖房、非抗震的大型砌块建筑物①	2.0~2.5	2.3~2.8	2.7~3.0
3	钢筋混凝土结构房屋①	3.0~4.0	3.5~4.5	4.2~5.0
4	一般古建筑与古迹②	0.1~0.3	0.2~0.4	0.3~0.5
5	水工隧道③	7~15		

续表 10-3

序号	保护对象类别	安全允许振速/cm·s^{-1}		
		<10Hz	10~50Hz	50~100Hz
6	交通隧道③	10~20		
7	矿山巷道③	15~30		
8	水电站及发电厂中心控制室设备	0.5		
9	新浇大体积混凝土④： 龄期 初凝~3d 龄期 3~7d 龄期 7~28d	 2.0~3.0 3.0~7.0 7.0~12		

注：1. 表列频率为主振频率，系指最大振幅所对应波的频率；

2. 频率范围可根据类似工程或现场实测波形选取，选取频率时也可参考下列数据：硐室爆破 <20Hz，深孔爆破 10~60Hz，浅孔爆破 40~100Hz。

①选取建筑物安全允许振速时，应综合考虑建筑物的重要性、建筑质量、新旧程度、自振频率、地基条件等因素。

②省级以上（含省级）重点保护古建筑与古迹的安全允许振速，应经专家论证选取，并报相应文物管理部门批准。

③选取隧道、巷道安全允许振速时，应综合考虑构筑物的重要性、围岩状况、断面大小、深埋大小、爆源方向、地震振动频率等因素。

④非挡水新浇大体积混凝土的安全允许振速，可按本表给出的上限值选取。

10.1.3 爆破地震效应的影响因素和降振措施

10.1.3.1 影响爆破振动强度因素

影响爆破振动强度的因素很多，其中包括：

（1）微差间隔时间。实测波形分析表明：在毫秒延迟微差爆破中，随着爆破规模的增大，延迟间隔也需要增长，毫秒延迟爆破引起的振动比齐发爆破具有幅值小、频率高、持续时间短等特点；如果两个波形互相叠加，其相位时差为 $0.5T$ 或 $(n+0.5)T(n=1,2,3,\cdots,n)$ 时，叠加后的幅值最小，当相位差为 T 时，则叠加后的幅值最大，理论和实测基本一致。

（2）孔网参数。大孔距、小排距、缩小抵抗线、适当控制孔深、超深值不宜过大时，爆破振动强度减弱。最小抵抗线小，爆破振动频率高，土层地震波衰减快，房屋响应振动小，底部地震剪力和竖向惯性力均小。

（3）最大安全药量。最大安全药量可按式（10-3）计算得出。控制最大一段起爆药量是降低爆破振动效应的最重要手段之一。

（4）预裂爆破和预裂效果。

（5）起爆顺序。根据工程实际，设计合理的起爆顺序，尽量使用“V”形掏槽或“对角交叉”起爆，可使振波在爆区内叠加。从爆破安全的整体状况来衡量，改变爆破方向将保护物置于侧向位置，更有利于爆破安全。

（6）起爆网路。在工程爆破中，起爆网路至关重要，起爆网路不合格将导致整个爆破工程的失败。就起爆时间而言，间隔时间过小，达不到减振和创造自由面的目的；间隔时间过大，则会造成因前排炮孔飞石砸坏后排起爆线路并破坏后排孔或产生飞石等。

（7）振动频率。爆破地震波振动频率与爆源到被保护建筑物的距离有关：在爆点附近，地震波振动频率随距离增加而增加，达到极大值 f_{max} 后又下降，一直到 $r>(4\sim6)r_0$ 时，频率才下降到其稳定值 f_c，以后高频波部分衰减较快，而低频波部分衰减慢，在离爆源较远主要是低频波部分呈现并起作用，且有 $f_{max}=(3\sim5)f_c$。另外，爆破地震波的振动频率与药量有关。主频率是最大振幅所对应的频率,爆破振动的主频率范围一般为 0.5 ~200Hz。

对观测资料的分析表明,建筑物的受震破坏不但取决于地震波的幅值,而且与地震波的频率和持续时间有关;另外,建筑物的动力特性也起着重要作用。建筑物的形式、构造和施工质量千变万化、随地而异,尤其是建筑技术在不断发展,建筑物在不断更新,其固有频率各不相同,结构响应当然不同。所以,采用建筑物附近地面地震峰值作为其地震破坏的定量烈度工程标准,不能全面反映建筑物的抗爆破地震性能。

(8)建筑物的结构。不同建筑物的结构对爆破振动强度承受能力不一样,跨度大的建筑物和横梁容易出现裂缝,比较高的建筑物其顶部受到的振动比底部大,其关系为:

$$v_1 = K_v v_c \qquad (K_v = H/H_1) \tag{10-7}$$

式中 v_1——某高度(或某层建筑物)的振速;

v_c——建筑物地基处的振速;

K_v——高度系数;

H——建筑物被测处的高度;

H_1——建筑物每层的高度,一般取 3m。

10.1.3.2 降低爆破地震效应措施

可采取以下一些措施来控制和减弱爆破地震的振动效应:

(1)采用毫秒爆破。国内矿山一些工程试验表明,采用毫秒微差爆破后,与齐发爆破相比,平均降振率为 50%,微差段数越多,降振效果越好。实验证明,段间隔时间大于 100ms 时,降振效果比较明显,间隔时间小于 100ms 时,各段爆破产生的地震波不能明显分开。表 10-4 列出了毫秒微差爆破降振效果。

表 10-4 毫秒微差爆破降振效果

露天矿名称	对比条件	降振率/%
大连石灰石矿	2 段间隔式微差爆破与齐发爆破	44
大连石灰石矿	3 段间隔式微差爆破与齐发爆破	55
吉山矿区	2 ~15 段微差爆破与齐发爆破	56
铜山口铜矿	微差爆破与齐发爆破	65

(2)采用预裂爆破或开挖减振沟槽。在爆破体与被保护体之间,钻凿不装药的单排减振孔或双排减振孔,可以起到降振效果,降振率可达 30% ~50%。减振孔的孔径可选取 35 ~65mm,孔间距不大于 25cm。

采用预裂爆破,比打减振孔要减少钻孔量,并取得更好的降振效果,但应注意预裂爆破本身产生的振动效应。预裂孔和减振孔都应有一定的超深 h,一般取 20 ~50cm。

当介质为土层时,可以开挖减振沟,减振沟宽以施工方便为前提,并应尽可能深一些,以超过药包位置 20 ~50cm 为好。

作为减振用的孔、缝和沟,应注意防止充水,否则降振效果降低。

(3)限制一次爆破的最大用药量。可参照式(10-3) ~式(10-6),被保护建(构)筑物爆破振动安全允许标准 v_{KP}确定后,即可根据 R、K 和 α,计算出一次爆破允许的最大用药量。当设计药量大于该值而又没有其他降振措施时,则必须减小一次爆破规模,采取分次爆破,将一次起爆的最大用药量控制到允许范围内。

在复杂环境中多次进行爆破作业时,应从确保安全的单响药量开始,逐步增大到允许药量,并按允许药量控制一次爆破规模。

最后还应指出，在重要的和敏感的保护对象附近或爆破条件复杂地区进行爆破时，应进行爆破地震监测，以确保被保护物的安全。必要时，应对被保护对象在爆破振动作用下的受力状况进行分析和安全验算。

10.2 爆炸冲击波安全距离

冲击波是炸药爆炸时的又一种外部作用效应。在靠近爆源处，爆炸冲击波的作用可引起爆炸材料的爆轰和燃烧。在离爆源一定范围内，爆炸冲击波对人员具有杀伤力，对建（构）筑物、设备也可造成破坏。不同类型、不同条件、不同规模的爆破作业，所产生的爆破冲击波的强度可相差很大。

爆炸空气冲击波的产生一般包括以下几种原因：

（1）裸露在地面上的炸药、导爆索的爆炸等产生的空气冲击波；

（2）炮孔堵塞长度不够，堵塞质量不好，炸药爆炸产生的高压气体从孔口冲出产生的空气冲击波；

（3）因局部抵抗线太小，沿该方向冲出的高压气体产生的空气冲击波；

（4）大量炮孔爆破时，起爆顺序控制失误所导致的许多炮孔的抵抗线变小甚至为零而造成的空气冲击波；

（5）在断层等弱面部位高压气体冲出产生空气冲击波。

10.2.1 冲击波安全距离计算

10.2.1.1 对地面建筑物的安全距离的计算

一般松动爆破不考虑空气冲击波的安全距离，抛掷爆破的空气冲击波的安全距离按式(10-8)计算：

$$R_o = K_n \sqrt{Q} \tag{10-8}$$

式中 R_o——空气冲击波的安全距离，m；

Q——装药量，kg；

K_n——与爆破作用指数 n 和破坏状态有关的系数，见表 10-5。

表 10-5 K_n 取值

建筑物破坏程度	K_n		
	$n=3$	$n=2$	$n=1$
完全无破坏	5～10	2～5	1～2
玻璃偶然破坏	2～5	1～2	
玻璃破碎，门窗部分破坏，抹灰脱落	1～2	0.5～1	

在峡谷进行爆破时，沿山谷方向 K_n 值应增大 50%～100%，当被保护建筑物和爆源之间有密林、山丘时，K_n 值应减少 50%。

10.2.1.2 爆破大块时的人员安全距离计算

我国爆破安全规程规定：露天裸露爆破大块时，一次爆破的炸药量不应大于 20kg，并应按经验公式(10-9)确定空气冲击波对在掩体内避炮作业人员的安全允许距离。

$$R_k = 25 \sqrt[3]{Q} \tag{10-9}$$

式中 R_k——空气冲击波对掩体内避炮人员的安全距离，m；

Q——一次爆破炸药量，秒延时爆破取最大分段药量计算，毫秒延时爆破按一次爆破的总药量计算，kg。

10.2.1.3　空气冲击波超压值计算

地表大药量爆炸加工时，应核算不同保护对象所承受的空气冲击波超压值，并确定相应的安全允许距离。在平坦地形条件下爆破时，可按式(10-10)计算空气冲击波超压值：

$$\Delta p = 14\frac{Q}{R^3} + 4.3\frac{Q^{2/3}}{R^2} + 1.1\frac{Q^{1/3}}{R} \tag{10-10}$$

式中　Δp——空气冲击波超压值，10^5 Pa；

Q——一次爆破的梯恩梯炸药总量，秒延时爆破为最大一段药量，毫秒延时爆破为总药量，kg；

R——装药点至保护对象的距离，m。

空气冲击波超压的安全允许标准：对人员为 0.02×10^5 Pa；对建筑物按表 10-6 取值。空气冲击波安全允许距离，应根据保护对象、所用炸药品种、地形和气象条件由设计确定。

表 10-6　建筑物的破坏程度与超压关系

破坏等级		1	2	3	4	5	6	7
破坏等级名称		基本无破坏	次轻度破坏	轻度破坏	中等破坏	次严重破坏	严重破坏	完全破坏
超压 Δp/kPa		<2	2～9	9～25	25～40	40～55	55～76	>76
建筑物破坏程度	玻璃	偶然破坏	少部分破成大块，大部分呈小块	大部分破成小块到粉末	粉碎			
	木门窗	无损坏	窗扇少量破坏	窗扇大量破坏，门扇、窗框破坏	窗扇掉落、内倒，窗框、门扇大量破坏	门、窗扇摧毁，窗框掉落		
	砖外墙	无损坏	无损坏	出现小裂缝，宽度小于5mm，稍有倾斜	出现较大裂缝，缝宽5～50mm，明显倾斜，砖垛出现小裂缝	出现大于50mm的大裂缝，严重倾斜，砖垛出现较大裂缝	部分倒塌	大部分到全部倒塌
	木屋盖	无损坏	无损坏	木屋面板变形，偶见折裂	木屋面板、木檩条折裂，木屋架支座松动	木檩条折断，木屋架杆件偶见折断，支座错位	部分倒塌	全部倒塌
	瓦屋面	无损坏	少量移动	大量移动	大量移动到全部掀动			
	钢筋混凝土屋盖	无损坏	无损坏	无损坏	出现小于1mm的小裂缝	出现1～2mm宽的裂缝，修复后可继续使用	出现大于2mm的裂缝	砖墙承重者全部倒塌，钢筋混凝土柱承重者严重破坏
	顶棚	无损坏	抹灰少量掉落	抹灰大量掉落	木龙骨部分破坏下垂缝	塌落		
	内墙	无损坏	板条墙抹灰少量掉落	板条墙抹灰大量掉落	砖内墙出现小裂缝	砖内墙出现大裂缝	砖内墙出现严重裂缝至部分倒塌	砖内墙大部分倒塌
	钢筋混凝土柱	无损坏	无损坏	无损坏	无损坏	无损坏	有倾斜	有较大倾斜

10.2.2 降低爆炸空气冲击波主要措施

有效防止强烈爆炸冲击波的主要措施有：

(1)采用毫秒微差爆破技术削弱空气冲击波的强度，实践表明，排间微差时间在15～100ms时效果最佳；

(2)严格确定爆破设计参数，控制抵抗线的方向，保证合理的堵塞长度和堵塞质量；

(3)尽可能不采用裸露爆破，对于裸露地面的导爆索、炸药用砂土覆盖，在建筑物拆除爆破、城镇浅孔爆破，不允许采用裸露爆破，也不允许采用孔外导爆索网路；

(4)对于地质弱面和薄弱墙体给予补强以遏制冲击波的产生，必要时在附近预设挡波墙(砖墙、袋墙、石墙、夹水墙等)削弱爆炸冲击波；

(5)对于井巷掘进爆破，也可以采取“导”的措施，增加通道，扩大巷道断面，利用盲井来减弱主巷道的冲击波；

(6)在爆破作业时随时关注气候、天气情况，应在有利的天气进行爆破。

10.3 爆破堆积体与个别飞散物计算

在爆破工程中，因设计不当、施工失误、管理不严造成爆破个别飞散物对人身、机械、建筑物的安全事故，占有相当的比例。此外，爆破大量堆积体侵占农田或造成挤压建(构)筑物的事故也时有发生，对这些都应予以足够的重视。

10.3.1 爆破堆积范围计算

爆破产生的堆积体及飞散物与爆破破碎机理有密切关系。爆破时岩石的飞散有以下三种形式：

(1)岩石面在爆破鼓包运动作用下，开始破裂并沿鼓包运动方向移动。高速摄影资料表明，大爆破和深孔爆破鼓包运动前沿初始速度约为10～20m/s；

(2)邻近自由面的岩块在爆破拉应力波作用下呈放射形飞散。高速摄影资料表明，其小碎块的飞散速度也在10m/s左右；

(3)在堵塞不良的炮孔和岩石裂隙(缝)中喷出的高速爆轰气体作用下，岩块被加速抛射，其初始速度与爆炸产物的喷出速度接近，一般可达每秒数百米。因此，加强堵塞和装药时避开原生裂隙等构造，是防止爆破飞散物的重要措施。

在工程中，一般可以划分大量堆积范围和个别飞散物范围。

大量堆积范围是指爆破岩堆呈连续分布，是爆破鼓包运动作用的结果。大量堆积的边缘距离与爆破作用指数有关，此外，根据实际观察结果，岩石性质(弹性或塑性)、密度等，对大量堆积距离也有影响。

对于深孔松动爆破，大量堆积范围L一般为：

$$L = (5 \sim 7)W \tag{10-11}$$

式中 L——堆积范围，m；

W——最小抵抗线，m。

对于水平地面大量抛掷爆破，抛掷堆积体最远距离的经验公式是：

$$L = 7.5nW \tag{10-12}$$

式中 n——爆破作用指数。

斜坡地面抛掷堆积计算的经验公式如下：

由药包中心至抛掷堆积体边缘的距离

$$L = K_1 W \sqrt[3]{K_b f(n)} (1 + \sin 2\theta) \tag{10-13}$$

由药包中心至抛掷堆积体重心的距离

$$L' = K_2 W \sqrt[3]{K_b f(n)} (1 + \sin 2\theta) \tag{10-14}$$

式中 K_b——标准抛掷爆破的单位耗药量，kg/m^3；

$f(n)$——爆破作用指数 n 的函数，$f(n) = 0.4 + 0.6n^3$；

θ——抛射角，即最小抵抗线与水平线的夹角，当 $\theta \leqslant 15°$ 时，公式中的 $(1 + \sin 2\theta)$ 应取 1.5；

K_1，K_2——与岩石、炸药及临空面有关的抛掷系数。

根据实测统计资料，不同条件下 2 号岩石炸药的抛掷系数列于表 10-7。

表 10-7 抛掷系数 K_1、K_2 值

岩石类别		以原地面为临空面		由辅助药包创造新的临空面	
		K_2	K_1	K_2	K_1
松石或软石	$K < 1.3$	1.9	3.1	1.8	3.0
次坚石	$K = 1.4 \sim 1.5$	2.1	3.4	2.0	3.2
	$K = 1.5 \sim 1.6$	2.3	3.7	2.2	3.4
坚石以上	$K > 1.6$	2.5	4.0	2.3	3.6

根据统计资料，斜坡地面抛掷堆积计算经验公式的计算值，当 $W < 8$m 时，较实际值偏小 6% ~15%；当 $W > 24$m 时，则较实际值偏大 5% ~16%。

可以按照式(10-11)~式(10-14)计算预测大量堆积范围，防止爆破大量堆积体侵占农田、道路或其他不容侵占的场所。当堆积体紧邻建(构)筑物时，应防止堆积侧压力对建(构)筑物造成变形或损坏。还要预防大量堆积体堆落在软土、淤泥中，引起的动压力对附近建(构)筑物，如涵洞等的挤压和破坏。

在海边或湖边进行大型石方爆破时，大量爆破岩石抛入水中会产生涌浪，涌浪上岸可能影响傍岸建筑的安全。爆破安全规程规定：在靠近水域实施岩土爆破时，应调查岸滩的坡度、长度、坡底及水深情况；提出涌浪对岸边建筑物、设施以及水上船舶、设施的影响程度和范围，并于爆破前同各有关单位协商提出保证安全的措施。

10.3.2 爆破个别飞散物安全允许距离

如前所述，爆破个别飞散物主要是在高速爆轰气体作用下，介质碎块自堵塞不良的炮孔及介质裂隙(缝)中加速抛射所造成的。

(1)硐室爆破飞石的安全距离。硐室爆破飞石的安全距离一般按式(10-15)计算：

$$R_f = 20n^2 W K_f \tag{10-15}$$

式中 R_f——个别飞散物的安全允许距离，m；

n——爆破作用指数；

W——最小抵抗线，m；

K_f——安全系数，一般选用 1 ~ 1.5。风大且顺风时抛掷正方向 $K_f = 1.5$，山坡下方向 $K_f = 1.5 \sim 2$。

(2)非抛掷爆破飞石的安全距离。非抛掷爆破个别飞石对人员安全距离一般不小于表 10-8 的规定，对设备和建筑物的安全距离由设计确定，一般不小于人员安全距离的一半，不大于人员安全距离。

表 10-8 非抛掷爆破时个别飞散物对人员的安全允许距离

爆破类型和方法		个别飞散物的最小安全允许距离/m
1. 露天岩土爆破[①]	(1)破碎大块岩矿: 裸露药包爆破法 浅孔爆破法	 400 300
	(2)浅孔爆破	200(复杂地质条件下或未形成台阶工作面时不小于300)
	(3)浅孔药壶爆破	300
	(4)蛇穴爆破	300
	(5)深孔爆破	按设计,但不小于200
	(6)深孔药壶爆破	按设计,但不小于300
	(7)浅孔孔底扩壶	50
	(8)深孔孔底扩壶	50
	(9)硐室爆破	按设计,但不小于300
2. 爆破树墩		200
3. 森林救火时,堆筑土壤防护带		50
4. 爆破拆除沼泽地的路堤		100
5. 水下爆破	(1)水面无冰时的裸露药包或浅孔、深孔爆破: 水深小于1.5m 水深1.5~6m 水深大于6m	 与地面爆破相同 由设计确定 不考虑飞石对地面或水面以上人员的影响
	(2)水面覆冰时的裸露药包或浅孔、深孔爆破	200
	(3)水底硐室爆破	由设计确定
6. 破冰工程	(4)爆破薄冰凌	50
	(5)爆破覆冰	100
	(6)爆破阻塞的流冰	200
	(7)爆破厚度大于2m的冰层或爆破阻塞流冰一次用药量超过300kg	300
7. 爆破金属物	(1)在露天爆破场	1500
	(2)在装甲爆破坑中	150
	(3)在厂区内的空场中	由设计确定
	(4)爆破热凝结物	按设计、但不小于30
	(5)爆炸加工	由设计确定
8. 拆除爆破、城镇浅孔爆破及复杂环境深孔爆破		由设计确定
9. 地震勘探爆破	(1)浅井或地表爆破	按设计,但不小于100
	(2)在深孔中爆破	按设计,但不小于30
10. 用爆破器扩大钻井[②]		按设计,但不小于50

①沿山坡爆破时,下坡方向的飞石安全允许距离应增大50%。

②当爆破器具置于钻井内深度大于50m时,安全允许距离可缩小至20m。

(3)抛掷爆破飞石的安全距离。钻孔抛掷爆破飞石安全距离由设计确定,设计计算方法目前尚难规范,但不得小于非抛掷爆破的相应安全距离。

10.3.3　爆破个别飞散物控制和防护

爆破产生个别飞石的原因有:

(1)孔口堵塞质量不好或堵塞段过短;

(2)局部抵抗线太小;

(3)过量装药导致爆破荷载过大;

(4)岩体不均质,在软弱夹层部位冲出的爆轰气体也会产生飞石。

控制爆破产生个别飞散物的主要措施有:

(1)设计合理,选择合理的最小抵抗线 W 和爆破作用指数 n,避免单耗失控,测量验收严格是控制飞石危害的基础工作;

(2)慎重对待断层、软弱带、张开裂隙、成组发育的节理、溶洞、采空区、覆盖层等地质构造,采取间隔堵塞,调整药量以避免过量装药;

(3)保证堵塞质量,不但要保证堵塞长度,而且要保证堵塞密实,避免夹杂碎石;

(4)采用低爆速炸药,不耦合装药,挤压爆破和选择合理的延迟时间,防止因前排带炮或后冲,造成后排抵抗线大小与方向失控;

(5)通过调整最小抵抗线方向,控制飞石的方向,避免对人身的危害;

(6)对重要保护对象必要时要设立屏障和对炮孔加强覆盖。

10.4　爆破粉尘产生与预防

随着社会的不断发展,爆破中粉尘对环境的污染问题越来越受到人们的关注,绿色爆破的要求日益明显。凿岩、爆破和其他石方开挖生产工序中,都会产生粉尘。生产工序和防尘措施不同,粉尘的数量也不相同。

10.4.1　爆破粉尘理化特性

一般对生产性粉尘的理化特性,用浓度、分散度和化学组成来表征。

(1)浓度。空气中粉尘浓度越高,危害越大。拆除爆破施工作业中,采用干式钻孔时,其作业面周围的粉尘浓度每立方米可达数十毫克,在室内有时每立方米可达上百毫克;采用湿式钻孔,其粉尘浓度仅为干式钻孔的10%左右。爆破产生的粉尘,与凿岩产生的情况相比,虽然与人接触的时间较短,但数量大,爆破后的粉尘浓度每立方米可高达数千毫克,其后逐渐下降。我国某些矿山所进行的测定表明,如无有效的降尘措施,在爆破1h后,巷道内的粉尘浓度仍高达20~30mg/m^3。同时,爆破后所产生的粉尘的扩散范围较大,因此,它不但可能危害工作面的工人,还可能危害正在巷道中进行其他工作的人员。我国规定生产车间作业地带空气中无毒粉尘的最高允许浓度是:含游离二氧化硅10%以上的粉尘和石棉尘为2mg/m^3,其余各种粉尘为10mg/m^3。

(2)分散度。粉尘颗粒的大小,用“分散度”一词来表示。一般同质量的粉尘,颗粒越小,其分散度越大;颗粒越大,其分散度越小。粉尘分散度大,在空气中悬浮的时间越长,侵入肌体的机会越多,一般认为5μm以下的粉尘,90%以上可侵入肺泡,对人的危害也最大。爆破后,浮游粉尘的分散度,高于湿式凿岩时浮游粉尘的分散度。国外一个测定结果是:湿式凿岩的浮游粉尘的平均直径为1.16μm,爆破后粉尘的平均直径为0.73μm。

(3)化学组成。钻孔及爆破粉尘的化学组成比较复杂。某些无机粉尘(如铅、砷等)其溶解度越大,对人体的危害也越大。粉尘中含有游离二氧化硅越多,对人体危害也越大,长期接触,可使人体引起尘肺的危害。建筑物拆除爆破中,有时还含有沥青、烟尘等可致癌作用的有害粉尘。

10.4.2　影响爆破粉尘因素

影响爆破后产尘强度及粉尘分散度的因素很多,主要有:

(1)所爆破的岩石的物理性质对产尘强度有很大的影响。岩石硬度越大,爆破后进入空气中的粉尘量也越大。

(2)爆破单位体积的岩石所用的炸药量越多,产尘强度越大。

(3)炮孔深,产尘强度小;炮孔浅,产尘强度大。二次破碎的产尘强度,高于深孔和浅孔的产尘强度。

(4)连续火雷起爆和多段秒差爆破的产尘强度较高;电力起爆时,产尘强度低,微差爆破时,产尘强度更低。

(5)先前形成而附着或堆积在巷道和岩石裂缝中的粉尘数量及分散度越高,爆破后进入空气中的数量越大;

(6)岩石表面、巷道周边的潮湿程度和空气湿度越小,则工作面的粉尘浓度越高。爆破前,在巷道壁大量洒水,可使爆破后的空气含尘量下降。

硅肺(矽肺)是尘肺中最严重的一种职业病,当吸入大量游离二氧化硅的粉尘时,可引起肺部发生各种纤维增殖性变化,并逐渐渗及支气管和肺泡周围的组织。硅肺的病程是较缓慢的,早期并没有明显的症状或仅感到有点胸闷,呼吸不畅,轻微咳嗽,劳动后稍有呼吸困难等症状,随着病情的发展,症状逐渐明显,可出现气短及呼吸困难、胸痛、咳嗽和咳痰加重等症状,且可有大量咳血,并可并发肺结核、慢性支气管炎、肺气肿、肺原性心脏病和干性胸膜炎等并发症。对风钻工、爆破工,应重视硅肺病的预防工作。为了改善工人的劳动条件,必须将工作面通风与排除细粉尘及有害气体直接结合起来。

10.4.3　降低爆破粉尘一般措施

为了减少钻孔时的粉尘,应采用湿式凿岩。湿式凿岩是高压水经过凿岩机流过水针注射入钢钎到钻头,在钻眼过程中,水与石粉混合成泥浆流出,从而避免了粉尘外扬。据测定,这种方法可降低粉尘量的80%。湿式凿岩应做到先开水后开风,先关风后关水或水、风同时开启或关闭,尽可能做到使粉尘不飞扬,工作面空气清新。

一些爆破工程采用在工作面喷雾洒水等方法来降低爆破粉尘,所谓喷雾洒水,是在距工作面15~20m处安装除尘喷雾器,在爆破前2~3min打开喷水装置,爆破后30min左右关闭。另一种方法是在工作面前悬挂装水的水袋,盛水数10kg到100kg左右,水袋中放入少量的炸药,与装药同时起爆,以捕集和凝集爆破所产生的粉尘。

还应注意的是:在面粉厂、亚麻厂等有粉尘爆炸危险的地点进行爆破作业时,离爆区10m范围内的空间和表面应做喷水降尘处理。在有煤尘、硫尘、硫化物粉尘的矿井中进行爆破作业,应遵守有关粉尘防爆的规定。

10.5　爆炸有害气体扩散安全距离

10.5.1　爆炸产生有害气体

一般来说,炸药爆炸时生成的有害气体主要与炸药的氧平衡有关,起爆药包的类型和威力,炸药加工质量和使用条件(如装药密度、炮孔直径、炮孔内的水和岩粉等)对有害气体的产生也有一定的影响。

我们知道,炸药通常是由碳(C)、氢(H)、氧(O)、氮(N)四种元素组成,其中碳、氢是可燃元素,氧是助燃的,氮一般是载氧体。炸药爆炸的过程就是可燃元素与助燃元素发生极其迅速和猛烈的氧化燃烧反应,反应的结果必然出现三种情况:有时氧较多而剩余,称为正氧平衡;有时碳、氢元素较多而氧不足,称为负氧平衡;有时正好吻合,即氧完全氧化,与碳原子生成 CO_2,与氢原子生成水,则称为零氧平衡。正氧平衡过大的炸药爆炸时,过剩的氧将使氮元素氧化成氧化氮(NO_2、N_2O_5);负氧平衡过大的炸药爆炸时,由于氧不足,碳原子不能完全氧化,因而生成较多的一氧化碳(CO)。在爆破工程中,即使零氧平衡的炸药,因为爆炸时周围介质也会参加反应及整个过程的复杂性,仍然会生成相当数量的有害气体。

地下巷道爆破现场取样测试表明,爆破工程常用的 2 号岩石炸药,其有害气体量为 36 ~ 42L/kg;EL 系列乳化炸药有害气体量为 22 ~ 29L/kg。

一般来说,起爆能量越大,生成的有害气体越少;相反,如起爆条件不好,炸药爆轰不完全或炸药发生爆燃将会产生较多的 NO_2。炸药的加工质量对有害气体的生成量也有影响,粉碎和混合较好的混合炸药,爆炸生成的 CO 和 NO_2 较少。

炮孔中有水,以及炮孔内岩粉未能吹净,会使 NO_2 的生成量增加;岩层有裂隙和封闭性差时,产生有害气体量比坚硬均质的岩体要多;炮孔深而且炮泥堵得好,则可抑制有害气体的生成。除此以外,研究还表明,炸药装填密度适宜时,NO_2 较少;炸药装填直径较大时,CO、NO 含量都有所下降;药卷含蜡量增加,CO 增多等。

10.5.2 爆炸有害气体对人体的危害

一氧化碳(CO)是炸药爆炸时产生的主要有害气体。它是无色、无臭的气体,其密度为空气的 0.97 倍,化学性质不活泼,在常态下不能和氧化合,但当浓度为 13% ~75% 时,能引起爆炸。

一氧化碳与红血球中血红素的亲和力比氧气的亲和力大 250 ~300 倍,它被吸入人体后,阻碍了氧和血红素的正常结合,使人体各部组织和细胞产生缺氧现象,引起中毒以至死亡。

一氧化碳中毒的特征是两颊有红斑,口唇呈桃红色。一氧化碳中毒的程度和速度决定于下列因素:空气中一氧化碳的含量,人体呼吸含有一氧化碳气体的时间、呼吸频率、深度以及血液循环的速度。它的中毒程度可分为:

(1)轻微中毒。有耳鸣、头痛、头晕和心跳等症状;

(2)严重中毒。除上述症状外,还有肌肉疼痛、四肢无力、呕吐、感觉迟钝和丧失行动能力;

(3)致命中毒。丧失知觉、痉挛、心脏及呼吸骤停。

人处于静止状态时,中毒程度与一氧化碳浓度的关系,如表 10-9 所示。

表 10-9 中毒程度与 CO 浓度的关系

中毒程度	中毒时间	CO 浓度	
		质量浓度/$mg \cdot L^{-1}$	体积分数/%
无征兆或有轻微征兆	数小时	0.2	0.016
轻微中毒	1h 以内	0.6	0.048
严重中毒	0.5 ~1h	1.6	0.128
致命中毒	短时间内	5.0	0.400

二氧化氮(NO_2)是炸药爆炸时产生的另一种主要有害气体。一般认为:NO_2 毒性要比 CO 的

毒性更大,但大到何种程度,各国标准不一,如美国通常认为要大20倍,而我国和俄罗斯则规定为6.5倍。

二氧化氮呈褐红色,有强烈的窒息性,其密度为空气的1.57倍,极易溶于水,对眼睛、鼻腔、呼吸道及肺部有强烈的刺激作用。NO_2与水结合成硝酸,对肺部组织起破坏作用,引起肺部的浮肿。

二氧化氮中毒后经过6h甚至更长的时间才能发现中毒的征兆,即使在危险的浓度下,最初也只感觉到呼吸道受刺激,开始咳嗽,20~30h后,即发生较严重的支气管炎,呼吸困难,吐淡黄色痰液,发生肺水肿,呕吐以至死亡。二氧化氮中毒的特征是手指及头发发黄。

空气中二氧化氮含量与人体的中毒程度如表10-10所示。

表10-10 中毒程度与NO_2浓度的关系

NO_2的体积分数/%	人体中毒反应
0.004	经过2~4h还不会引起显著中毒现象
0.006	短时间内对呼吸器官有刺激作用,咳嗽,胸部发痛
0.010	短时间内对呼吸器官起强烈的刺激作用,剧烈咳嗽,声带痉挛性收缩,呕吐,神经系统麻木
0.025	短时间内很快死亡

10.5.3 爆破有害气体允许浓度及预防措施

爆破安全规程规定:地下爆破作业点的爆破有害气体含量,不应超过表10-11的标准。

表10-11 地下爆破作业点有害气体允许含量

有害气体名称		CO	N_nO_m	SO_2	H_2S	NH_3
允许浓度	体积分数/%	0.00240	0.00025	0.00050	0.00066	0.00400
	质量浓度/mg·m^{-3}	30	5	15	10	30

地下爆破作业面的炮烟浓度应每月测定一次,爆破炸药量增加或更换炸药品种时,应在爆破前后测定爆破有害气体含量。

炮响完后,露天爆破不少于5min(不包括硐室爆破)后方准许作业人员进入爆破作业点,地下矿山和大型地下开挖工程爆破后,经通风吹散炮烟,检查确认井下空气合格后并等待时间超过15min,方准许作业人员进入爆破作业地点。爆破后24h内,应多次检查与爆区相邻的井、巷、洞内的有毒、有害物质的含量。

某万吨级露天大爆破起爆后15min,在距爆源2km垭口下风向采样,测定氮氧化物为1.3mg/m^3,爆破后30min,在爆区中心测定,基本上未发现有害气体。某千吨级大爆破后7天,在与爆破堆石体(近240×10^{4}m^3)相接的独头巷道中采样,测得该独头巷道中含氮氧化物质量浓度为14.04~16.85mg/m^3,含一氧化碳质量浓度为360mg/m^3,远远超过国家允许浓度指标。上述事实表明,露天爆破后,对空旷地区,只要在按安全规程规定的时间进入爆区,不会发生爆破有害气体中毒事故;而对爆破时必须位于爆区附近的人员,以及爆区附近的巷道、独头巷道、山洼等特殊地形和构筑物中,则应充分重视爆破有害气体对人体的危害。

为了防止炮烟中毒,主要措施有:

(1)使用合格炸药。炸药组分的配比应当合理,尽可能做到零氧平衡。加强炸药的保管和检验,禁止使用过期、变质的炸药。

(2)做好爆破器材防水处理,确保装药和填塞质量,避免半爆和爆燃;装药前尽可能将炮孔内的水和岩粉吹干净,使有害气体产生减至最低程度。

(3)应保证足够的起爆能量,使炸药迅速达到稳定爆轰和完全反应。

(4)井下爆破前后加强通风,应采取措施向死角盲区引入风流。小井深度大于7m,平硐掘进超过20m时,应采用机械通风。爆破后无论时隔多久,工作人员在下井之前,均应用仪表检测井底有害气体的浓度,浓度未超过允许值,才允许工作人员下到井底;在爆破后可能积淤有害气体的处所(独头巷道等),应先行测试空气中有害气体含量,或进行动物试验,确认安全后人员方可进入。

除此以外,在矿井和地下爆破时应注意预防瓦斯(包括沼气、CO、CO_2、H_2S等,是矿山有害气体的统称)突出,防止产生瓦斯爆炸事故。在煤矿、钾矿、石油地蜡矿和其他有沼气的矿井中爆破时,应按各种矿山的规定对瓦斯进行监测;在下水道、油罐、报废盲巷、盲井中爆破时,人员进入前应先对空气取样检验。

预防瓦斯爆炸应采取下列措施:

(1)通风良好,防止瓦斯积累;

(2)封闭采空区,以防氧气进入和瓦斯逸出;

(3)按规程进行布孔、装药、填塞、起爆,以防爆破引爆瓦斯;

(4)采用防爆型电器设备,严格控制杂散电流,在有瓦斯和粉尘爆炸危险的环境中爆破,应使用煤矿许用起爆器材起爆。

10.6 爆破噪声及其控制

在爆破作业中,当爆炸空气冲击波的超压降至0.02MPa以下时,冲击波蜕变为声波,以波动形式继续向外传播,并伴随着产生其声响——爆破噪声。爆破噪声虽然短促,但由于是间歇性的脉冲噪声,容易引起人们的精神紧张,产生不愉快的感觉,特别是在城镇居民区,应避免由于爆破噪声引发社会安定方面的问题及居民的诉讼。

在爆破施工现场,特别是在居民稠密地区进行爆破施工,施工机械引起的噪声是个不容忽视的问题。施工机械噪声声级一般为80~100dB,主要噪声源有凿岩机、风动工具、空压机、推土机、运输工具、冲击锤等。表10-12给出了一些典型施工机械设备的噪声声级。

表10-12 典型建筑施工设备噪声声级

噪声源	噪声级/dB(A)	噪声源	噪声级/dB(A)
推土机	78~96	打桩机	95~105
搅拌机	75~88	移动式空压机	75~85
气 锤	80~98	柴油机	75~85
混凝土破碎机	80~90	凿岩机风动工具	80~90
卷扬机	75~88		

注:表中数据是指距设备15m处的声级。

我国爆破安全规程规定,在城镇爆破中每一个脉冲噪声应控制在120dB以下。复杂环境条件下,噪声控制由安全评估确定。

具体工程中可以采取以下措施降低爆破产生的噪声:

(1)在城镇、厂矿、居民区等对爆破噪声有限制的地区进行拆除及岩土爆破作业,不允许采用裸露爆破,而应当采用控制爆破方法,也不允许采用导爆索起爆网路。

(2)在爆破设计时,对基础、石方爆破,一般采用松裂、松动爆破,并实施毫秒微差爆破;严格控制单位耗药量、单孔药量和一次起爆药量。对于建(构)筑物拆除爆破,宜遵循"多打眼,少装药"的原则,避免爆破的实际单位耗药量过高。

(3)要精心施工,在施工过程中发现设计时未考虑的因素时,应调整设计参数;当钻孔实际位置与设计出入较大时,必须校核最小抵抗线和单位耗药量,防止因施工过程中的疏忽,造成爆破设计参数变化而增大爆破噪声。应保证填塞质量和长度,做好爆破部位的覆盖和防护;为降低爆破噪声,应在施工中尽量避免地面雷管,否则,应在地面雷管上采取覆盖土或聚乙烯水袋的措施,也可以用短胶管沿纵向切口后将雷管包裹其中。

(4)在对爆破噪声敏感的方向,架设防噪声排架、屏障,必要时附以吸声性能好的材料,可以起到降低爆破噪声的效果。

(5)在人口密集区实施拆除爆破和其他爆破作业,做好"安民告示"也是十分必要的。使居民对爆破噪声事先有一定的心理准备,可以有效地减少人们对爆破噪声的诉讼。

(6)为了控制爆破施工作业的噪声,除应使参加施工的工程机械噪声满足工程机械噪声限值标准外,还可在工地四周进行围挡,必要时,应限制人们对噪声敏感时段(如夜间)的施工作业。

10.7　早爆、拒爆事故预防与处理

在爆破网路的设计和施工中,既要保证网路安全准爆,又必须防止在正式起爆前网路的早爆和起爆后的网路的拒爆。引起爆破网路的早爆和拒爆的原因很多,有起爆器材、爆区周围环境、网路设计、错误的操作等方面。

10.7.1　早爆、拒爆事故分类

早爆事故按其原因可分为:

(1)雷电直接击中非电爆破网路或爆破器材的早爆;

(2)明火引起的早爆;

(3)火力爆破事故:主要是由于导火索快燃、过短造成的早爆;

(4)电爆网路事故:包括工业电、起爆电源、仪表电、雷电、静电、杂散电流、射频电、感应电引起的早爆;

(5)运输事故:如撞车、撞船、装载运输炸药及碾药等造成的早爆;

(6)误操作引起的早爆;

(7)高温环境造成的早爆事故;

(8)打残眼导致爆炸;

(9)销毁爆破器材引起爆炸;

(10)石头砸响盲炮、雷管、炸药引起早爆;

(11)化学反应引起早爆:主要是由于炸药自燃或与某种矿粉直接接触所造成的。特征是:爆炸前有大量的棕色二氧化碳气体从药包中冒出,紧接着是爆炸响声。

拒爆事故按其原因可分为:

(1)炸药过期变质、质量差引起拒爆,如失去雷管感度,不能正常传爆,受潮结块,感度下降;密度变大,失去爆轰性能。

(2)电爆网路拒爆,如设计电流不够,起爆器容量不够,接触电阻过大,线路接地、漏电,违反"三同"原则,漏接。

(3)导爆索网路拒爆,如导爆索质量差,或因储存时间长,保管不良而受潮变质,漏接,施工过程中砸断线路,雷管反接,锐角传爆,搭接不好,导爆索浸油,前排爆破挤、拉断后排导爆索,导爆索断药。

(4)非电导爆管网路的拒爆,如雷管接头不好,连接器质量有问题,漏接,微差爆破时导爆管被冲断、拉断,导爆管有漏药段、有水、局部拉细等现象。

(5)导火索起爆的拒爆,如导火索受潮,导火索断药或出现死疙瘩,连接处加工不好,雷管进水或炸药受潮,漏点火。

(6)装药、堵塞作业造成拒爆,如不连续装药造成部分拒爆,装药过密,炸药感度降低,造成拒爆;装药、堵塞时操作不当,损坏网路;水孔中水将部分炸药溶解,起爆不了;管道效应造成残爆;线路接错。

对于深孔爆破和硐室爆破,爆破后发现下列之一者,可以判断其药包发生了拒爆:

(1)爆破效果与设计有较大差异,爆堆形态和设计有较大差别,地表无松动或抛掷现象;

(2)在爆破地段范围内残留炮孔,爆堆中留有岩坎、陡壁或两药包之间有显著的间隔;

(3)现场发现残药和导爆索残段。

10.7.2 早爆事故预防

国内爆破事故统计分析表明,绝大多数事故属于人为因素造成的,包括设计错误,施工管理水平不高,作业人员违章,审批程序纰漏等原因。

造成早爆事故的原因有很多,因此在工程实践中怎样预防也显得尤为重要。一般早爆事故的预防措施具体如下:

(1)搜集相关资料,仔细勘察现场,精心设计施工,尽量预估出意外事故的可能性;

(2)制定安全制度、岗位责任制度和关键技术操作规程;

(3)做好药室、炮孔的监督、检查和验收工作;

(4)按规程要求做好爆破器材的检验。保证起爆器材和炸药的质量,防止导火索的快燃,炸药自身的化学反应引起早爆;

(5)注意天气预防,避免在雷雨时从事爆破作业,对已装药又不能赶在雷雨前起爆的,人员和设备要撤离到危险区以外;

(6)严格遵守爆破安全规程,在爆破施工区严禁有明火;

(7)按爆破安全规程规定的要求进行爆破器材的运输、储存、保管和废旧爆破器材的销毁;

(8)严禁打残眼和旧眼;

(9)不要在高温天气下进行爆破作业,避免高温环境造成早爆;

(10)预先安排好爆后安全检查和事故应急处理;

(11)加强安全管理和工程监理力度,对爆破作业现场严格管理,按爆破安全规程正确操作。

10.7.3 拒爆事故处理

检查人员发现盲炮及其他险情,应及时上报或处理;处理前应在现场设立危险标志,并采取相应的安全措施,无关人员不应接近。

(1)处理盲炮应当遵守以下规定:

1)处理盲炮前应由爆破领导人定出警戒范围,并在该区域边界设置警戒,处理盲炮时无关人员不准许进入警戒区;

2)应派有经验的爆破员处理盲炮,硐室爆破的盲炮处理应由爆破工程技术人员提出方案并经单位主要负责人批准；

3）电力起爆发生盲炮时，应立即切断电源，及时将盲炮电路短路；

4）导爆索和导爆管起爆网路发生盲炮时，应首先检查网路是否有破损或断裂，发现有破损或断裂的应修复后重新起爆；

5）不应拉出或掏出炮孔和药壶中的起爆药包；

6）盲炮处理后，应仔细检查爆堆，将残余的爆破器材收集起来销毁，在不能确认爆堆无残留的爆破器材之前，应采取预防措施；

7）盲炮处理后应由处理者填写登记卡片（见表10-13）或提交报告，说明产生盲炮的原因、处理的方法和结果、预防措施。

表10-13　盲炮处理登记卡片

<table>
<tr><td>工程名称</td><td colspan="5"></td></tr>
<tr><td>爆破施工单位</td><td></td><td>施工单位负责人</td><td></td><td>爆破时间</td><td></td></tr>
<tr><td>盲炮处理人</td><td></td><td>现场负责人</td><td></td><td>盲炮处理时间</td><td></td></tr>
<tr><td colspan="6">盲炮情况描述（包括盲炮设计孔深、药量、周边环境情况，有无变化及盲炮原因分析）</td></tr>
<tr><td colspan="6">盲炮处理方法及安全措施</td></tr>
<tr><td colspan="6">残留爆破器材处理情况</td></tr>
<tr><td colspan="6">处理结果说明</td></tr>
<tr><td colspan="3">项目经理意见
签字　　年　月　日</td><td colspan="3">监理工程师意见
签字　　年　月　日</td></tr>
</table>

（2）处理裸露爆破的盲炮的办法有：

1）处理裸露爆破的盲炮，可去掉部分封泥，安置新的起爆药包，加上封泥起爆；如发现炸药受潮变质，则应将变质炸药取出销毁，重新敷药起爆。

2）处理水下裸露爆破和破冰爆破的盲炮，可在盲炮附近另投入裸露药包诱爆，也可将药包回收销毁。

（3）处理浅孔爆破的盲炮可采取以下办法：

1）经检查确认起爆网路完好时，可重新起爆。

2）可打平行孔装药爆破，平行孔距盲炮不应小于0.3m；对于浅孔药壶法，平行孔距盲炮药壶边缘不应小于0.5m。为确定平行炮孔的方向，可从盲炮孔口掏出部分填塞物。

3）可用木、竹或其他不产生火花的材料制成的工具，轻轻地将炮孔内填塞物掏出，用药包诱爆。

4）可在安全地点外用远距离操纵的风水喷管吹出盲炮填塞物及炸药，但应采取措施回收雷管。

5）处理非抗水硝铵炸药的盲炮，可将填塞物掏出，再向孔内注水，使其失效，但要回收雷管。

6）盲炮应在当班处理，当班不能处理或未处理完毕，应将盲炮情况（盲炮数目、炮孔方向、装药数量和起爆药包位置、处理方法和处理意见）在现场交接清楚，由下一班继续处理。

（4）处理深孔爆破的盲炮可采用下列方法：

1）爆破网路未受破坏，且最小抵抗线无变化者，可重新连线起爆；最小抵抗线有变化者，应验算安全距离，并加大警戒范围后，再连线起爆。

2）可在距盲炮孔口不小于10倍炮孔直径处另打平行孔装药起爆。爆破参数由爆破工程技术人员确定并经爆破领导人批准；

3）所用炸药为非抗水性硝铵炸药，且孔壁完好时，可取出部分填塞物，向孔内灌水使之失效，然后再做进一步处理。

（5）处理硐室爆破盲炮可采用如下办法：

1）如能找出起爆网路的电线、导爆索或导爆管，经检查正常仍能起爆者，应重新测量最小抵抗线，重划警戒范围，连线起爆；

2）可沿竖井或平硐清除填塞物，并重新敷设网路连线起爆，或取出炸药和起爆体。

（6）处理水下炮孔爆破盲炮可采用如下办法：

1）因起爆网路绝缘不好或连接错误造成的盲炮，可重新联网起爆；

2）因填塞长度小于炸药的殉爆距离或全部用水填塞而造成的盲炮，可另装入起爆药包诱爆；

3）可在盲炮附近投入裸露药包诱爆。

10.8　爆破环境调查与有害效应监测

10.8.1　爆破区域周围环境的宏观调查

爆破安全规程规定：爆破设计前，应对爆破区域进行地形地质勘测，对爆破对象和爆破区域周围环境，建（构）筑物及设施进行调查。这种调查，对保障和评估爆破安全也有十分重要的意义。爆破安全规程还规定，爆后检查的内容应包括：

（1）确认有无盲炮。硐室爆破发生盲炮的特征是：爆破效果与设计有较大差异；爆堆形态和设计有较大的差别；现场发现残药和导爆索残段；爆堆中留有岩坎陡壁。

（2）有无危险边坡、不稳定爆堆、滚石和超范围塌陷。

（3）最敏感、最重要的保护对象是否安全。

（4）爆区附近有隧道、涵洞和地下采矿场时，应对这些部位进行毒气检查，在检查结果明确之前，应进行局部封锁。

（5）地下爆破有无冒顶、危岩，支撑是否破坏。

检查人员发现盲炮及其他不安全因素，应及时上报或处理；处理前应在现场设立危险标志，并采取相应的安全措施，无关人员不应接近。

因此，对爆破环境调查要立足于爆前、爆后状态的对比，对爆后安全检查的重点对象、重点部位在爆前就应调查，必要时设置观测点，以便爆后检查对比，调查应有文字记录，必要时辅以照相、录像。调查资料应建立档案，以便进行爆破安全分析和总结。

10.8.2　爆破对周围建筑物安全影响细观调查

对于多数爆破工程，人们更为关注的是对周围建（构）筑物的安全影响，为了做好爆破前后对周围建（构）筑物的安全调查，了解爆破地震动作用下一般建筑物的破坏特征，对可能发生的建（构）筑物震害调研和评估还是有用的。

对砖混结构房屋，针对爆破地震的震害调查首先要注意下列部位：纵横墙体及其连贯处；山墙以及房屋的其他附属物。墙体的破坏主要表现为墙面出现水平裂缝、斜裂缝、交叉裂缝和竖向裂缝。严重的也可能出现歪斜以至倒塌等现象，水平裂缝常见于窗口上下截面及楼（屋）盖水平位置处发生，由于墙角和纵横墙连接处受力比较复杂，容易产生应力集中现象，容易产生斜裂缝和竖向裂缝。房屋中的附属结构，如高出屋面的砖烟囱、女儿墙、附墙烟囱等以及山墙，由于与房屋的整体连接差,受力条件不利,容易遭受破坏,施工质量直接影响房屋的抗震能力,砂浆强度、灰缝饱满程度、纵横墙体间及其他构件间的连接质量,都明显地影响房屋的抗震能力。砖混结构房屋其他部位的破坏常见有:由于伸缩缝过窄,在振动作用下两侧墙体发生碰撞而造成破坏;油毡防潮层处,由于爆破地震力的作用发生错动而出现水平裂缝;门窗过梁两端墙体常产生倒八字裂缝或水平和竖向裂缝。

对于单层厂房,爆破地震的震害调查,应首先注意纵墙、砖垛、山墙有无水平裂缝,斜裂缝或交叉裂缝,屋架支座处砖柱(墙)有无局部破坏。对钢筋混凝土框架和框架-剪力墙结构,应将震害调查的注意点放在砖砌填充墙上,端墙、窗间墙及门窗洞口边角部分是首先可能产生裂缝的部位。框架的变形为剪切型,下部层间变形最大,故填充墙在中下部几层最易遭受破坏;框架-剪力墙结构的变形接近弯曲型,上部变形大,故填充墙上部几层易遭受破坏。在爆破地震力的作用下砖烟囱就受力性质来说,可以归结为剪切应力、竖向应力和弯曲应力的作用,因此针对爆破地震的震害调查,应注意观察有无水平裂缝,其次是斜裂缝、X 形缝、竖缝和有无扭转变形,砖烟囱的破坏形式与地基场地的好坏也有密切的关系。

10.8.3 爆破有害效应监测

爆破安全规程规定:A 级、B 级硐室爆破、其他 A 级爆破以及可能引起纠纷的爆破,均应进行爆破效应监测。监测项目由安全评估提出,监测项目应涉及爆破地震效应、空气或水中冲击波、动水压力、涌浪、爆破噪声、飞散物、有害气体及瓦斯等。特别是对可能引起民房及其他建(构)筑物损伤的爆破工程项目,应进行爆破地震安全监测。

爆破有害效应的监测,一般有以下两种类型:一是对爆破可能引起损伤的重点防护对象在爆破施工作业中进行全过程监测,监测数据是评价防护对象安全状况的重要依据。对这样的监测项目,应在每次爆破后及时提交监测简报,用以评估防护对象的安全状况和指导爆破施工。另一类是针对重大爆破工程在现场条件下进行的小型实爆试验,所安排的监测项目和取得的监测数据用以指导爆破设计方案和参数选择,也是对设计进行安全评估的重要依据。爆破有害效应监测,都应及时提出监测报告,监测报告内容应包括监测目的和方法、测点布置、测试系统的标定结果、实测波形图及其处理方法、各种实测数据、判定标准和判定结论。

爆破设计、施工单位为了完善设计,指导安全施工,可以自行组织爆破效应监测;但承担仲裁职责的监测单位,不应由爆破设计、施工单位承担,应经有关部门认定,所使用的测试系统应满足国家计量法规的要求,应经室内动态标定,并有良好的频响特性和线性范围,数据误差符合工程要求。

10.8.4 爆破安全分析和总结

在每一个爆破工程完成后,应通过爆后检查和有害效应监测,认真分析爆破区域周围环境与建(构)筑物、设施的安全情况,在爆破效果与安全记录表中登记。重要的安全评估项目和安全事故,应提交专题安全分析报告。安全分析应包括下列内容:

(1)分析施工中的不安全因素或隐患,提出改进意见;

(2)对照监测报告和爆后安全调查,分析各种有害效应的危害程度及保护物的安全状况;

(3)如实反映出现的事故、处理方法及处理结果;

(4)总结安全工作的经验和教训。

爆破安全规程规定:每年度或一个较大爆破工程结束后,爆破工程技术人员应提交爆破总结。爆破总结应包括:

（1）设计方案、参数、评述，以及提出改进设计的意见；

（2）施工概况、爆破效果及安全分析，提出施工中的不安全因素和隐患以及防范办法，提出改善施工工艺的措施；

（3）经验和教训。

本章小结

爆破质量的控制和爆破危害的控制是爆破工程的两个必要前提条件，它们互为因果，缺一不可。本着“安全第一，预防为主”的方针，爆破安全技术应贯穿在整个爆破活动中。爆破对环境危害主要有地震、冲击波、个别飞石、有害气体及粉尘、噪声、早爆和拒爆事故。原则上讲爆破工程中都应对其严加控制，但实际上在不同环境条件下，对有害效应的各种控制都有所侧重。系统学习本章内容对爆破安全有重要指导意义，在工程实践中还要参考其他参考书、资料和法规，不断完善。

因本章有关内容在其他课程中已涉及或介绍得更详细，本章的重点内容为第10.7节“早爆、拒爆事故预防与处理”。

复习思考题

10-1　爆破对环境的危害因素有哪些？

10-2　试述爆破地震效应的影响因素和降振措施。

10-3　试述爆破飞石的控制与防护。

10-4　简述地下爆破作业有害气体允许质量浓度的含义。

10-5　简述早爆事故的原因。

10-6　展望未来炸药能源的开发与利用。

参 考 文 献

[1] GB 6722—2003 爆破安全规程[S].北京:中国标准出版社,2004.
[2] 国务院令第 466 号,民用爆炸物品安全管理条例.2006.
[3] 国家安全生产监督管理总局,国家煤炭安全监察局令第 16 号,煤矿安全规程.2005.
[4] 中国煤炭建设协会.GB 50215—2005 煤炭工业矿井设计规范[S].北京:中国计划出版社,2006.
[5] 王海亮.工程爆破[M].北京:中国铁道出版社,2008.
[6] 顾毅成.爆破工程施工与安全[M].北京:冶金工业出版社,2004.
[7] 于亚伦.工程爆破理论与技术[M].北京:冶金工业出版社,2004.
[8] 戴俊,王树仁.爆破工程[M].北京:机械工业出版社,2005.
[9] 王玉杰.爆破工程.武汉:武汉理工大学出版社,2007.
[10] 钟冬望,马建军,段卫东,等.爆炸技术新进展[M].武汉:湖北科学技术出版社,2005.
[11] 张应力.工程爆破实用技术[M]. 北京:冶金工业出版社,2005.